优质高等职业院校建设项目校企联合开发教材

新疆主要农作物
滴灌高效栽培实用技术

陈　林　王海波　主编

U0219186

中国农业大学出版社
·北京·

内 容 简 介

本教材为新疆天业(集团)有限公司和新疆农业职业技术学院校企合作,由长期从事农业节水滴灌技术生产与研究的有实践经验的科技人员和专业教师联合开发。教材系统总结了新疆大面积生产的大田作物、瓜菜和果树的滴灌高效栽培实用技术,针对学校专业技术学习、滴灌技术推广培训和种植大户生产指导编写,教材反映的技术先进、实用、易懂。

图书在版编目(CIP)数据

新疆主要农作物滴灌高效栽培实用技术/陈林,王海波主编. —北京:中国农业大学出版社,2016.10

ISBN 978-7-5655-1716-7

Ⅰ.①新…　Ⅱ.①陈…②王…　Ⅲ.①作物-滴灌-新疆　Ⅳ.①S275.6

中国版本图书馆 CIP 数据核字(2016)第 243636 号

书　　名	新疆主要农作物滴灌高效栽培实用技术		
作　　者	陈 林　王海波　主编		
策划编辑	姚慧敏　伍 斌	责任编辑	韩元凤
封面设计	郑 川	责任校对	王晓凤
出版发行	中国农业大学出版社		
社　　址	北京市海淀区圆明园西路 2 号	邮政编码	100193
电　　话	发行部 010-62818525,8625	读者服务部	010-62732336
	编辑部 010-62732617,2618	出 版 部	010-62733440
网　　址	http://www.cau.edu.cn/caup	E-mail	cbsszs @ cau.edu.cn
经　　销	新华书店		
印　　刷	北京时代华都印刷有限公司		
版　　次	2017 年 1 月第 1 版　2017 年 1 月第 1 次印刷		
规　　格	787×1 092　16 开本　12.5 印张　310 千字		
定　　价	27.00 元		

图书如有质量问题本社发行部负责调换

编　委　会

主　任　李玉鸿　　陈　林

副主任　王海波　　张　强

编　委　杨金麒　张双侠　杨万森　陈　俊
　　　　林　萍　杨晓军　李宝珠　薛世柱

编写人员

主　编　陈　林　王海波

副主编　阮明艳　杨晓军　丁连军

参　编　（按姓氏音序排列）

　　　　艾合买提　陈　栋　陈　砣　程莲红　金

　　　　李英枫　　刘培源　马　莉　吴玉秀　杨　雪

　　　　银永安　　岳绚丽

前　言

　　新疆位于中国西北边陲,欧亚大陆腹地,远距海洋,是荒漠绿洲,大陆性气候,属典型的灌溉农业。新疆的土地、光、温资源丰富,盛产棉花、粮食、瓜果等,但由于降水少,水资源不足,严重制约着农业发展,其传统农业向现代农业的发展已是必然趋势和选择。开发水资源,节约用水,是发展现代农业生产的首要任务。在现代化的节水高效灌溉方法中,由于滴灌所具有的独特优点,其地位日益突出,已成为可持续农业发展和生态环境保护的主要灌溉方法。

　　滴灌技术是当今世界上最节水的一种,与机械化配套、易于实现自动控制,特别适宜于设施农业和干旱缺水地区的生态环境治理、大田行播作物种植。它是一种现代化精准灌水技术,是微灌的最主要组成部分。

　　近几十年来,伴随现代科学技术的发展和水资源的紧缺,滴灌技术作为一项科技含量高、涉及多学科的边缘技术,其发展日新月异,普及应用的速度大大加快。特别是近几年滴灌面积在我国的迅猛发展,展现出了它的生命力和广阔发展前景。

　　现代农业发展的需求是农艺栽培技术与节水滴灌工程技术相结合的一种必然选择,我国农业节水滴灌科学技术工作者在实践中创新发展形成了一套更为科学、完整的滴灌设计理论和设计方法,作物滴灌高效栽培技术应用,为我国现代农业滴灌高效栽培技术的发展做出了贡献,根据现代农业发展的需要,编写了《新疆主要农作物滴灌高效栽培实用技术》。

　　参加《新疆主要农作物滴灌高效栽培实用技术》编写的人员,均为长期从事农业节水滴灌技术研究和滴灌规划设计工作的有实践经验的科技人员。在写作上力求深入浅出,理论联系实际,具有较强的理论性和实践性,便于实际操作和应用。全书共12章,内容包括概述、棉花膜下滴灌栽培技术、加工番茄膜下滴灌栽培技术、制干线椒膜下滴灌栽培技术、小麦滴灌栽培技术、玉米膜下滴灌栽培技术、水稻膜下滴灌栽培技术、马铃薯膜下滴灌栽培技术、苜蓿滴灌栽培技术、林果类滴灌栽培技术、瓜类滴灌栽培技术、蔬菜滴灌栽培技术等,并编写了2个附录,包括滴灌农机具的使用与滴灌施肥技术,具有很强的实用性。希望本书的出版能够为农业节水技术推广提供科技依据,为现代农业技术的研究、教学与培训提供参考。

　　本书的编写得到杨金麒、何林望等专家和学者的支持与帮助,他们精心审阅了全部书稿,提出了许多宝贵意见,在此表示衷心的感谢!本书的出版得到了新疆天业(集团)有限公司、新疆农业职业技术学院等单位的大力支持;引用了国内外同行的许多研究成果,在此一并表示感谢!

限于时间和水平,本书虽然经过多次讨论和反复修改,仍难免有错误或不妥之处,恳请读者不吝指正。

编 者
2016 年 5 月

新疆主要农作物滴灌高效栽培实用技术

目　录

第一章 概　　述

新疆位于中国西北边陲,欧亚大陆腹地,远距海洋,是荒漠绿洲,大陆性气候,属典型的灌溉农业。新疆的土地、光、温资源丰富,盛产棉花、粮食、瓜果等,但由于降水少,水资源不足,严重制约着农业发展。开发水资源,节约用水,是发展农业生产的首要任务。在现代化的节水高效灌溉方法中,由于滴灌所具有的独特优点,其地位日益突出,已成为可持续农业发展和生态环境保护的主要灌溉方法。

第一节　滴灌技术简介

一、滴灌技术的概念

滴灌是滴水灌溉的简称。它是 20 世纪 60 年代塑料工业兴起以后发展起来的一种机械化、自动化灌水新技术,也是一种高度控制土壤水分、营养、盐量及病虫害等条件,种植行播大田作物,包括蔬菜、瓜果等作物的一种精准灌溉技术。

(一)滴灌技术

滴灌技术以管网化的输配水为主,干、支、斗、毛渠全部用管道代替,将具有一定压力的灌溉水,过滤后经输水管网和灌水器以水滴的形式缓慢地、定量地、均匀地滴入作物有效根域之内,使作物根系主要活动区的土壤始终保持在最优含水状态的节水灌溉方式。滴灌能够及时、定量地为农作物提供各种有效养分。滴灌不仅是一种在缺水、蒸发强烈地区有效利用水资源的灌水方式,而且是现代化精准农业(精准灌溉)的一种主要技术措施。

滴灌技术具有节水省肥、适用于各种地形和土质、灌水与施肥同步、有利于提高作物产量与品质等优点,根据滴灌系统进行划分,主要有以下几种技术模式:

1. 固定式和移动式滴灌技术

按滴灌系统的移动性,可分为固定式和移动式滴灌技术模式。

固定式滴灌是目前发展的最常见的、主要的滴灌技术方式。固定式滴灌的首部及田间管网均按设计固定在一定的位置,在整个灌水期内是不移动的。此滴灌系统多用于果园、温室、大棚和多数大田作物的灌溉中,具有的优点是灌溉效果好、省工省力、操作方便,适宜条田规整、规模较大、水源及电网配套的地区推广。

移动式滴灌技术模式,田间无地下管网,滴灌系统由移动式首部、支管、毛管三部分组成。田间管网相对不动,首部经机力牵引和传动可以移动,多块地可共用一台首部。此滴灌系统让设备的利用率更高,降低投资成本,但是在操作管理的时候会比较麻烦,存在水源供水必须协调、一次灌水历时不能太长、设备能力能否发挥等问题。

从优化设计、方便管理和经济性等方面综合而言,移动式滴灌技术并不比优化设计的固定式系统优越。目前新疆99%以上滴灌技术均采用固定式模式。

2.加压式和自压式滴灌技术

按滴灌系统获得压力的方式可分为加压式滴灌和自压式滴灌技术模式。加压滴灌系统是通过水泵或动力机,将灌溉水加压,经过管网能量消耗以水滴形式滴入土壤。该模式适应性强、推广范围广,是目前应用最广、最普遍的滴灌方式。

自压式区别在于灌溉水不需要动力加压,是依托自然坡降形成的自然高差,满足滴灌系统所需的压力,运行费用低,节约能源,主要用在丘陵、山区。当水源位于高处、有承压力水可利用或地面自然坡降1.5%以上时,首先应考虑采用自压滴灌系统。

3.地上滴灌和地埋滴灌技术

据毛管和灌水器铺设位置,可分为地上滴灌和地埋滴灌技术模式。地上滴灌模式是指毛管和灌水器铺设于土壤表面的滴灌系统;又分为地表式滴灌、膜下滴灌。地表式滴灌是指毛管直接铺设在地面;膜下滴灌是将毛管铺设在地面和塑料薄膜之间。地上滴灌技术模式中,毛管直接受太阳曝晒,易老化。

地埋滴灌系统系指除首部枢纽外的管网,包括毛管和灌水器都铺设于地表以下的滴灌系统。在灌溉过程中,水通过地埋毛管上的灌水器缓慢渗入附近土壤,再借助毛细管作用或重力扩散到整个作物根层的灌溉技术。由于埋置在地表以下,滴头易堵塞,另外不易发现系统事故,维修不方便。浅埋式滴灌系指将毛管和灌水器埋设于地表以下3～5 cm的滴灌系统,主要用于大田滴灌一次性毛管系统,目的是解决大田地表滴灌易遭受风害问题,效果很好。它与地表滴灌没有本质区别,可完全按地表滴灌系统规划设计方法进行设计。

4.人工控制和自动化控制滴灌技术

人工控制滴灌系统的所有操作均由人工完成,如水泵、阀门的开启、关闭,灌溉时间的长短,何时灌溉等。这类系统的优点是成本较低,控制部分技术含量不高,便于使用和维护,很适合在我国广大农村推广。不足之处是使用的方便性较差。

自动化控制滴灌技术模式即利用田间布设的相关设备采集或监测土壤信息、田间信息和作物生长信息,并将监测数据传到首部控制中心,在相应系统软件分析决策下,将开启或关闭阀门的信号通过中央控制系统传输到阀门控制系统,再由阀门控制系统实施某轮灌区的阀门开启或关闭,以此来实现农业的自动化控制。自动化控制避免了人为因素影响,能够严格执行灌溉制度,进行定时、定量、定次的科学灌溉,真正实现精准灌溉,是精准农业重要的技术保障,已成为农业现代化发展的主要方向。

(二)膜下滴灌技术

膜下滴灌是在滴灌技术和覆膜种植技术基础上,使其有机结合,形成的一种特别适用于机械化大田作物栽培的新型田间灌溉方法。其基本原理是将滴灌系统的末级管道和灌水器的复合体——滴灌带,通过专用播种机,一次性完成布管、铺膜与播种等复合作业,然后按与常规滴灌系统同样的方法将滴灌带与滴灌系统的支管相连接。灌溉时,有压水(必要时连同可溶性化肥或农药)通过滴灌带上的灌水器变成细小水滴,根据作物的需要,适时适量地向作物根系范围内供应水分和养分,是目前世界上最为先进的灌水方法之一。膜下滴灌技术的内涵概括起来有以下几点：

1.覆膜和滴灌两者缺一不可

膜下滴灌是覆膜栽培技术和滴灌技术的有机结合，二者相互补偿、扬长避短缺一不可。它有效地解决了常规覆膜栽培时生育期无法追施肥料而产生的早衰问题，减轻了常规地面灌溉地膜与地表粘连揭膜难造成的土壤污染问题；滴灌带上覆膜，减少湿润土体表面的蒸发，降低灌溉水的无效消耗，使滴灌灌水定额进一步降低。

2.采用性能符合要求、质优价低的一次性滴灌带

膜下滴灌技术的关键，必须有性能符合要求、质量有保障、价格适宜的滴灌带。膜下滴灌技术之所以得到快速推广，关键在于滴灌带国产化方面实现了突破。对于规模化大田农业而言，"一次性"的优势在于：价格低，堵塞概率小，避免了多年使用滴灌带的老化问题、难度极大的保管和重新铺设问题。

3.多项措施一次完成，特别适用于机械化大田作物栽培

膜下滴灌技术的最大特点是：铺管、覆膜与播种一次复合作业完成（图1-1），特别适用于机械化大田作物栽培。膜下滴灌技术是促进农业向规模化、机械化、自动化、精准化方向发展的关键技术措施；是具有中国特色、实现我国干旱区大田作物农业现代化的必由之路。

图1-1 滴灌机械化复合作业

▶ 二、膜下滴灌技术的发展概况

膜下滴灌技术是把滴灌和覆膜栽培集成的一项农业节水技术，是目前世界上最先进、节水效果最明显的节水灌溉方式。1995—1998年期间，新疆生产建设兵团第八师121团对大田棉花膜下滴灌开展了可行性试验，经过一年研究，三年的大田试验筛选后，将节水灌溉技术和大田种植覆膜栽培技术两项技术集成一项具有可控性、基础性和战略性的关键技术。1997—2000年，由新疆天业集团对滴灌器材进行国产化生产及田间示范，在集成创新成就的推动下，有效地验证膜下滴灌在田间应用的适应性、可靠性、经济可行性以及基本的技术方法。膜下滴灌技术率先在大田棉花上取得了显著的节水和增产效果。

从2000年开始先在第八师，进而在全兵团和自治区迅速推广。在整个技术的推广过程中，膜下滴灌技术得到了不断的完善和发展，"十五"期间在国家"863"、兵团项目的支持下，研发出加压固定式滴灌、自压固定式滴灌、移动式滴灌、自动化控制滴灌等多种滴灌系统，优化和完善了田间管网设计及相关农艺配套技术，大大降低了成本。"十一五"期间，新疆维吾尔自治区出台了《2010—2015年新疆农业高效节水工程建设规划及实施方案》、兵团出台了《兵团高效节水灌溉2013—2017年总体实施方案》《兵团规模化节水灌溉增效示范项目2013—2015年总体实施方案》等政策，推动了膜下滴灌技术的大面积推广，滴灌技术应用范围也从棉花推广到加工番茄、玉米、小麦、甜菜、瓜果及蔬菜、苜蓿等作物，并取得了显著的节水、增产、增收的效果。"十二五"期间是滴灌技术高速发展的时期，已从新疆推广辐射到陕西、内蒙古、甘肃、宁夏、辽宁、吉林、黑龙江、河北、河南、山东、广西、广东、云南、贵州、西藏等 29 个省、自治区,推广面积在 400 万 hm² 以上,带动了新农村建设和农业发展。

新疆已实现了以膜下滴灌技术为技术平台的现代精准农业技术集成体系,实现了农业生产的精准(精准播种、精准灌水、精准施肥)、高效(劳动效率高、增产幅度大)、节约(节水、节能、节地、节肥)、环保(环境友好、盐渍化改良利用等)、易控(机械化、自动化、集约化)。

三、新疆滴灌技术的推广应用情况

截至 2014 年,新疆大田作物滴灌面积 278.7×10⁴ hm²,其中地方 184.7×10⁴ hm²,兵团 94.0×10⁴ hm²。兵团耕地灌溉面积 113.6×10⁴ hm²,滴灌占 82.7%;地方耕地灌溉面积 467.8×10⁴ hm²,滴灌占 39.2%;新疆耕地灌溉面积 581.4×10⁴ hm²,滴灌占 47.9%。新疆已基本形成以政府投入为导向,农民自愿投入为基础,社会资本、金融资本投入为补充的多元化高效节水建设体系,兵团尤以第八师、第一师、第六师、第七师推广规模和力度最大。滴灌技术已向智能化、现代化迈进,自 2008 年开始,新疆开展了高效节水自动化控制系统试点建设工作,据不完全统计,全疆已建成大田自动化滴灌面积约 4×10⁴ hm²,仍能运行的面积为 1.33×10⁴ hm² 左右(表 1-1)。

表 1-1　近 5 年新疆滴灌推广面积统计　　　　　　　　　　　　　　×10⁴ hm²

项目	2010 年	2011 年	2012 年	2013 年	2014 年
地方面积	93.3	118.0	143.3	164.7	184.7
兵团面积	69.3	73.3	77.0	86.9	94.0
新疆总面积	162.6	191.3	220.3	251.6	278.7

随着滴灌面积应用扩大,与之配套的栽培技术集成化研究也取得了相应的成果,农作物增产就成了必然结果。新疆棉花皮棉单产从 1 020 kg/hm² 增加到 2 445 kg/hm² 左右。线辣椒滴灌增产 60% 左右,节水 50% 左右,最高干椒单产 15 000 kg/hm²。2008 年,兵团第八师种植滴灌小麦面积 3 800 hm²,平均单产 6 450 kg/hm²,比常规地面灌小麦普遍增产 1 200～1 800 kg/hm²。2006—2013 年的 8 年间,新疆兵团 6 次打破我国玉米的高产纪录,从 11 775.3 kg/hm²,一直增加到 22 676.1 kg/hm²,2012 年新疆平均玉米产量 6 915 kg/hm²,较全国平均增产 1 050 kg/hm²。水稻膜下滴灌栽培技术经新疆天业 10 年研究突破了传统种植水稻的"水作"方式,2012 年,经专家现场鉴定达到 12 553.5 kg/hm²,达到国内领先水平。马铃薯滴灌平均产量 52.3 t/hm²,增产 70% 左右,节水 50% 左右,最高单产 75 t/hm²。滴灌葡萄、枣树、桃树、枸杞、甜瓜等作物均比常规灌溉投入产出比高,每公顷地平均增加效益 1 000 元以上。

新疆以膜下滴灌技术为平台,配套先进的作物栽培技术、农艺措施,全面提高作物品质和生产水平,实现了优质、高产、高效目标,膜下滴灌被农民形象地喻为"实现现代农业的高速公路"。目前新疆的大田滴灌技术水平、推广面积居世界首位,已成为我国在大田农业生产中应用节水滴灌技术范围最广、面积最大、发展最快的地区之一,成为我国农业节水滴灌技术应用的样板。

第二节　滴灌技术在作物栽培中的影响

▶ 一、作物生长环境的影响

(一)滴灌土壤水分运移和湿润模式

滴灌实质是非充分供水条件下的非饱和土壤点源入渗(图1-2),水分和养分在土壤中储存和运移规律与常规的地面灌和喷灌有着本质上的区别。与地面灌和喷灌不同,"点水源"灌溉时,水以水滴形式进入土壤,在土壤重力势和基质势的作用下,不仅向土壤深处运动,而且也在土壤基质势的作用下,向水平方向移动,逐渐湿润灌水器附近的土壤。土壤水分纵、横方向的移动范围和湿润模式与土壤特性、灌水器流量和灌水时间有关。

图1-2　滴灌局部灌溉

如图1-3所示,由于土壤差异很大,湿润模式差别也很大。质地细的土壤,如黏土和黏壤土,由于具有强大的基质势,而重力势相对很小,其渗透模式具有普通灯泡的形状,而且横向湿润有时超过垂直渗透;均匀而疏松的土壤,具有较大的基质势,土壤水分的水平扩散与垂直下渗深度相近,湿润体呈半球形状;对于沙性很强的土壤,基质势比较小,重力势相对较大,湿润体变长,像一个菠萝状;梨形模式则经常出现在有沙性表土和黏性底土的土壤上。一般情况下,在同一土壤中,灌水器流量越大,灌水时间越长,其土体湿润范围也越大;同一质地的土壤,土壤初始含水量越大湿润范围也越大。

实际大田生产中,应用滴头间距较小的滴灌管或滴灌带灌溉时,相当于多个"点水源"有规律地组合在一条直线上,各"点水源"湿润体相互搭接形成湿润带,也称线水源灌溉(图1-4)。多点源的土壤入渗有利实现灌溉"浇作物"而不是"浇地"的目的。

"膜下滴灌"属地表滴灌,因有一层地膜与大气相隔,阻止水分从地表蒸发,其湿润模式与无覆膜滴灌的显著区别是土壤表层湿润面积较大,且含水量相对较高。

(二)滴灌土壤盐分运移

滴灌技术局部湿润以及水分迁移的特点能够为作物根系提供一个盐分含量相对较低的区域,有利于作物生长。盐分以水分为载体,随着水分的迁移而运动。随着滴灌水的入渗,

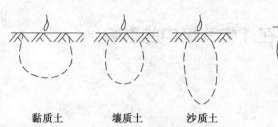

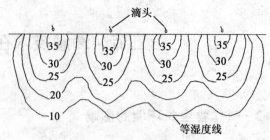

| 黏质土 | 壤质土 | 沙质土 |

图1-3　匀质土中滴头湿润土体形状

（来源：张志新，2007）

图1-4　线源滴头土壤湿润模式

土壤盐分将被带到湿润锋的边缘，在湿润锋边缘聚集，从而在滴孔周边的土壤中形成一个低盐区。土壤含盐量分布是水平脱盐距离大于垂直脱盐距离。

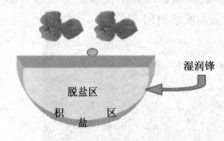

图1-5　线源滴头土壤湿润模式

膜下滴灌条件下，土壤水盐具有由水平方向向膜边地表裸露区定向迁移，垂直方向土壤水盐则由下向上层运移且趋于膜外边界积累的趋势，尤其是气温与蒸发因素交互作用，推进膜下滴灌土壤水盐在地膜覆盖与土壤裸露区域空间运移（图1-5），可有效降低湿润体土壤含盐量并抑制土壤返盐，膜下滴灌具有特殊的土壤水盐调控机制和优势。

在轻度盐碱地上，通过滴水补墒和塑膜覆盖相结合的办法，阻止了膜下土壤水分的垂直运动，使水分侧向运动加强，尤其在作物生育前期，滴灌的排盐能力十分明显。为作物幼苗根系创造了一个低盐环境，有利于作物的快速生长。

二、作物水肥管理方式的影响

膜下滴灌技术是由工程、农艺、生态和管理等多种技术要素构成的，将节水、施肥、施药、栽培、管理等一系列的精准农业措施融为一体，提升了农业整体技术水平，搭建了现代农业技术平台，不能将滴灌技术仅视为一项节水技术措施。水肥一体化技术是膜下滴灌技术中的主要内容，是将灌溉与施肥融为一体的农业新技术。按土壤养分含量和作物种类的需肥规律和特点，通过滴灌管道适时、适量地将水肥滴入作物根系发育生长区域，精确度高、损失少、肥效快，养分利用率高，作物增产显著，增效突出，从而比较理想地实现滴灌技术节水、节本、增产、增效的目标。

氮、钾肥在土壤中随水运移性高，常规灌溉单次灌水量大，氮、钾肥随水运移到较深土层，易发生淋失。滴灌施肥因受水控制，肥料在作物根层分布更均匀，促进作物根系吸收，从而有利于肥料利用率的提高。滴灌随水施肥技术使水肥同步，可发挥二者的协同作用，真正实现作物栽培中的水肥耦合，提高肥料利用率。据新疆农垦科学院试验研究表明：在棉花产量同比情况下，棉田当季氮肥利用率可达到65%以上，氮的利用率提高18%～25%，磷肥当季利用率可达到24%以上，磷利用率提高5%～8%（图1-6）。

新疆主要农作物滴灌高效栽培实用技术

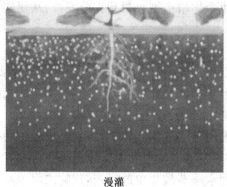
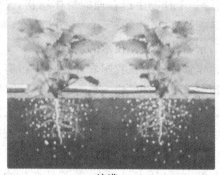

漫灌　　　　　　　　　　　　　　　　　滴灌

图 1-6　不同施肥方式下肥料分布示意图

滴灌可随水将可溶性肥料施到作物根区,改善了对定位定时施肥的控制,少施勤施,便于作物吸收,充分发挥肥效。同时减少了由于淋溶、杂草生长和流失而造成的肥料损失。目前新疆膜下滴灌玉米在 15 000～18 000 kg/hm² 产量水平,生育期间田间灌溉定额由原来漫灌的 7 200～9 000 m³/hm²,减少到 4 200～5 400 m³/hm²,节水 40％左右;氮、磷、钾用量分别为 300～450 kg/hm²、55～135 kg/hm²、45～75 kg/hm²,肥料利用率分别较漫灌沟灌条件下常规施肥提高 20％、10％、15％以上,整体节肥达到 15％～25％。新疆滴灌小麦在 7 500～9 000 kg/hm² 产量水平,生育期间田间灌溉定额由原来漫灌的 6 300～6 700 m³/hm²,减少到 4 500～4 800 m³/hm²,节水 25％～30％。滴施氮、磷、钾用量分别为 200～360 kg/hm²、75～150 kg/hm²、30～100 kg/hm²,肥料利用率分别较漫灌条件下常规施肥提高 30％、18％、10％以上,整体节肥达到 20％～30％。

三、作物栽培模式的影响

(一)密度与株行距配置的影响

作物田间个体通过株距、行距及作物密度等因素组成作物的群体,作物生产是作物群体的生产,作物的产量是作物群体的产量。膜下滴灌技术以小流量均匀、适时、适量地向土壤补充水肥,使作物根系活动区土壤水分维持在适宜的含水量水平和最佳营养水平。此外,滴灌土壤水分运动主要借助于毛细管作用,不破坏团粒结构,透气性保温性良好,为作物生长发育创造了有利的水、肥、气、热环境。近年来,众多专家和学者对滴灌的农艺配套技术做了大量的研究,取得了诸多成果,通过改变株行距和密度,利用作物生长的个体竞争、密度效应、边缘效应等,使滴灌作物的个体与群体达到相互之间的协调发展。

漫灌沟灌条件下,为了保证作物个体获得的养分和光照均等,大田生产上多用等行距配置。膜下滴灌条件下大多采用宽窄行配置,同时植株密度也较以往的地面灌合理增加。沟灌玉米密度为 6 万～6.75 万株/hm²,膜下滴灌玉米播种密度 7.5 万～9 万株/hm²;沟灌棉花密度为 10 万～15 万株/hm²,膜下滴灌棉花播种密度 22.5 万～33 万株/hm²。

滴灌技术的应用,在保障作物个体健壮发育的同时,适宜地增加作物栽培密度。合理的种植密度有利于个体和群体协调发展,滴灌通过肥水来调节作物,使作物群体稳健合理发展,既创造一个作物生产合理的群体结构,又使个体增产潜力得到充分发挥,从而实现群体产量的显著提高。

(二)密植作物滴灌技术的应用

密植作物的种植在我国农业生产中占有重要位置,我国主要粮食作物水稻、小麦、粮饲兼用作物玉米及油料作物大豆等均为密植作物,蔬菜及饲草中也有很多密植作物。因此,密植作物栽培技术的提高对保障国家的粮食安全、提高农业生产水平具有重要意义。在农业生产中密植作物肥水管理与已有农业现代技术组装实施困难较多,特别是密植作物生长后期,容易发生养分不足、早衰的现象。长期以来,新疆密植作物生产普遍采用漫灌、沟灌、畦灌等地面灌方式,耗水量较大,尤其是在作物用水季节较集中的时期,作物之间争水矛盾更加突出。近些年,虽然推广了低压喷灌等技术,但在节水方面也有一些弊端,如用水量仍然较大,喷水不均,地面上有时产生径流,喷水在空气中飘浮、蒸发量损失大,容易受风、雨等天气影响。用滴灌方式大面积种植密植作物,给作物的水肥管理提供了有利平台,促进了密植作物的生产发展,使滴灌这项世界上的先进技术应用范围更广大,特别是小麦、水稻等密植作物上滴灌技术的应用,是农业生产上的重大突破。2009 年经专家鉴定,第八师 148 团种植的 1 334 万 hm^2 滴灌大豆高产田产量为 5 317.0 kg/hm^2。2013 年,新疆种植滴灌小麦为 12.2 万 hm^2,高产示范田平均产量为 10 659 kg/hm^2。

(三)北疆"一年二作"的种植模式

新疆属典型的大陆性气候,光热资源丰富,昼夜温差大,日照时间长,强度大,有利于作物生长。北疆沿天山一带属于"一熟有余,两熟不足"地区,麦收后腾地、犁地、整地再播种的传统种植方式,麦收到出苗一般需要 15 d 以上,延误了播期,影响了下茬作物的产量和品质,再加上水资源亏缺和生产成本较高,复播、套作等往往难以进行,阻碍了"一年两作"技术的推广。

滴灌小麦茬后免耕复播作物,是在小麦收割后,在麦秸秆保留田里采用机械化直接免耕播种青贮玉米、油葵、黄豆等。麦子收割时秸秆直接粉碎在地里,复播的作物仍用原麦田中的滴灌带,播后及时滴水发芽;免耕不翻动土层,并依靠作物残茬覆盖地表,可有效地减少地面蒸发、节约用水,减轻风蚀和水土流失,留下的残茬还为土壤补充有机质,可提高单位土地面积经济效益,拓宽了增收渠道,对于稳定粮食生产,满足社会对粮、油、畜产品的需求,促进生产全面发展具有重要意义。兵团农七师 2010 年种植滴灌小麦 1.3 万 hm^2,麦后免耕复播滴灌油葵、移栽番茄、玉米和青贮玉米等共约 1 万 hm^2,增产效果显著。2012 年该师 124 团种植滴灌冬春小麦 2 334 hm^2,由于管理精细、水肥运筹合理,普遍获得了丰产丰收,最高单产达到 10 950 kg/hm^2,创全国高产纪录;在夏季收获后,该团全部推行免耕复播青贮玉米,实行订单收购,由于技术可靠,管理到位,复播青贮玉米 42 t/hm^2,可为职工增收 1 000 多万元。

滴灌条件下"一年两作"栽培模式,有利于新疆节水农业多元发展,改善农业产业结构,提高单位土地效益,优化农产品布局,同时可以解决新疆区域水资源不足对粮食生产限制,实现粮食、饲料、经济作物的协调发展,对保护和改善新疆的农业生态环境和农业的可持续发展提供有力的技术支持,对于发展新疆经济,稳定边疆和保证国家粮食安全有着重要的意义。

(四)膜下滴灌水稻的重大突破

膜下滴灌水稻节水栽培技术,将水稻栽培与膜下滴灌技术相结合,突破了水稻种植的"水作"传统,构成全新、先进的水稻种植方式。该方式实现了全生育期无水层、不起垄、机械直播,达到节水、省地、全程机械化等成效。这必将对我国干旱半干旱缺水地区水稻高效节水种植起到很好的示范作用,对节约淡水资源和保障国家粮食安全具有极大现实意义。通过栽培模式的改变和栽培技术的进一步配套,产量不断提高,比采用常规水田种植水稻增产15.4%、节水65%、节肥20.0%、降低成本17.2%,经济效益显著,社会、生态效益统一。

第三节　作物膜下滴灌栽培增产增效的原因

▶ 一、有利实现作物一播全苗

苗全是实现作物高产的基本保证。新疆春季少雨风大,膜下滴灌农田在表土层墒情差的情况下可播后滴水补墒,有利于按照预定的时间出全苗。膜下滴灌干播湿出,播前土壤水分少,地温回升快,可适当提早播种、出苗,同时,滴灌水量不受地形高低影响,土壤水分较均匀,有利于作物出全苗,据调查,膜下滴灌棉田的出苗率达90%～95%,比常规沟灌棉田高10%～15%及以上。

▶ 二、土地利用率提高,人工投入少

膜下滴灌采用管道输水,农田不需要修筑农渠、毛渠、田埂等,较常规地面灌农田的土地利用率提高5%～7%。减少了灌水人力、机力的费用投入,每个劳动力管理定额提高3～4倍。

▶ 三、水肥一体化技术提升农作物产量和品质

膜下滴灌随水施肥可被看作是最先进、最高效的灌水施肥一体化技术,滴灌将肥料直接施入到作物根区,降低了肥料与土壤的接触面积,减少了土壤对肥料养分的固定,有利于根系对养分的吸收,并为根系生长维持相对稳定的水肥环境。还可根据气候、土壤特性、作物生长发育不同阶段的营养特点,科学合理、灵活快捷地调节供应养分的种类、比例及数量等,能够满足作物高产优质的需要。满足作物灌水和施肥双重需要,避免了常规灌溉过饱过饥、各种养分不足造成的品质不高现象,有利于棉花纤维的均质、有利于瓜果成型等,各种农作物果实均呈现出体大、饱满、光润的特点,为现代农业生产创造了基础条件。

▶ 四、节本增产效果明显,经济效益好

膜下滴灌技术的节水省肥作用是众所周知的,比常规地面灌节约用水可达40%～50%,

肥料利用率提高 15％以上。膜下滴灌根据作物生长发育需求及时均匀地供给养分,并通过水肥来调节作物群体、个体的协调发展,以达到较理想的群体及产量结构,从而使作物增产,一般增产 15％～25％,经济效果明显。

▶ 五、滴灌技术能提高农作物抵抗风险能力

滴灌灌水的及时性、充分性,提高了作物出苗率、保苗率,植株苗壮,提高了作物抵抗倒春寒、春旱、伏旱、干热、倒伏等自然灾害。滴灌微量、局部灌溉的特性不造成地面积水,破坏了各种有害病菌和杂草的生长条件,减轻了作物病害、提高了作物品质。以伽师瓜为例,7 种主要病虫害有 4 种是通过地面水传播的,通过滴灌带输水能有效阻隔相关病虫害传播的渠道。

第四节　膜下滴灌技术给新疆农业生产带来变革

膜下滴灌技术的应用,给新疆农业带来了巨大变革,已成为新疆发展现代化农业的重要基础。加快了新疆实现基本现代化的步伐。

▶ 一、实现农业生产的优质、高产、高效、生态、安全

膜下滴灌技术以管网输配水肥,能够及时、定量为农作物提供有效养分,极大提高了农作物生长期所需各种养分的保障程度,出苗率、保苗率、收获率都得到提高,且作物种植密度也合理增加,农作物增产就成了必然结果。又因避免了常规灌溉过饱过饥、各种养分不均或不足造成的品质不高的现象,有利于棉花纤维的均质、有利于瓜果成型,各种农作物果实均呈现出体大、饱满、光润的特点,为现代农业生产创造了基础条件。同时管网化的人工控制可以准确掌控水、肥、药的施用量,确保农业产品的安全生产。

膜下滴灌技术应用,自 2000 年新疆兵团大力推广以来,累积节水量 65.88 亿 m³,相当于节约了 41 个新疆天池的水量。节余的水量主要是发展生态环境用水,退耕还林、还草,农田防护林建设,极大地改善灌区的农业生产环境,使脆弱的荒漠化生态环境得到改善,加速人工绿洲生态系统的形成。同时节余的水量用于中低产田改良,提高现有灌区灌溉保证率,促进农业生态环境的良性发展。

▶ 二、提高土地产出率、资源利用率、劳动生产率

滴灌系统采用管道输水,田间不修农渠、毛渠,由地下输水管道和滴灌带所替代,土地利用率可提高 5％～7％。有些地区完全夷平了延绵数里 8～12 m 宽的排碱渠,并种草种树,加强了耕地田林网建设。灌溉方式用"开阀门"代替了"扛铁锹"的传统浇水方式,棉田管理定额从 1.6 hm²/人,提高到 5.3 hm²/人,成倍提高了劳动生产率。

滴灌在作物根系进行局部浸润灌溉的特性,大幅度降低了无效灌溉的浪费,提高了作物

对水、肥、药等生产要素的使用效率,同时还降低了土壤板结程度,减少了机耕作业量。有压输配水和滴水,降低了平整土地的工程量,极大地减少了农田建设投资。

三、增强农业抵抗风险能力、市场竞争能力、可持续发展能力

膜下滴灌技术的核心作用是用现代装备和技术人工干预作物的生长过程,改善自然条件对农作物的不利影响。增强农业抵抗风险能力,维持农业的可持续发展。

滴灌灌水的及时性、充分性,提高了作物出苗率、保苗率,植株苗壮,提高了作物抵抗倒春寒、春旱、伏旱、干热、倒伏等自然灾害。滴灌微量、局部灌溉的特性不造成地面积水,破坏了各种有害病菌和杂草的生长条件,减轻了作物病害、提高了作物品质。利用滴灌带输水能有效阻隔通过流水传播的病虫害的传染途径。

膜下滴灌系统利用地膜、水肥等,能有效调控地温、作物生育期,有利于人工控制让瓜果提前早熟或推后晚熟,还可以控制瓜果的果实形态,极大地提高了商品率。作物产量、品质的提高和成品率的提高,增强了农产品的市场的竞争能力。

滴灌在作物根系进行局部的浸润式灌溉,不形成地面径流,因而不破坏土壤的团粒结构,不在耕作层内形成肥、药等成分的过量堆积,土壤不板结,不与地下的盐碱沟通,因此不造成土壤的退化和沙化。新疆兵团第八师盐碱化十分严重的团场,以滴灌技术应用为主体,配套进行地下、地表水资源的改造,极大地遏制了土壤盐碱化问题。新疆兵团十多年滴灌的实践告诉我们,滴灌地越种产量越高。以往荒漠化农田的改良需要3～5年的时间,用滴灌技术改良沙化的农田,只要1～2年的时间即可,这为农业的可持续发展奠定了坚实的基础。

四、促进了农业生产方式和生产关系的变革

1. 农田水利输配水系统的革命

膜下滴灌技术用管网系统代替了传统的灌溉系统,从根本上解决了渗漏问题,极大地降低了能源消耗、提高了水的利用率,不仅节约了投资,又最大限度地保证了水体系统和生态系统的原貌。

2. 农业生产方式的革命

劳动生产率的提高扩大了种田能手的承包面积,扩大了农民生产规模,极大地提高了总收入水平,新疆兵团第八师的许多种田能手目前已经从农业生产的操作者转变成了农业生产管理者,还有一些具备经营能力的农民,转变成了农业资本的经营者,不仅经营管理者自己的农田,还外出去承包其他地方的农田,用自己的技能和资本,来发展自己的事业。

3. 农业生产关系的革命

滴灌技术的应用,极大提高了农业生产的集约化程度,随之而生的滴灌浇水站、滴灌服务站、滴灌器材门市部、滴灌专用肥厂站、过滤器生产厂、铺带精量播种机、滴灌工程服务公司等,促进了农业生产的专业化分工,催生出新兴产业,农业生产的人际关系变成了雇佣和被雇佣、服务和被服务,将传统农业单一的、一家一户的封闭生产关系,转变成社会化的分工协作关系。

4. 节水灌溉带动了产业化集群发展

节水产业的壮大收到非常显著的成效,创造了上万人的就业机会,同时促进了农业生产的专业化分工,催生出新兴产业,带动了与膜下滴灌相关的地膜、滴灌专用肥、农业机械、塑料化工、电力、废旧塑料回收、棉花加工企业、番茄加工等行业的发展,加快了农业现代化的步伐。

5. 农民生活方式的革命

滴灌劳动强度的降低、规模化的扩大、机械化、自动化程度的提高,使农村的各种劳力都能成为进行灌溉管理的操作人员。富裕的农民已开始进城买房,形成了农忙在田间、农闲在村里、冬季进城里的生活方式,几十公顷以上的承包户几乎都购买了运输车辆。以新疆兵团第八师农场为例,目前生产经营基本单位都是家庭农场,一个家庭农场承包土地平均为 $20\sim35\ hm^2$,最多的已达 333 多 hm^2,实现了规模化经营,年收入达到 20 万~40 万元。现 141、149、150 团等团场,80% 农工在团部居住,121 团有 1 000 多辆小汽车,生活方式的变化,也带动了团场小城镇建设的发展步伐,全面建设小康社会的蓬勃景象随处可见,正在逐步改变着兵团城乡的二元化结构。

参考文献

[1] 张志新. 滴灌工程规划设计原理与应用[M]. 北京:中国水利水电出版社,2006.

[2] 王振华,郑旭荣,何新林,等. 北疆滴灌小麦和复播作物灌溉制度[M]. 北京:中国农业科学技术出版社,2014.

[4] 王荣栋. 小麦滴灌栽培[M]. 北京:中国农业出版社,2012.

[5] 杨万森. 传统农区向现代农业转变的路径实践和探索[M]. 经济师,2013(11):132-133.

[6] 尹飞虎. 滴灌——随水施肥技术理论与实践[M]. 北京:中国科学技术出版社,2013.

[7] 陈林,郭庆人. 膜下滴灌水稻栽培技术的形成与发展[J]. 作物研究,2012,26(5):587-589.

[8] 陈林,程莲,李丽,等. 水稻膜下滴灌技术的增产效果与经济效益分析[J]. 中国稻米,2013,19(1):41-43.

第二章　棉花膜下滴灌栽培技术

棉花是世界性的重要经济作物。中国是世界上棉花生产、消费和纺织大国,棉纱和棉布的产量居世界首位。新疆植棉历史悠久,是我国最早的棉区之一。新疆连续 20 年实现棉花面积、单产、总产和调出量全国第一。随着膜下滴灌在新疆棉花栽培中的迅速推广应用,为新疆棉花生产带来了良好发展前景,使新疆成为我国最大的棉产区,其中长绒棉的年产量也在不断增加。也为兵团实现"三大基地"的建设目标提供了有力保障。2014 年全国棉花总产量预计为680.6 万 t,新疆 450.2 万 t 的棉花产量已占全国棉花总产量的 66.1%。充分发挥新疆优质高产棉区的生产潜力,大力发展棉花生产,对国家生产安全和棉纺工业的发展具有重要的意义。

第一节　生物学基础

一、棉花的主要生育特性

1.喜温、好光

棉花在分类学上属被子植物锦葵科棉族棉属。是典型的喜温作物,全生育期所需活动积温(即指从播种至吐絮日平均温度大于或等于10℃的总和):中熟品种 3 200～3 400℃,早熟品种 2 900～3 200℃。生长发育最适宜的气温是 25～30℃,一般在 15℃ 以上才能正常生长。棉花是喜光作物,光照时间的长短和光照强度都会影响棉花的生育。一般棉花在每日 12 h 光照条件下发育最快,而 8 h 光照条件下,由于棉株营养不良,反而延迟发育,新疆棉区苗期气温 12～24℃,热量不丰富,因此地膜覆盖植棉显示出巨大优势。

2.无限生长习性,株型可塑性大

棉花为多年生植物,具有无限生长习性,在不同条件下,其株型变化很大。在农业生产上可通过水肥、密度、整枝和施用生长调节剂来控制株型,合理地调整群体结构(图 2-1)。新疆棉区根据气候条件,采用"早、密、矮、膜"栽培技术体系,调控株型,成功地使棉花向高产优质的方向发展。

在适宜的环境条件下,棉花主茎能向上持续生长,不断地生长果枝,果枝又可不断地横向增生果节,蕾铃能不断增加。这一特性,对夺取棉花高产是极为有利的条件。在生产上应用的适期早播,促壮苗早发,防止早衰和地膜覆盖等措施,都是根据这一特性,尽量延长生长期,增加有效结铃期,来充分发挥棉花的增产潜力。棉花的无限生长习性,也有不利的一面,例如易徒长,易贪青晚熟,后期还容易出现二次生长等。

无限生长　　　　　　　　　　　　　　　控制株高

图 2-1　棉花株型可塑

3.再生能力强

棉株的每个叶腋里都生有腋芽,当棉株遭受风、雹、虫等自然灾害后,只要时间充裕,采取措施创造适宜条件,就可以长出新枝条,获得一定的产量。棉花的幼根断伤以后,能长出更多的新根,蕾期深中耕,就是对这一特性的利用。此外,棉花还具有适应性广和株型可控性,使棉花丰产栽培具有十分丰富的内容。

4.营养生长和生殖生长并进时间长

棉花从现蕾进入营养生长和生殖生长并进的时期,直到吐絮,长达 70～90 d,占全生育期的 2/3 以上。在此时期,棉株的根、茎、叶等营养器官在生长,又有蕾、花、铃等生殖器官的生长,两者相互促进又相互制约。在这个时期,若栽培管理不当,偏于营养生长,则植株生长过旺,造成"高、大、空";偏于生殖生长,则植株生长过弱,表现早衰,产量不高。所以在栽培技术上,应注重协调两者的关系,处理好棉株生长发育与外界环境条件的关系,营养生长和生殖生长的关系,实现棉花早熟、优质、高产。

在这段时间内,营养生长和生殖生长之间,在营养物质分配以及对环境条件的需要上存在着矛盾,如果处理不当,造成营养生长过旺或是生长不良,都会引起蕾铃脱落,达不到多现蕾、多结铃、结大铃的目的。

▶ 二、棉花的生育期

1. 棉花的生育期

棉花从播种期到收获期经历的天数称为全生育期,棉花从出苗到吐絮所需的天数,称为生育期。棉花生育期的长短,因品种、气候及栽培条件的不同而异,一般生产上利用的陆地棉品种为 100～140 d。根据生产需要我国按生育期长短分为:特早熟品种,又称短季棉,生育期在 110 d 以下,适宜夏播或麦后直播;早熟品种,生育期 120 d 以下,适宜麦套或晚春播;中早熟品种,生产上利用的多为此类品种,生育期在 120～135 d;中熟品种,生育期 135～145 d;中晚熟品种和晚熟品种,生育期在 145 d 以上。

2. 棉花的生育时期

棉花整个生育周期中,根据器官形成的明显特征和出现的顺序,把棉花一生划分若干时段,每个时段为一个生育时期。棉花整个生育期可分为播种期、出苗期、现蕾期、开花期和吐絮期 5 个时期。

出苗期:棉苗出土,两片子叶展开;

现蕾期:棉株出现第一个幼蕾苞叶达 3 mm;

开花期:棉株第一朵花开放;

吐絮期:棉株第一个棉铃开裂露出白絮。

田间 50% 的棉株达到某一标准,即为该田达到某一生育时期。

3. 棉花的生育阶段

根据棉花生长发育过程中不同器官的形成及其生长特点,把棉花的一生划分为 5 个生育阶段(图 2-2)。

播种出苗期:从播种到出苗所经历的时间,播种后 10～15 d。

苗期:从出苗到现蕾所经历的时间,一般需 40～45 d。

蕾期:从现蕾到开花所经历的时间,需经历 25～30 d。

花铃期:从开花到吐絮所经历的时间,需经历 50～60 d。

吐絮期:从吐絮到收花结束所经历的时间,一般需 60 d 左右。

图 2-2　棉花不同生育时期

▷ 三、膜下滴灌棉花对水肥的需求

(一)棉花的需水规律

棉花需水量是指棉花在生长发育期间田间消耗的水量,包括整个生育时期内棉花自身所利用水分及植株蒸腾和棵间蒸发所消耗水量的总和。由于各生育时期的外界环境条件和生育状况的不同,对水分的需要有很大差别。

（1）苗期　棉花出苗到现蕾阶段，由于气温不高，植株体较小，土壤蒸发量和叶面蒸腾量均较低，因此需水较少。此阶段的需水量占全生育期总需水量的15%以下，0～40 cm土层含水量占田间持水量的55%～70%为宜。

（2）蕾期　新疆采用地膜栽培，棉花现蕾以后，气温逐渐升高，棉花生育加快，土壤蒸发量也随之增加，需水量也逐渐加大。此阶段的需水量占全生育期总水量的12%～20%，0～60 cm土层内保持田间持水量的60%～70%为宜。

（3）花铃期　棉花开花以后，气温高，棉株生长旺盛，叶面积系数和根系吸收都达高峰，需水量最大。此阶段的需水量占总需水量的45%～65%，0～80 cm土层内土壤水分应保持在田间持水量的70%～80%为宜。

（4）吐絮期　由于气温下降，叶面蒸腾减弱，需水量逐渐减少，此阶段的需水量占总需水量的10%～20%，土壤水分保持在田间持水量的55%为宜。田间一般不用灌水。

（二）棉花的需肥规律

棉花产量的高低与土壤肥力、土壤养分含量有着密切的关系。棉花每形成100 kg皮棉，对养分的需求量有所不同。在一定范围内，随着土壤肥力的提高和土壤养分的增加，产量随之上升，棉株吸收N、P_2O_5、K_2O养分的总量也增加，但产量增长与需肥量增加之间不成正比，产量水平越高，每千克养分生产的皮棉越多，效益越高。

据中国农业科学院棉花研究所研究结果，棉花苗期以根生长为中心，吸收N、P_2O_5、K_2O的数量占一生吸收总数量的5%以下，此期虽然吸收比例小，但吸收强度较高，棉株体内含氮、磷、钾百分率也较高。蕾期植株生长加快，进入营养生长与生殖生长并进阶段，根系迅速扩大，吸肥能力显著增加，吸收N、P_2O_5、K_2O占总量的25.29%～31.61%。花铃期是形成产量最关键的时期，棉株在盛花期营养生长达到高峰后转入以生殖生长为主，吸收N、P_2O_5、K_2O量分别占一生总量的59.77%～62.14%、64.41%～67.11%、61.60%～63.22%，吸收数量和比例均达到高峰，是棉花养分的最大效率期和需肥最多的时期。因此，保证花铃期充分的养分供应对实现棉花高产极其重要。吐絮期棉花长势减弱，吸收量减少，叶片和茎等营养器官中的养分均向棉铃转移而被再利用，棉株吸收N、P_2O_5、K_2O数量分别占一生总量的2.73%～7.75%、1.11%～6.91%、1.16%～6.31%，吸收强度也明显下降。

根据新疆地方微灌标准，膜下滴灌棉花肥料投入，按平衡施肥方法计算，列出滴灌条件下推荐施肥总量（表2-1）。

表2-1　膜下滴灌棉花施肥总量推荐表　　　　　　　　　　　kg/hm²

棉区	氮(N)			磷(P_2O_5)			钾(K_2O)		
	高	中	低	高	中	低	高	中	低
北疆	210～225	255～285	285～300	105～135	150～165	165～195	60～75	75～105	120～165
南疆	210～240	255～300	285～315	120～150	165～180	180～210	75～90	90～120	135～165

注：氮肥可用尿素(46% N)做基肥和追肥，磷肥可用三料磷肥(46% P_2O_5)和磷酸二铵(46% P_2O_5，18% N)做基肥，磷酸一铵(61% P_2O_5，12% N)可做追肥，钾肥用硫酸钾(33% K_2O)或氯化钾(60% K_2O)做基肥和追肥。棉花滴灌专用肥以追肥为佳。

◢ 四、棉花的产量结构

1.产量计算

棉花的经济产量以单位土地面积上籽棉或者皮棉产量计算。

棉花的皮棉产量构成是由单位面积上的总铃数、单铃重和衣分 3 个因素构成的。棉花要获得高产，既不能单一追求密度，也不能单一追求单株铃数和铃的大小，要达到密度、单株铃数、铃重、衣分综合平衡，才能实现。

$$单位面积皮棉产量＝单位面积总铃数×单铃籽棉重×衣分$$
$$单位面积总铃数＝单位面积株数×单株铃数$$
$$单位面积株数＝单位面积÷(株距×行距)$$
$$衣分＝籽棉上纤维的重量÷籽棉重量×100\%$$

2.产量结构

收获株数 22.5 万～25.5 万株及以上，单株成铃数 6.5～8 个，单铃重 5～5.5 g，衣分 40%～42%，霜前花≥85%。

第二节　棉花膜下滴灌栽培技术措施

新疆为大陆性干旱气候区，植株靠灌溉。棉花膜下滴灌栽培技术，以选择适宜密植的品种和配套播种机械为前提，以宽膜覆盖、高密度种植及其合理的株行距配置为核心技术，以促早发早熟为目标，系统的调控为技术保障，将"早、密、矮、膜、匀"棉花高产栽培技术，与膜下滴灌、精量播种、测土平衡施肥等技术进行组装配套，抓好播前准备、一播全苗、田间管理和收获 4 个关键生产环节，达到棉花四月苗、五月蕾、六月花、七月桃、八月絮的田间动态指标，塑造"大而匀的群体，矮而壮的个体"高质量的群体结构，以实现棉花优质高产高效栽培。

◢ 一、播前准备

(一)土地准备

(1)全层施肥　翻地前全层深施 15～30 t/hm² 腐熟农家肥、25% 的磷肥、20% 的钾肥和 10% 的氮肥作为基肥。为保证施肥质量必须做到施肥插线，不重不漏，耕翻深度 27～30 cm，犁后土地平整。

(2)整地　早春解冻后拾净残膜、秸秆、杂草，整修地头地边，化除后及时耙地，耙深 3.5～4 cm。耙后土地平整、细碎、无杂草(早春耙地后，必须反复搂捡田中残膜 2～3 遍，减轻残膜对土地污染)。

（3）化学除草　48%的氟乐灵用量1.5～1.8 kg/hm²进行土壤封闭处理,程序是插线→打药→对角耙→直耙后收地边一圈→待播。氟乐灵应在傍晚后使用并及时耙地混土,以防光解。

（二）品种准备

（1）品种选择　新疆棉区在品种选择上既要考虑早熟性、抗逆抗病抗虫性,又要注重衣分和纤维长度等内在品质要求。通常选择生育期适宜,丰产潜力大,抗逆性强的品种。

（2）棉种质量　棉种纯度达到97%以上,棉种净度在95%以上,棉种发芽率85%以上,含水率12%以下,破碎率5%以下。

（3）种子处理　播前每100 kg种子使用种衣剂按种子量50∶1拌种包衣,处理后晾晒3～5 d。

▶ 二、棉花膜下滴灌播种

（一）适时播种

棉籽发芽最低温度为12℃,一般当膜下5 cm地温连续3 d稳定通过12～14℃时即可播种。播种过早,地温低,容易造成烂种缺苗;播种过晚,生育时期推迟,会造成晚熟减产。适期播种,棉株生长稳健,现蕾开花提早,延长结铃时间,有利于早熟高产。南疆正常年份在4月1～15日;北疆4月初进行试播,4月10日大量播种,4月20日前结束播种。

（二）密度和株行配置（图2-3）

（1）小三膜12行配置　"20+40+20"交接行60 cm,平均行距35 cm,株距9～9.5 cm,每公顷理论株数30万株左右。

（2）大三膜12配置　"28+50+28",交接行60 cm,平均行距42 cm,株距9～9.5 cm,理论株数每公顷25.5万株左右。

（3）宽膜/机采棉（2～2.05 m膜宽）配置　二膜十二行"10+66+10+66+10"膜上精量点播,株距9～10 cm,理论株数每公顷27.6万～29.3万株,一膜两管或一膜三管。

（三）播种技术

（1）播量及播深　每穴1～2粒。播深1.5～2 cm,种行膜面覆土宽度5～7 cm,覆土厚度1～1.5 cm,边行外侧保持≥5 cm的采光带。

（2）播种方法　膜上精量点播,铺膜、打孔、点播、覆土、镇压等作业一次完成（图2-4）。

（3）播种质量要求　播行端直,膜面平展,压膜严实,覆土适宜,错位率不超过3%,空穴率不超过2%。

（四）播后管理

（1）补种　播种时出现的断垄地段插上标记,播后及时补种,并在播后及时补齐地头地边,力争满块满苗。

（2）出苗水　未进行冬茬灌或表墒不足的棉田,于播后及时滴出苗水,每公顷300 m³,保证出苗率不低于90%。

（3）破除板结　下雨后及时破除板结,以利于棉苗出土。

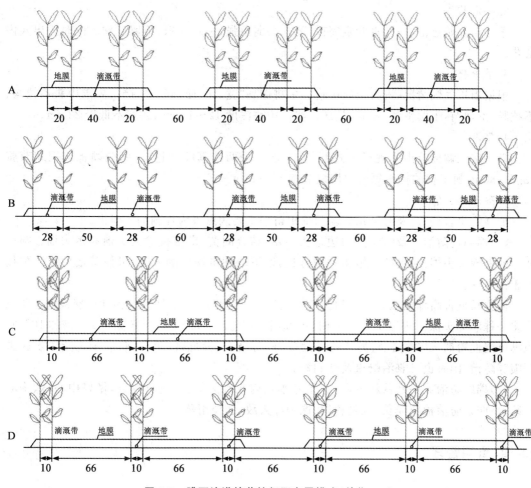

图 2-3 膜下滴灌棉花株行距布置模式（单位：cm）

A.小三膜　B.大三膜　C.机采膜（一膜二管）　D.机采膜（一膜三管）

图 2-4 膜下滴灌棉花播种

三、苗期管理

1.早放苗封孔

棉田出土 50%，立即组织人力，查苗、放苗、封孔。

2. 早定苗

子叶期开始定苗,一片真叶定完苗,要求去弱留强、一穴一株,不留双株。同时拔出穴内杂草。

3. 早中耕

根据当年气候情况,进行及时中耕。中耕做到"宽、深、松、碎、平、严",要求中耕不拉沟、不拉膜、不埋苗,土壤平整、松碎,镇压严实。中耕深度 12～14 cm,耕宽不低于 22 cm。

4. 化调

第一次化调棉苗出齐现行后进行,第二次化调两片真叶时进行,每公顷棉田用缩节胺 22.5～30 g,机采棉的棉田每公顷用缩节胺 15～18 g。

5. 防治病虫害

加强病虫害调查,及时防治。新疆棉田苗期主要病虫害为棉蓟马和蚜虫。

(1)棉蓟马防治 及时铲除田边地头杂草,结合间苗、定苗拔除无头棉和多头棉。棉田缺苗处发现多头棉,应去掉青嫩粗壮的分枝,留下较细带褐色的枝条,可使其最后结铃数接近正常棉株。

棉蓟马危害高峰期在 5 月中旬至 6 月上旬,当棉田有 5%～10% 的棉叶出现银白色斑点或多头株和无头株率达到 3%～5% 时,可选用药剂防治。0.2% 阿维菌素 1 000 倍加 10% 吡虫啉可湿性粉剂 2 000 倍液,另外还可用硫丹、害极灭、毒死蜱、灭多威、联苯菊酯等农药进行喷雾防治,同时也可兼治蚜虫及红蜘蛛。

(2)棉蚜防治 一是秋耕冬灌;二是冬季室内花卉灭蚜;三是早调查,做好中心株、中心片防治;四是防治棉花徒长;五是利用、保护好天敌,选择用药。

▶ 四、蕾期管理

1. 水肥管理

蕾期灌水总量 1 350～1 800 m³/hm²(北疆地区灌水总量可取低值,南疆地区取高值),通常滴水 3～4 次,灌水周期 5～7 d,灌水定额 450 m³/hm²。正常年份蕾期第一次滴水北疆地区在 6 月 15 日左右,南疆在 6 月 5 日左右。

施肥:将 20% 氮肥和 20% 的磷肥分次随水滴施。如发现缺硼,喷施 0.2% 硼砂 1 次,用量 750～1 200 kg/hm²。

2. 第三次化调

根据品种、田间长势等具体情况而定,时间在蕾期第一水前进行,用缩节胺 30～45 g/hm²,主要是防止因旱灌水棉田及生长势较强品种头水后出现旺长。

3. 病虫害防治

(1)棉蚜防治 大田防治重要环节是将棉蚜消灭在点片发生阶段,苗期蚜虫危害指数达防治指标时用药剂喷雾防治。可选取 20% 速灭菊酯或其他菊酯类乳油 150～300 mL/hm²,50% 灭蚜松乳油 300～450 mL/hm²,50% 西维因可湿性粉剂 450～750 g/hm²,选用药剂要注意更换药种和交替用药,用水量 300～450 kg/hm²。

(2)棉叶螨防治 以防治中心株及点片防控为主,采取查、抹、摘、拔、除、打综合措施。

(3)棉铃虫防治 田边摆放"杨树枝把"来诱蛾或采用频振式杀虫灯的灯光诱杀。

◉ 五、花铃期管理

1.水肥管理

花铃期灌水总量 2 250~2 850 m³/hm²,通常滴水 5~6 次,灌水周期 5~7 d,灌水定额 450 m³/hm²。60%的氮肥、80%的钾肥和 55%的磷肥分次随水滴入,到盛铃期施完。10% 的氮肥作为壮桃肥在盛铃后滴施,防后期早衰。如发现缺硼,喷施 0.2%硼砂 1~2 次,每次 750~1 200 kg/hm²。

2.打顶

坚持"枝到不等时",适期早打顶。晚熟品种、机采棉 6 月底开始打顶,7 月 5 日前结束。早熟类型品种 7 月 10 日前结束打顶。棉株自然高度控制在 60~65 cm,机采棉打顶后棉株自然高度 70~75 cm。

3.化学调控

在打顶后 8~10 d 进行(待顶部果枝伸长 6~7 cm 时进行化调),每公顷用缩节胺 90~120 g。对于长势偏旺的棉田打顶后要进行两次化控,花铃期第二次化控在第一次后 10 d 进行,用缩节胺 90~120 g。防止上部果枝过度伸长造成中部郁蔽,控制无效花蕾和赘芽生长,忌用一次性大剂量缩节胺化控。

4.病虫害防治

(1)棉铃虫防治 以综合防治为主。控制棉花徒长,喷施磷酸二氢钾,降低棉铃虫落卵量。达到防治指标时应用选择性药物防治。

生物防治主要是人工释放赤眼蜂防治棉铃虫。在棉铃虫卵高峰期前后,喷洒 1~2 次苏云金杆菌或棉铃虫核多角体病毒,能使幼虫大量染病死亡。

化学农药防治的关键是要抓住卵孵化盛期或幼虫初龄阶段,进行喷药防治。如果发生期较一致,在卵高峰期喷一次药,隔 2~3 d 再喷一次就能基本控制危害。可选用菊酯类农药,如 5%来福灵乳油、2.5%敌杀死乳油、2.5%功夫乳油 2 000~3 000 倍液,或 21%灭杀毙乳油 3 000 倍液,或 10%菊马乳油 1 509 倍液,或 50%辛硫磷乳油 1 000 倍液喷雾。在使用农药过程中,不要单一、连续使用某一品种。各种药剂要交替轮换使用,能延缓棉铃虫抗药性的产生和发展。

(2)棉叶螨防治 棉田施药可点涂和选用选择性农药,如 25%三氯杀螨醇 1 000 倍液、73%克螨特 1 000~1 500 倍液或 50%溴螨酯 1 000 倍液。并可与广谱性农药如久效磷、氧化乐果轮换使用,也可选择菊酯类农药施用兼治其他棉虫。

◉ 六、吐絮期管理

1.水肥管理

吐絮期灌水总量 450~900 m³/hm²,滴水 1~3 次,一般情况下,北疆地区 9 月上旬停水,南疆地区 9 月中旬停水。

2.棉花后期管理

一是要做好贪青棉田促早熟工作,除净田间杂草;二是做好拾花劳力的组织、培训等准备工作；三是做好采摘过程中四分工作，严格采摘质量，籽棉含水率不超过10％；四是适期采摘，快采快交。

3. 机采棉

脱叶剂选择：54％脱吐隆每公顷用量150～180 g；或80％噻苯隆可湿性粉剂（瑞脱龙）每公顷用量300 g。

脱叶时间：正常年份9月上旬开始，9月15日前结束，喷后要求连续3～5 d晴好天气（图2-5）。脱叶后田间脱叶率90％以上、吐絮率95％以上时便可机械采收（图2-6）。

图2-5　喷施脱叶剂

图2-6　棉花机械采收

4. 滴灌带回收和秸秆回田

棉花最后一水即将结束时，打开地面PE软管末端进行冲洗。棉花采收前，管内无积水时，将PE软管收回，妥善保管，备下一年度使用。待棉花收获完毕，组织人工机械，将棉田内滴灌带全部回收再利用。对于棉秆，新疆棉田采用秸秆粉碎机对棉花秸秆进行还田，以提升土壤的有机质含量，促进农业增产，农户增收。

第三节　棉花膜下滴灌栽培经济效益分析

▶ 一、棉花膜下滴灌的增产机制

1. 膜下滴灌棉田保苗率提高，收获株数增加

新疆春季气温不稳定，大风天气多，土壤水分散失快，棉田因播种时土壤墒情差，棉籽萌发困难，难以做到一播全苗。使用膜下滴灌后，采取滴水出苗或干播湿出的办法，按照适宜时期进行滴水补墒，不但保证了"霜前播种，霜后出苗"目标的实现，而且可以做到出全苗，为留匀苗育壮苗打下基础。据调查，膜下滴灌干播湿出棉田出苗率为90％以上，比沟灌棉田的出苗率提高15％以上。

2. 膜下滴灌加快棉花生育进程，有利棉花早熟

膜下滴灌棉田尤其是干播湿出棉田，田间土壤含水量较低，有利于春季地温回升，促进棉苗早发芽，快出苗，加快苗期的生长速度。滴灌棉田生育期的灌溉体现少量多次的特点，

使土壤湿度维持在田间持水量的65%～85%之间,加上塑膜覆盖增温等,为棉株生长创造了良好的土壤水分环境,土壤通透性好,有利于根系的生长发育,棉花生育进程加快,比同期沟灌棉田生育进程提前4～7 d。

3. 膜下滴灌延长了棉花光合时间,物质生产力提高

由于滴灌系统创造了良好的水、肥、气、热环境,棉花生育进程加快,叶面积指数进入高值持续期的时间较沟灌棉田早,且持续时间延长。进入盛花期后,滴灌棉田的叶面积指数明显高于沟灌棉田,盛铃期以后,滴灌棉田一直保持较高的叶面积指数,生育后期下降缓慢,明显延长了棉花的光合时间。据调查,膜下滴灌棉花苗铃脱落率较沟灌的低4.9%,伏前桃多0.8%,单株铃数多1.6%。

4. 膜下滴灌棉田调控能力加强,干物质分配效率提高

膜下滴灌棉田的滴水和施肥能按照棉花的需水和需肥规律进行定时定量,能保证棉花水分和养分的持续正常供给,棉花根系和地上部各器官正常生长。从初花期开始,滴灌棉花干物质累积较沟灌棉花增加,特别是在棉花大量开花结铃的关键时期,膜下滴灌能满足棉花养分的需求,物质生产力明显提高,为棉花高产奠定了物质基础。据新疆农垦科学院研究结果,在同等条件下,灌溉棉花干物质累积量较常规滴灌棉花增加20%左右。

5. 膜下滴灌棉花单株成铃率提高

膜下滴灌棉花单株果枝成铃率提高。据调查,滴灌棉花第1果节平均成铃率比沟灌棉田提高13.3%～14.0%,滴灌棉花第2果节的平均成铃率为9.8%～10.5%,比沟灌棉花高出43.8%～48.5%。由此可见,滴灌不仅使棉株中下部果枝的平均成铃率提高,上部果枝结铃比重增加,而且棉株第2果节成铃率也较显著提高。增加一定数量的第2果节成铃,是产量提高的一个显著标志。

6. 膜下滴灌棉花改善微环境,病虫草害减轻

膜下滴灌棉花因灌水方式的改变,田间微环境也发生变化,在一定程度上能减轻病虫草害的发生与蔓延。据试验研究和生产单位的调查,膜下滴灌棉田其杂草生长程度及虫害、病害明显降低,并能提高防病效果。膜下滴灌棉花黄萎病率为1.73%,较常规灌溉减轻5.67%;棉叶螨为害率为1.1%,较常规灌溉减轻1.6%。

▶ 二、膜下滴灌的经济效益分析

范文波利用新疆玛纳斯河流域的棉花生产多年的调查数据,从生态、经济和社会可持续发展的三个角度分析了膜下滴灌技术的应用效果。生态效益主要表现为:采用膜下滴灌比沟灌平均节水41.92%,流域内农业节约水量约为多年河道来水的9.34%,基本满足河道最小生态需水;采用膜下滴灌比沟灌节约化肥用量18.38%,节约农药用量17%。经济效益主要表现为:采用膜下滴灌棉花(籽棉)单产提高23.15%,水分利用效率(WUE)提高70.70%。社会效益主要表现为:采用膜下滴灌农业管理效率提高3～4倍,节约了农业劳动力。总体分析结果表明,采用膜下滴灌技术有利于区域社会经济的发展和生态环境的保护(表2-2)。

表 2-2　膜下滴灌与沟灌条件下棉花效益比较

项目	2000 年		2002 年		2006 年		2009 年	
	滴灌	沟灌	滴灌	沟灌	滴灌	沟灌	滴灌	沟灌
灌水量/(m^3/hm^2)	4 500	7 450	4 875	8 235	4 350	7 500	4 050	7 400
节水率/%	39.60		40.80		42.00		45.27	
单产籽棉/(kg/hm^2)	4 552	3 804	4 127	3 743	5 250	4 200	5 805	4 590
产量提高率/%	19.63		10.28		25.00		26.47	
WUE/(kg/m^3)	1.01	0.51	0.85	0.45	1.03	0.7	1.14	0.77
WUE 提高率/%	98.06		88.89		47.06		48.79	
毛效益/($元/hm^2$)	15 933	13 318	14 033.25	12 725.01	23 625	18 900	34 924.5	27 081
毛效益差/($元/hm^2$)	2 615		1 306		4 725		7 169	2 615
成本/($元/hm^2$)	12 784	10 828	1 112	10 889	18 790	16 089	22 268	19 704
成本差/($元/hm^2$)	1 956		223		2 701		2 564	
净效益/($元/hm^2$)	3 148	2 490	2 920	1 837	4 835	2 811	11 982	7 377
净效益差/($元/hm^2$)	658		1 083		2 024		4 605	
效益增幅/%	26.44		58.95		72		62.42	

（数据来源：范文波. 生态学报，2012）

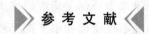
参 考 文 献

[1] 王荣栋，尹经章. 作物栽培学[M].北京:高等教育出版社,2014.

[2] 王新梅. 大田膜下滴灌技术与应用研究分析[A].建筑科技与管理学术交流会论文集,2012,2.

[3] 尹飞虎.滴灌—随水施肥技术理论与实践[M].北京:中国科学技术出版社,2013.

[4] 马富裕,赵志鸿,朱焕清,等. 兵团棉花膜下滴灌技术综述[J].新疆农垦科技,2001(2):38-39.

[5] DB 65/T 3107—2010 棉花膜下滴灌水肥管理技术规程[S].新疆维吾尔自治区质量技术监督局,2010 年 3 月 31 日发布.

[6] 范文波,吴普特,马枫梅,等.膜下滴灌技术生态—经济与可持续性分析—以新疆玛纳斯河流域棉花为例[J].生态学报,2012,32(23):7559-7567.

[7] 尹飞虎,周建伟,董云社,等.兵团滴灌节水技术的研究与应用进度[J].新疆农垦科技,2010,01:3-4.

第三章　加工番茄膜下滴灌栽培技术

新疆的地理气候条件具有种植加工番茄的天然优势,加工番茄种植面积逐年扩大,近年来,每年加工番茄的种植面积均在6.7万 hm²(100万亩)左右波动,成为全球3个加工番茄主产区之一和我国最大的加工番茄种植及加工基地。

加工番茄膜下滴灌栽培技术是结合新疆特殊的生态环境条件,将膜下滴灌与传统的加工番茄高产栽培技术措施进行优化组装配套,以成熟的膜下滴灌技术为平台,选用优质高产的番茄品种,在加工番茄栽培过程中创新集成精量播种、精准灌溉、随水施肥(药)、机械采收等技术措施。由于采用膜下滴灌技术减少了加工番茄栽培过程中水和肥料的施用,可显著降低加工番茄栽培环境中的空气相对湿度,有利于预防番茄多种病害特别是常发的疫病、叶霜病等的发生,具有显著的节水、节肥、省工、减少病虫害及增产的效果,充分发挥了栽培技术体系整体综合效益,实现了加工番茄生产过程中高产、优质、高效、生态、安全。

第一节　生物学基础

▶ 一、加工番茄植物学特性

加工番茄为茄科番茄属,一年生草本蔬菜植物,植株由营养器官根、茎、叶和生殖器官花、果实、种子6部分组成。番茄根系的再生能力很强,埋入土中很快能生长出侧根,即使遇到潮湿阴暗的环境也能长出不定根,这种特点使得番茄很容易移栽成活;加工番茄株高仅30~70 cm,品种一般属于有限生长型,具有自封顶生长习性,植株主茎长到一定节位以后,花序封顶,主茎上果穗数的增加受到限制,侧枝抽生继续生长,整个植株较矮,结果较集中。

加工番茄主要分为发芽期、苗期、开花坐果期、果实膨大期及成熟期5个生育期。

发芽期:从种子萌动到第一片真叶显露为发芽期,适宜条件下需要7~9 d。番茄种子小,营养物质少,发芽后很快被利用,幼苗出土后需要保证营养供应。

苗期:从第一片真叶显露到第一花序现蕾。2~3叶之前根系生长快,形成大量侧根,2~3片真叶后进入花芽分化阶段,花芽分化的特点是早而快,并具有连续性。花芽分化的早晚、质量、数量与环境条件有关系,日温20~25℃,夜温15~17℃条件下,花芽分化结位低,小花多,质量好(图3-1)。

开花坐果:第一花序现蕾至坐果。从以营养生长为主过渡到营养、生殖并进的时期。开花坐果期是加工番茄营养生长和生殖生长并行旺盛期,相对来说营养生长占优势。应及时结合中耕开沟培土和深施追肥,叶面喷施植物生长调节剂,提高坐果率(图3-2)。

图 3-1　加工番茄苗期　　　　　　　　　　图 3-2　加工番茄开花坐果期

开花坐果期关系到早期产量的形成。此期对环境条件比较敏感,温度低于15℃或者高于35℃都不利于花期的正常发育,易落花落果或者出现畸形果。

果实膨大期:加工番茄结果期茎叶茂盛、光合强度高,水分蒸腾量大,是生殖生长、产量形成的关键时期,应保证田间水分供应,提高结实率(图 3-3)。

成熟期:果实停止膨大后由青变红至成熟的时期。一般果实膨大生长后40～50 d果实开始红熟(图 3-4)。

图 3-3　果实膨大期　　　　　　　　　　图 3-4　成熟期

加工番茄的丰产植株表现为根系发达,叶片肥厚、深绿,茎粗壮,节间较短且一致,同花序内开花整齐,花器大小均匀。徒长植株根系发育旺盛,植株高大,叶色黄绿,茎较细,易折断,节间很长,花序内开花不整齐;老化株短小,分枝能力弱,花少而器官小,子房小,叶色深绿,皱缩。生产中应保证植株处于丰产株型,有利于取得高产。

二、加工番茄生育过程对环境条件的要求

加工番茄具有根系发达,再生能力强,枝叶繁茂,喜温暖忌高温,喜光照忌强光直射,喜干燥忌潮湿等独特的生物学特性。这些特性是制定加工番茄高产栽培技术措施的重要依据。

1.温度

加工番茄是喜温性蔬菜,不同生育阶段对温度的要求及反应是有差异的。生长需要≥

10℃的有效积温 2 700℃以上,最适宜温度 20~25℃,温度低于 15℃不能开花或授粉不良,10℃以下植株停止生长,长时间在 5℃以下可引起低温冻害。35℃以上开花结果率显著降低,红色的茄红素难以形成。

2. 光照

加工番茄对日照长短的要求不严格,属中光性。生长发育期间每日以 16 h 左右的光照条件为最好,日照时数 1 100~1 500 h,生育期 110~130 d。光照充分,开花坐果正常,产量较高;光照不足作物易徒长,茎叶细长,叶片变薄,叶色变淡,花不正常,容易落花落果。

3. 水分

加工番茄的生长发育要求较高的土壤湿度和较低的空气相对湿度。苗期的土壤湿度以 60%~70%为适宜,果实膨大期以 70%~85%为适宜,空气相对湿度以 45%~60%为最好。要求灌溉条件良好,否则会造成落花、落果和病害的发生。它的根系发达,吸收能力强,第一花序坐果前,土壤水分过多易引起植株徒长,造成落花及坐果不良,坐果以后,枝叶迅速生长,需要充足的水分供应,土壤湿度以维持土壤最大保水量的 60%~80%为宜。但应注意保持水分供应均衡,如果水分过多易引起烂根死秧。

4. 土壤及营养

加工番茄对土壤的适应能力较强,但选择土层深厚,排水良好,富含有机质、无盐碱的壤土或沙壤土最好,土壤 pH 6~7 为宜。番茄是喜肥作物,土层通透性好,土温上升快,能促进早熟,如果养分含量少,容易早衰。黏壤土富含有机质,如排水良好,则保肥能力强,能提高产量,土壤有机质在 1%以上,含盐量 0.1%以下。选用前茬地以油、豆类、小麦等最好,其次是棉花、玉米地等。不能与马铃薯、辣椒等茄科作物重茬。对老种植区实行 3~5 年轮作。

加工番茄在生长过程中,每公顷若要生产 90 t 番茄,需要从土壤中吸收 300 kg 氮,120 kg 磷和 315 kg 钾。利用大水漫灌,中耕施肥,肥料的利用率仅为 30%~50%,而利用滴灌施肥,肥料的利用率可以提高到 60%以上。氮肥对茎叶的生长及果实的发育有重要作用,是与产量最为密切的元素。磷能促进幼苗根系发育,提早开花结果,加速果实的生长和成熟,增加含糖量。钾能增强植株的抗性,促进果实发育,提高品质,增加植株抗病性和抗性。具体补钾量以测定土壤速效钾含量为依据,土壤速效钾含量>200 mg/kg,不考虑补施无机钾肥;土壤速效钾含量为 150~200 mg/kg 时,每公顷农田补施钾(K₂O)45~75 kg;土壤速效钾含量<150 mg/kg,则每公顷补施钾(K₂O)150 kg 为宜。

▶ 三、加工番茄测产方法

加工番茄的测产一般采用传统公式:

$$产量=单位面积保苗株数×单株果数×单果重$$

传统测产方式为:在加工番茄开始采收前,认真选择具有代表性的测产地块,对每个品种种植田块按对角线法选取 5 个点,每个点随机选取连续成片的 10 株挂牌定株测定,认真做好品种株高、开展度、分枝数、单株结果数,再采摘果实后称重测产,计算平均果重后,按公式折算成单位面积产量。

由于加工番茄的果实均为分期成熟,分批采收,每次采收的果实数量和平均单果重都不相同,而测产时如果采收第一批成熟的果实的单果重,将产生偏差。为减少测产误差,在番茄盛果期第 2 穗果成熟时,测成熟果单果重和整株商品青红果数,算出单株果重,然后乘以校正系数 0.8,计算出单株产量和单位产量。

第二节　加工番茄膜下滴灌栽培技术措施

新疆加工番茄膜下滴灌栽培技术自 1999 年开始进行试验研究,经过十余年的发展,已经形成了一套以提高番茄酱的商品率和产出率为目标,适合干旱地区加工番茄大面积优质高产的科学栽培模式和配套管理措施。

一、播前准备

(一)品种选择

选择果实鲜红,番茄红素含量在 10 mg/100 g 以上,可溶性固形物含量达到 4.5% 以上,果实红熟一致,无青肩、病斑、黄晕及烂果,果实硬度好,便于运输,无支架栽培,丰产性好,抗病能力强的品种。目前新疆市场上的主要栽培品种有 20 余种,主要以常规品种为主,除主栽品种里格尔 87-5 外,还有新番系列品种、屯河系列品种、石红系列品种等,主要由新疆自治区农科院、石河子蔬菜研究所、新疆中粮屯河有限公司等机构研发,这些系列品种的普遍特点是果实形体较大,果皮较厚,抗裂抗压性强,耐贮运,耐挤压。

(二)种植模式

根据加工番茄品种的不同,可以采用以下几种滴灌种植模式:

1.“一膜一管两行”

此种模式适用于长势旺,株型较大、分枝较多的加工番茄品种,如里格尔 87-5,石红四号等。膜内行间距一般为 40 cm,膜间行间距在 80 cm 以上。一般常用的模式有以下几种:

40 cm+80 cm:滴灌带间距 1.2 m(人工采摘)。

40 cm+100 cm:滴灌带间距 1.4 m(人工采摘、机采番茄通用模式)。

40 cm+112 cm:滴灌带间距 1.52 m(人工采摘、机采番茄通用模式)。

具体布置方式如图 3-5 所示。

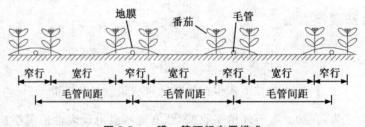

图 3-5　一膜一管两行布置模式

2.“一膜一管四行”

这种模式适用于长势较弱、株型小的直立型加工番茄品种,如麒麟 Q020 号等品种。常用的模式为：20 cm＋40 cm＋20 cm＋60 cm，滴灌带间距 1.4 m。具体布置模式如图 3-6 所示。

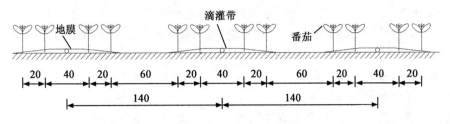

图 3-6 一膜一管四行布置模式（单位：cm）

(三)整地

选择前茬为粮食和豆类作物的地块，不与茄科植物如马铃薯、烟叶、鲜食番茄、茄子、辣椒等重茬。对加工番茄老种植区实行 3～5 年轮作倒茬。

加工番茄适宜种植在土层深厚、排水良好，富含有机质的中性或微碱性壤土及沙壤土上，土层通透性好，地势平坦，条田长度较长，面积较大、杂草较少的地块，便于机械采收。夏潮地、土壤湿度较大的土地不宜选择。

根据当年气候情况及时整地，北疆地区一般在 3 月下旬至 4 月中旬，选茬灌、冬灌地，在土壤持水量为 60％～70％时整地。如果土壤墒情不好，可在播种后及时灌出苗水 225～300 m^3/hm^2。

二、栽培管理

(一)播前

播种前对播种机具进行全面维修调试，并安装好铺设滴灌管装置，达到安全使用状态。

(二)播种

1. 直播栽培

直播栽培操作方便，省工省力。由于主根未受伤害入土深，因而抗旱性较强，对根部病害抵抗力比育苗栽培要强，缺点是对早春低温、霜冻抵御能力差。

（1）播期 在气候许可范围内尽量早播种，当 10 cm 土壤温度 12℃以上，就可播种，一般正常播种期在 4 月 10 日前后，要注意霜冻的危害。

（2）机械条播 是目前普遍使用的一种方法，可覆膜、施肥、铺滴灌带一次性完成。滴灌带选用一年用可回收单翼迷宫式滴灌带，滴头间距 30 cm，滴头流量 2.1～2.8 L/h。一条膜下铺一条滴灌带。最好用规格为 90 cm 的地膜。这样便于扩大采光面，提高地温。播种时可不带种肥，在随后的滴水灌溉中随水将肥料施入。播种深度视墒情而定，墒足时浅播，深度为 1～2 cm，墒差时，播深为 3 cm。可以在播种后及时灌出苗水 225～300 m^3/hm^2，达到一播全苗。

一般播种后 7～10 d 就可出苗，这时要经常按行检查出苗情况，如果说 7～10 d 仍未开始出苗，应检查是否有烂种、墒差、虫咬等情况并考虑及时补播。出苗量在 20％～40％就可开始放苗。遇高温早晨提前放苗，遇低温或霜冻危害时缓放苗，并要根据出苗情况进行放苗,若出苗很好接近 100％时,应按等距离 30～35 cm 株距放苗,若出苗情况低于 80％,应多放苗,便于以后补苗,放苗以后要及时封洞。

(3)机械膜上点播　优点是播种覆膜以后,不需要划膜封洞,可节省劳力,并能适当提前出苗。播种时要注意根据品种特点调整穴距,覆土深度不超过 4 cm,缺点是雨后播种孔处容易结壳,番茄幼芽破土能力差,易引起缺苗断垄,这种方法适应于土壤较疏松、不易板结的地块。其他播种方法与条播相同。

做到一播全苗须做到以下几点:

①创造良好的土壤条件,整地时要达到"墒、平、松、碎、净"五字标准。

②调试好农机具,设备齐全,性能良好,结构稳定可靠。

③播种质量要好。

2. 育苗栽培

育苗栽培的优点是播期一般比同地区直播提前 40～60 d,如在 3 月上旬播种,4 月底或 5 月初定植,可比直播提前 15～20 d 采收;用秧盘基质育苗,移栽时根部带土便于机械移栽也更有利于植株生长,缩短缓苗期。育苗栽培可以抵御早春低温和霜冻危害,增加丰产的稳定性(图 3-7)。

培育优质的适龄壮苗,是番茄丰产的关键,优质壮苗的外部形态表现为植株茎秆粗壮,紫红色,节间短;叶片肥厚,深绿带紫色,根系发达,定植到田间后缓苗快,当苗龄 45 d 左右,秧苗达 4～5 片真叶时,就可定植,定植前一周降温,白天 18℃,晚上 5～10℃,天气没有变化,可昼夜通风,以增强幼苗抵抗逆境的能力。

育苗移栽的番茄,定植时间最好在晚霜过后,地温稳定在 10℃ 以上时为宜。一般北疆在 4 月下旬至 5 月上旬,定植前提前整地,铺滴灌带、覆地膜一次性完成,定植前一天晚上滴水,保证膜下土壤湿润,定植时边栽苗边滴水,以便于水分能充分供应。将不同生长势的苗分开定植,定植深度将土埋至子叶节以下,徒长苗采用卧栽,将苗卧放在定植穴内,将茎部几节埋上,促进根系扩大,缩短缓苗期,栽苗后,应将土稍镇压,一般 1 周后再滴一次缓苗水(图 3-8)。

图 3-7　大棚育苗

图 3-8　番茄移栽机

(三)田间管理措施

1. 间苗、定苗

露地直播的幼苗在 2 片真叶时应间去弱苗,4～6 片真叶时根据品种特性定苗,每穴留苗一株,定苗后再封土护根,缺苗时应及时补苗。

2.中耕和蹲苗

无论育苗移栽或直播,都要进行 1~2 次中耕,以利保墒和提高地温,第一次中耕在 5 月中旬左右,深度 15 cm,以后隔 10 d 左右再中耕一次,深度比第一次浅。

加工番茄属于水肥条件好容易旺长的蔬菜,在苗期需要结合中耕进行蹲苗,以促进番茄幼苗扎根,促使植株生长健壮,提高后期抗逆能力,协调营养生长和生殖生长,有利实现高产。早熟的加工番茄品种结果早、生长势弱,果实对植株生长的抑制很大,如里格尔 87-5,因此前期应促使枝叶生长,蹲苗时间稍短;中晚熟品种如石红三号、四号,生长势较强,开花坐果期应适当控水,待第一穗果实有小枣大小,侧枝已开始坐果时结束蹲苗。

3.灌溉

加工番茄为一年生作物,作物耗水强度为 4.5~5 mm/d。在新疆北疆地区的整个生长期为 4~8 月,7 月底开始进入采收期,至 9 月底采收结束。

为减少病虫害,准备种植加工番茄的地在秋后进行要冬灌,灌水量 1 050~1 500 m³/hm²。开春播种后,灌溉全部采用滴灌设备,全生育期视天气情况滴水 9~13 次,滴水量 3 450 m³/hm²。不同生育期经验滴灌制度如下:

(1)出苗水 直播栽培番茄,当 5~10 cm 土壤温度达到 12℃以上时,开始滴出苗水,使整个播种带湿润,滴水量 150 m³/hm² 左右。

(2)苗期水 5 月上中旬开始滴头水,5 月滴水 1~2 次,间隔 15~20 d,滴水量 150~225 m³/hm²;移栽番茄,定植前一天晚上滴水,水量 300 m³/hm²,1 周后再滴一次缓苗水,水量 225 m³/hm²。

(3)开花坐果期水 在开花坐果期适当控水,待第一穗果坐果并有小枣大小时结束蹲苗。蹲苗后,滴水滴肥促进果实成长。6 月份滴水 3~4 次,6~8 d 一次,滴水量 300~375 m³/hm²。

(4)果实膨大到转色期水 7 月份进入果实膨大期,应视天气及土质情况滴水 4~5 次,每 5~6 d 滴一次水,滴水量 300~375 m³/hm²;要防止土壤忽干忽湿,以减少裂果及病果发生。8 月份滴水 1~2 次,7~10 d 一次,滴水量 150~225 m³/hm²。

(5)采收期水 加工番茄在 7 月底进入采收期,一般分三批采收,最后一次为机械采收,采收期 9 月底至 10 月初结束。采收前应适当控制灌水,果实采收前 7 d 不应再灌水,每次采收后应及时补水,促进后期果实的生长发育。

新疆北疆地区加工番茄灌溉制度见表 3-1。

表 3-1 新疆北疆地区加工番茄滴灌灌溉制度

项目	4 月	5 月	6 月	7 月	8 月	合计
灌溉次数	1	2	3	4	2	12
灌水定额/(m³/hm²)	150	225	300~375	300~375	225	
灌水量/(m³/hm²)	150	450	975	1 425	450	3 450

新疆南疆因天气炎热,加工番茄灌水量为 4 200~4 500 m³/hm²。

4.施肥

加工番茄采用膜下滴灌技术,除了基施部分种肥外,所施化肥全部随水滴施,按加工番茄生长发育各阶段对养分需要,可少量多次,合理供应,使化肥通过滴灌系统直接进入加工番茄根区,达到高效利用的目的。

施肥总量：氮肥（纯 N）328.5 kg/hm²，施磷肥（P₂O₅）331.5 kg/hm²，施钾肥（K₂O）91.5 kg/hm²，硝酸钙 30～45 kg/hm²。其中若基肥施三料磷肥或过磷酸钙，滴施肥量为：氮肥（纯 N）274.5 kg/hm²，施磷肥（P₂O₅）120 kg/hm²，施钾肥（K₂O）91.5 kg/hm²，硝酸钙30～45 kg/hm²；基肥施磷酸二铵，滴施肥量为：氮肥（纯 N）45 kg/hm²，施磷肥（P₂O₅）270 kg/hm²，施钾肥（K₂O）181.5 kg/hm²，硝酸钙 30～45 kg/hm²。加工番茄施肥也可参考表 3-2。

表 3-2　加工番茄各生长时期施肥　　　　　　　　　　　　kg/hm²

生长时期	N	P₂O₅	K₂O	Ca
2 片真叶	4.5	30	17.25	12.15
3 片真叶	15	30	9	24.45
5～6 片真叶	21	16.5	9	29.25
初花期	27	16.5	9	34.2
盛花期	27	12	6.9	34.2
结果初期	7.8	12	22.5	12.15
结果盛期	7.8	0	22.5	24.3
第一次采收后	4.5	16.35	22.5	12.15
总计	114.6	133.35	118.65	182.85

注：1. 以上施肥表是在秋翻前施基肥硫酸钾复合肥 450 kg/hm² 的基础上考虑。

2. 施肥罐中溶液的 pH 应为 5.0～6.0，这样有利于肥料被植株充分吸收。

（1）播前　翻地前每公顷施优质有机肥 22 500～30 000 kg，尿素 120～150 kg，三料磷肥 75 kg 或磷酸二铵 225～300 kg，硫酸钾复合肥 150～225 kg。

（2）苗期　番茄苗间苗后，可随水施磷酸二氢钾和尿素，其中磷酸二氢钾用量 24 kg/hm²，尿素用量 4.5 kg/hm²；3～4 片真叶时，可随水施磷酸二氢钾和尿素，其中磷酸二氢钾用量 24 kg/hm²，尿素用量 49.5 kg/hm²，还可加硫酸锌 15 kg/hm²，以促进花芽分化，提高花蕾质量。

（3）开花坐果期　随水每公顷滴施尿素 30 kg，磷酸二氢钾 375 kg。

（4）果实膨大期　在果实膨大期至结果盛期，每公顷滴施尿素 15 kg，磷酸二氢钾 120 kg，硝酸钙 30～45 kg。果实膨大期至果实转色期，每公顷滴施尿素 15 kg，磷酸二氢钾 7.5 kg。

在滴施肥时要注意，应在滴水后 1 h 开始滴肥，在滴完肥后 1 h 再停水，这样可以使溶在水中的肥料充分滴入土壤中。

5. 植物生长调节剂的使用及植株调整

加工番茄为有限生长类型，生长期间不需打顶，原则上不需化学调控，如果生长期间水分供应充足，有旺长徒长趋势时，可于 5～6 叶期，随水滴施多效唑 45～75 g/hm²。

加工番茄落花现象比较普遍，对产量影响很大，如水分不足根系发育不好，温度低、光照不足，植株徒长或者开花期突遇高温都可以引起落花。防止落花的主要措施是促使苗壮，也可以使用番茄灵（防落素 PCPA）喷花，当田间 50% 以上的植株第一穗花有 2～3 朵花开放时，就可以开始喷花。喷花的浓度 30～50 mg/kg，使用时最好早晨喷，隔 5～6 d 再喷一次，连续喷 3 次，温度高时可降低浓度，温度低时可适当增加。

三、病虫害防治

(一)病害防治

1.早疫病

症状:发病时常从下部叶片开始,逐渐向上蔓延,严重时,下部叶片全部枯死,可危害叶片,茎秆和果实。叶片染病后,初呈针尖大的小黑点,后逐渐扩大为褐色轮纹斑。茎部病斑多发生在分枝处;青果染病,病斑均为椭圆形,褐色,稍凹陷,均有同心轮纹。

发病条件:温度高,湿度大时,易发病,此病大多在结果初期开始发病,结果盛期发病较重。

防治:

(1)与非茄科作物实行3～4年轮作倒茬。

(2)加强田管,多施磷钾肥,提高植株抗病性。

(3)种子消毒,用55～60℃的温汤浸种30 min,或用0.1%硫酸铜溶液浸种5 min,取出后移入石灰中浸一下,用清水冲净,晾干后播种。

(4)药剂防治,1:1:(150～200)的波尔多液,50%甲基托布津700～800倍液,70%百菌清600倍液,80%代森锰锌500～600倍液,每隔7～10 d喷一次,连续喷3～5次。

2.晚疫病

可危害幼苗,茎、叶和果实,以叶和青果受害重。

发病症状:发病时,从植株下部的叶尖或叶缘开始,出现暗绿色水浸状不规则的病斑。逐渐变褐,湿度大时,在叶背面有白色霉状物。果实染病主要发生在青果上,果上病斑呈不规则云纹状,湿度大时,长少量白霉,果实很快变软腐烂。

防治:

(1)实行轮作倒茬;加强田间管理,合理密植。

(2)可用50%百菌清200倍液进行叶面喷洒。

3.病毒病

一般有3种类型:①蕨叶形,植株上部叶片变成线状(即鸡爪状),中下部叶片向上微卷,花冠加厚增大,形成巨花;②条斑形,高温与强光照下发病,叶上为茶褐色斑点,茎秆上为褐色长条形斑,果实形成各种凸凹不平的斑块,导致果实畸形,失去商品价值。③条斑型,病株上部叶片初呈花叶或黄绿色,随之茎秆上中部初生暗绿色下陷短条纹,后为深褐色下陷油渍状坏死条斑,逐渐蔓延围拢,致使病株萎黄枯死。病株果实畸形,果面有不规则形褐色下陷油渍状坏死斑块或果实呈淡褐色水烫坏死。

发病条件:高温、干旱的条件下及蚜虫活动频繁则易于发病,邻近马铃薯和黄瓜地块的发病重,田间各项农事操作接触传播病毒。

防治:

(1)从苗期开始彻底防治传毒蚜虫;选用抗病品种,如里格尔87-5。

(2)播种前用10%磷酸三钠溶液浸种20～30 min,或用0.1%高锰酸钾浸种1 h。

(3)发病初期用植病灵乳剂1 000倍液进行喷洒,或用20%病毒A 500倍液进行叶面喷洒。

4.脐腐病

症状:属于一种生理性病害。只发生在果实上,初在幼果脐部出现暗绿色,水浸状病斑,后变为暗褐色或黑色。湿度大时,产生黑褐色或变软腐烂,病果提早成熟品质降低,失去商品价值。

发病条件:生理性病害。造成原因有以下几点:番茄生长期间水分供应失常,土壤忽干忽湿;番茄不能从土壤中吸收足够的钙素,致使脐部细胞产生紊乱,失去控制水分能力;土壤偏施氮肥,造成茎叶徒长,易发病。

防治:适时浇水,防止土壤忽干忽湿;初花期可随水滴施钙肥。

5.日烧病

症状:此病属生理性病害。主要危害果实,多发生在果实膨大期,果实向阳面长时间受强光照射后,呈白色的革质状,并有凹陷,失去商品价值。

防治:在进行田间操作翻秧时,最好避开晴天的中午,宜在傍晚进行;及时灌水,在结果期保持土壤湿润;结果期,叶面喷 0.1% 硫酸锌或 0.1% 硫酸铜,以提高抗热性。

6.番茄溃疡病

一种维管束病害,在番茄整个生长期均可发生,田间一般在现蕾后开始显症,多在成株期发病。发病株往往下部叶片凋萎,后出现黑褐色条斑并向上下扩展,茎内维管束及髓部变褐,后期下陷、爆裂呈溃疡状。病原菌主要在种子内外、土壤病残体中越冬,成为次年的初浸染源。防治措施如下:

(1)加强检疫,使用无病种子。

(2)非茄科类作物轮作 3 年以上。

(3)种子消毒,用 0.8% 醋酸溶液浸种 4 d;或用 1% 次氯酸钠浸种 30 min;或用 70℃ 恒温箱干热处理种子 3～4 d 等。

(4)及时拔除病株,对病穴用 300 倍福尔马林或 200 mg/kg 链霉素消毒,也可直接喷洒到病株防治。

(二)虫害防治

1.小地老虎

危害:幼虫聚集在番茄心叶或嫩叶处咬食,将叶片咬成小孔或缺刻。幼虫长大后,钻入土壤表层,在夜间活动,咬断幼苗,造成缺苗断垄。

发生条件:一般在地势低洼,土壤湿度大,田间杂草多,管理粗放的地块小地老虎危害重。

防治:

(1)早春在成虫大量产卵之前,及时铲除地头杂草,集中烧毁,消灭虫源。

(2)药剂防治,100 kg 炒香的麦麸或油渣加敌百虫粉或 90% 敌百虫 0.5 kg 加水 5 kg 与之拌匀,傍晚时撒在苗附近,每公顷 60～75 kg,或用小白菜叶、莴笋叶代替油渣、麦麸。

2.棉铃虫

一般一头幼虫能咬食 4～5 个果,咬食的果实落进露水或雨水由内向外腐烂,5～9 月份果实均能受害。

防治:

(1)可用杨树枝诱蛾以减少虫卵量;要注意保护天敌,例如,草蛉、瓢虫等。

（2）药剂防治：消灭幼虫，幼虫在3龄前抗药性差，应掌握在这一时期以前用药，当加工番茄第一穗果实长到拇指大时，每隔7～9 d打一次药，消灭幼虫于蛀果以前。

◆ 四、加工番茄的采收

（一）人工采收

（1）加工番茄从开花到果实成熟需40～50 d。成熟果要及时采收，否则会继续消耗植株养分，影响后期果实的发育及成熟。

（2）采摘前必须制定严密的管理制度，包括组织机构，计划数量，运输车辆拉运等。

（3）第一遍采摘时，注意不要翻秧，以免折断植株影响后期果实正常发育。

（4）不要在下雨时采摘，防止枝叶受损，病害传播，运输腐烂。

（5）必须有计划地采摘，不能采收过勤，一般采摘3～4次为宜。

（6）采摘的果实应做到无病虫果、烂果、青黄果、未成熟果，以免降低品质。

（二）机械采收

加工番茄的机械采收原理是由切割器将番茄茎秆割断后振荡茎秆使果实脱落，机械采收后得到的产量即是最终产量。因此，机械采收时间的确定及采收方法的选择对最终产量有很大影响。由于人工采收存在人力资源不足、组织管理费时费力、费用高昂等问题，目前使用采收机进行机械采收成为新疆加工番茄采收的主要形式（图3-9、图3-10）。

图3-9　加工番茄采收机工作1　　　　图3-10　加工番茄采收机工作2

国外由于专门进行机械采收，选育的品种成熟度集中，因此一般采用一次性机械采收也能获得较高的产量。在本地，结合品种特性、栽培技术水平与地理气候条件，必须要建立起适合本地的加工番茄机械采收制度。目前主要包括两项技术方案：

（1）一次人工采收＋一次机械采收　在果实成熟率达到30%时，进行一次人工采收。通过人工采收，果实成熟率提高很快，如果气温在28℃以上持续保持7～10 d，剩余果实在1周内可达到80%的成熟率，此时再进行机械采收。

（2）一次性机械采收　在果实成熟率达到80%以上时，进行一次性机械采收。

在人力资源许可的条件下，采用第一种方案可以得到较高的产量，同时第一批采摘果的质量较好，销售价格较高；方案二由于一次性机械采收，采收质量较差。同时必须掌握好采收时间,如果采收过早,青果太多;采收太晚,则第一批果实已经腐烂。

第三节　加工番茄膜下滴灌栽培经济效益分析

加工番茄采用滴灌技术栽培,虽然增加了滴灌系统装备及管网费用,但通过节水、节肥、省工、增产等效果,经济效益及生态效益显著,是提高农业综合效益、实现农户增收的一项关键技术,也是促进新疆加工番茄产业实现可持续发展的重要措施。

经统计,在采用滴灌技术前,新疆加工番茄的平均单产为 58.2 t/hm²(2003 年数据),在普遍采用滴灌技术后,新疆加工番茄产量达到 84 t/hm²(2012 年数据),单位面积产量增加了 44.48%。2014 年因种子改良、机械化、土地改革及气候条件良好等多因素正面影响。全疆平均产量达到 105 t/hm²,新疆南疆焉耆盆地及北疆乌苏地区的最高产达到 150 t/hm² 以上。

为了分析滴灌栽培机械化采收技术在加工番茄增收上所起的作用,根据 2008 年在石河子滴灌栽培机械采收的加工番茄的投入成本和产出效益进行分析(表 3-3)。

表 3-3　加工番茄滴灌栽培成本/收益调查表

种植作物	加工番茄(机械采收)
农产品投入部分:	
种子购置费/(元/hm²)	2 250
农膜/(元/hm²)	525
农药使用费/(元/hm²)	450
化肥购置费/(元/hm²)	2 250
水费/(元/hm²)	675
节水材料费用/(元/hm²)	2 250
机械费/(元/hm²)	7 350
保险费/(元/hm²)	150
人工成本费/(元/hm²)	2 700
成本合计/(元/hm²)	0
土地利税/(元/hm²)	3 000
其他费用/(元/hm²)	1 200
总合计/(元/hm²)	21 750
农产品收入部分:	0
生产产品收入/(元/hm²)	31 500
产品数量/(t/hm²)	90
种子补贴/(元/hm²)	0
补贴/(元/hm²)	0
个人其他收入/(元/hm²)	600
收入合计/(元/hm²)	32 100
结余/(元/hm²)	10 350

对数据分析表明:

(1)滴灌加工番茄人工采收和机械采收的产量均按 90 t/hm² 计算,收购价为 350 元/t。

(2)滴灌/机械采收地的单位产量按 90 t/hm² 计算,全部为机械采收,机采费用为 6 000 元/hm²。

(3)滴灌材料费用按当前新疆应用面积最大的"地下管网＋地面支管＋毛管"模式计算。一次性投入成本为 6 000 元/hm²,地下管网使用期为 10 年,地面支管的使用期按 3 年计,毛管每年都要更换。则平均每年的滴灌使用费换算下来大约为 2 250 元/hm²。

(4)种子、农药、化肥的价格均一致。种子用量均按 1 500 g/hm² 计算,滴灌地肥料及农药用量按常规沟灌的 80% 计算。

(5)机械费包括播种、施肥、中耕、机械打药以及机采加工番茄的机械采收等操作费用。其中中耕两次,除全层施肥外,均采用滴灌施肥。

(6)人工田管费包括放苗、定苗补苗、除草、翻秧及人工打药、灌溉等操作费用。据调查,滴灌地除草 3～4 次。

(7)生育期用水量滴灌按 3 600 m³/hm² 计算,水费价格为 0.125 元/m³。

根据分析,加工番茄采用滴灌栽培机械采收技术,成本投入为 21 750 元/hm²,总收入为 32 100 元/hm²,利润为 10 350 元/hm²。

▶ 参 考 文 献 ◀

[1] 庞胜群,王祯丽,张润,等.新疆加工番茄产业现状及发展前景[J].中国蔬菜,2005,(2):8.

[2] 陈力,毛洪霞,刘培源,等.新疆加工番茄膜下滴灌栽培技术[J].新疆农业科学,2004,41(3):160-163.

[3] 张静,任卫新,严健.番茄膜下滴灌综合效益分析[J].节水灌溉,2004(1):29-30.

[4] 岳绚丽.加工番茄滴灌栽培的机械采收技术研究[D].西北农林科技大学 2007 届硕士论文.

[5] 靳亚辉.新疆工业番茄种植成果收益影响因素研究[D].石河子大学 2013 届硕士论文.

第四章　制干线椒膜下滴灌栽培技术

线辣椒是制干辣椒的一个主要品种,不仅是传统的调味品,还可以用于辣椒红色素、辣椒碱、辣椒籽油的开发,具用很高的经济效益。线辣椒在我国中西部省区大面积种植比较多,在新疆主要沿天山南北种植,随着产业结构的调整和滴灌栽培技术的推广应用,发展速度非常快,成为新疆继加工番茄之后又一主栽蔬菜品种。用膜下滴灌栽培技术种植线辣椒,可以起到节水、节肥的作用,实现水肥一体化,提高土地利用率并有效地控制杂草的发生,同时,还可以减少病虫害的为害,达到稳产、高产、高效,使种植者从辣椒传统栽培方式繁重体力劳动中解脱出来,促进辣椒产业化的发展。

第一节　生物学基础

▶ 一、辣椒的形态学特征

辣椒又名辣子、番椒、海椒等,茄科辣椒属,一年或有限多年生草本植物,辣椒属浅根性植物,根系发育较弱,入土浅,根系再生能力弱,根群多分布在 $20\sim25\ cm$ 的耕层内;茎秆基部木质化,比较坚韧,二杈或三杈状分枝,一般生产中的辣椒大都是无限分枝类型;辣椒单叶互生,叶片较小,卵圆形或长卵圆形;辣椒花比较小,雌雄同花,多为白色;果实为浆果,$2\sim5$ 室,果形、大小、颜色因品种而异,通常呈圆锥形、灯笼形或长圆形,未成熟时呈绿色,成熟后变成鲜红色、橙黄色或紫色;成熟的辣椒种子扁圆形,表面微皱,淡黄色,有光泽,种子千粒重 $6\sim7\ g$,种子有强烈的刺鼻感和辣味。

线辣椒株高 $70\sim80\ cm$,株型紧凑,生长势强,一般为二杈状分枝,无限分枝型生长。线辣椒果实长指形、成熟后为深红色、有光泽,自然下垂,一般果长 $15\ cm$ 左右,单果鲜重 $7\sim8\ g$,适宜制干椒,成品率 85% 左右。干椒色泽红亮,果面皱纹细密,辣味适中,商品性好。

▶ 二、生长发育对环境条件的要求

辣椒对环境条件的要求:喜温但不耐热,怕霜冻,喜光照但不耐强光,喜湿润环境但不耐旱涝。

1. 温度

辣椒喜温,但不耐高温和霜冻,在 $15\sim30℃$ 范围内都能生长,最适生长温度是白天 $23\sim28℃$,夜间 $18\sim23℃$,当温度低于 $15℃$ 时,植株生长缓慢,难以授粉,易引起落花落果,高于

35℃花发育不良或柱头干燥不能受精而落花,即使受精,果实也不能正常发育而干枯;所以,当气温超过 35℃时,盛果期要浇水适当降低温度,有利于结果。夏季结果期间土壤温度过高,尤其是强光直射地面,对根系生长不利,严重时能使暴露的根系褐变死亡,且易诱发日烧病和病毒病。

2.光照

辣椒喜光,但又怕曝晒。光照过强,抑制辣椒的生长,易引起日灼病;光照偏弱,行间过于郁闭,易引起落花落果。辣椒属于短日照作物,但对光照时间具有较强的适应性,无论日照长短,只要有适宜的温度及良好的营养条件,都能顺利进行花芽分化。

3.水分

辣椒本身需水量虽然不大,但对土壤水分要求比较严格,由于根系不很发达,既不耐旱又不耐涝,所以要经常浇水,才能生长良好。一般大果型品种需水量较多,小果型品种需水量较少。辣椒在各生育阶段的需水量也不同;种子发芽需要吸足水分,幼苗期植株需要水不多,应保持地面见干见湿,如果土壤湿度过大,根系就会发育不良,植株徒长纤弱。初花期,植株生长量大,需水量随之增加,但湿度过大还会造成落花;果实膨大期,需要充足的水分,水分供应不足影响果实膨大,如果空气过于干燥还会造成落花落果,因此,供给足够水分,经常保持地面湿润是获得优质高产的重要措施。

4.土壤与营养

辣椒在不同质地的土壤上均可种植,但以排水良好,土层肥厚,富含有机质的土壤或沙壤土为宜,土壤要求中性或微酸性。

辣椒对 N、K 需要量大,需 P 较少。辣椒幼苗期因植株幼小,吸收养分较少,但肥质要好;初花期,植株逐渐发育长大,但需肥量不太多,此期应避免施用过量的 N 肥,以防造成植株徒长,推迟开花坐果;盛果期,是 N、P、K 肥需求量最高的时期,N、P、K 的吸收量分别占各自吸收总量的 57%、61%、69% 以上。N 肥供枝叶发育,P、K 肥促进根系的生长、果实的膨大以及增加果实的色泽。

三、辣椒的生长发育进程

辣椒的生长发育规律是在长期自然条件和人工选择下形成的,掌握辣椒的生长发育规律,满足其各个时期对环境条件的要求,是获得优质高产的前提,辣椒的生育周期包括发芽期、幼苗期、开花坐果期、结果期 4 个阶段。

1.发芽期

从种子萌发到第一片真叶出现为发芽期,一般为 10 d 左右。发芽期的幼根吸收能力很弱,养分主要靠种子自身供给。此期温度管理要掌握"一高一低",即出苗时温度要高,控制在 25～28℃,苗出齐后温度要低,白天 20～25℃,夜间 18℃左右。

2.幼苗期

从第一片真叶出现到开始现蕾为幼苗期。一般为 50～60 d。幼苗期分为两个阶段:2～3 片真叶以前为营养生长阶段,4 片真叶以后,进入营养生长与生殖生长并行阶段。

3.开花坐果期

从第一朵花现蕾到坐果为开花坐果期,一般 10～15 d。这个时期营养生长与生殖生长矛盾特别突出,主要通过控制水分、划锄等措施调节生长与发育,营养生长与生殖生长、地上部与地下部生长的关系,达到生长与发育均衡。

4. 结果期

从第一个辣椒坐果到收获末期属结果期,此期经历时间较长,一般 50～120 d。结果期以生殖生长为主,并继续进行营养生长,需水需肥量很大,此期要加强水肥管理,创造良好的栽培条件,促进秧果并旺,连续结果,以达到丰收的目的。

▶ 四、辣椒的产量构成与测产

(一)辣椒的产量构成

辣椒种植密度和株行距对辣椒的产量和经济效益影响很大,研究表明,单位面积结果数与辣椒的株距呈负相关,株距越小,结果数量越多,但株距过小会影响到平均单果质量,由于密度增大,叶片过于稠密,通风透气性差,光合产物下降,果实数量又多,导致单果质量急剧下降。因此,根据不同的辣椒品种和株型选择适当的种植密度,对辣椒的高产至关重要。

(二)辣椒测产方法

1. 测产时期

第 3～4 台果实成熟时即可进行测产。

2. 测产方法

每块条田按照对角线或五点取样法,取 5 个点,每点连续取 5 穴,共计 25 穴,测定每穴的总果数(含红椒和青椒)、每株果实总重(含红椒和青椒),计算平均鲜椒单果质量、单株平均产量,测量田间株行距,算出密度。

3. 计算方法

$$干椒产量(kg/hm^2)=种植密度(穴/hm^2)×单穴果数(个)×单果鲜重(g)$$
$$×J×Z/1\ 000$$

式中:J—校正率,线椒类为 0.72;Z—折干系数,线椒类为 18.47%。

第二节　制干线椒膜下滴灌栽培技术措施

▶ 一、播前准备

1. 品种选择

选择果实鲜红、适应性强、抗病丰产的品种,种植比较广泛的有红安 6 号、红安 8 号、陕椒 168 等。

2. 土壤选择与准备

辣椒忌连作,也不宜与茄子、马铃薯等茄科作物连作,选择土地平整、土层深厚、团粒结构好、保水保肥能力强的地块,以壤土、轻壤土为最佳土质。适时整地,以保墒为中心,掌握好宜耕期,同时要施好基肥,均匀施于地表,随整地翻入土壤,并在播种前 7 d,每公顷施氟乐灵 1 800～2 250 g 进行土壤封闭。

3.种子处理

播种前,选择晴好天气晾晒种子 2～3 d,以增强种子活力,提高发芽率。然后将种子温汤浸种杀菌,用 55～65℃温水浸种 30 min,捞出后用 0.1%高锰酸钾水溶液浸种 5 min,防治辣椒病毒病;或者将种子在冷水中预浸 15 h 左右,再用 1%硫酸铜溶液浸种 5 min;或用 500 倍 50%多菌灵可湿性粉剂液浸种 1 h;冲洗后晒干,防治疫病和炭疽病。

二、适时播种

1.播种时期

当 5 cm 地温稳定在 10℃以上时即可播种,由于辣椒种子小,吸水膨胀缓慢,一般应早播,适宜播种期一般在 3 月底到 4 月上旬,也要根据土壤温度、墒情适当提前或延迟播种。

2.播种方式

辣椒播量 1.2～1.5 kg/hm²,因种子量少,需要辅料,用 1 kg 种子混 14 kg 三料磷肥,可以使播种均匀,确保苗齐苗壮。

播种可用小 3 膜 12 行播种机和幅宽 1.4 m 地膜进行宽窄行播种,一膜两管四行,行距配置为 30 cm+40 cm+30 cm,膜间行距 60 cm,株距 11 cm,播深 1.5 cm 左右,覆土 1～1.5 cm,辣椒种子小,生长势弱,切忌播种过深,滴灌带随播种一次性铺设完成(图 4-1)。

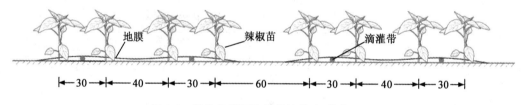

图 4-1 线辣椒膜下滴灌种植模式(单位:cm)

三、田间管理

(一)苗期管理

1.滴出苗水

由于采用干播湿出方式,播种后立即铺设田间支管,完成田间滴灌配套设施的安装并滴水,滴出苗水 225～300 m³/hm²。

2.放苗定苗

出苗后要及时放苗,特别是雨后及时破除板结,4 片真叶时开始定苗,定苗时每穴 1 株,要匀留苗,留壮苗,去病苗弱苗,并封好膜孔,缺苗处邻穴留双株,或及时补栽苗,结合滴水以确保成活,留苗 22.5 万株/hm²。

3.中耕

苗期中耕 2 次,分别在放苗和定苗后进行,中耕深度 12～15 cm,以提高地温,促苗早发。中耕要做到不拉沟、不伤苗,耕深一致,土壤疏松。

(二)灌水制度

(1)出苗水 干播湿出的地块在播种后及时滴出苗水,灌水量为 225～300 m³/hm²。

(2)蕾期 5 月下旬开始灌第二水,灌水量 300～375 m³/hm²;当线椒现蕾后,可滴水 300～375 m³/hm²。

(3)开花—坐果期 辣椒进入开花结果期后,肥水需求大幅度增加,是肥水管理的关键时期,每 7～10 d 灌一次水,每次灌水 300～375 m³/hm²,保持土壤湿润状态。

(4)成熟期—采收期 线辣椒在成熟后期对水分的需求逐渐降低,可降低灌水的次数和水量,每次灌水量 300～375 m³/hm²,采收前 5～7 d 停止灌水。

线辣椒全生育期每公顷灌水量为 3 750～4 500 m³,滴水 10～12 次,具体滴水时间和施肥量根据辣椒生育期和天气而定。

(三)施肥管理

1.基肥

结合深翻地每公顷施入有机肥 30 t,化肥纯养分含量,氮肥 35 kg;磷肥 75 kg;钾肥 40 kg。

2.追肥

在开花坐果期,及时随灌水进行滴肥,共随水滴灌 5 次,每公顷每次追施氮肥 25～30 kg;磷肥 12～15 kg;钾肥 20 kg。

全生育期每公顷追施氮肥 140～160 kg,磷肥 65～85 kg,钾肥 110 kg(表 4-1)。

表 4-1　辣椒水肥一体化管理灌水施肥用量

时期	灌水次数	灌水周期 /d	灌水量 /(m³/hm²)	N /(kg/hm²)	P_2O_5 /(kg/hm²)	K_2O /(kg/hm²)
出苗水	1		225～300			
幼苗期	2	10～12	300～375			
开花坐果期	5～6	6～8	375～450	25～30	12～15	20
成熟期	2～3	8～10	300～375			
全生育期	10～12		3 750～4 500	140～160	65～85	110

四、主要病虫害及防治

(一)虫害防治

1.地老虎

(1)生活习性与危害特点 地老虎是一种杂食性害虫,可危害多种蔬菜幼苗(图 4-2)。幼虫 3 龄前多在植株上活动,取食叶片、嫩尖、心叶等部位,3 龄后白天潜伏在浅土中,夜间活动取食,常将作物幼苗齐地面咬断嫩茎,拖入地下取食,造成缺苗断垄。5～6 龄进入暴食期,占总取食量 90% 以上,3 龄后幼虫还有假死性、自残性,老熟幼虫潜入土壤中筑室化蛹。成虫具有很强的趋光性和趋化性,昼伏夜出,黄昏后活动最旺盛,并交配产卵,卵多散产在地表的枯枝、落叶及植物近地表处的叶片上。

（2）防治措施　农业防治：秋冬深翻地，破坏越冬场所，减少越冬虫量；早春铲除田间杂草，消灭地面虫卵，减少幼虫食物来源。

成虫诱杀：利用成虫的趋光性和趋化性，用频振式杀虫灯进行诱杀，或用糖、醋、酒、水按6∶3∶1∶10的比例熬制糖浆液，用瓶装悬挂于田间诱杀成虫。

药剂防治：可用20%菊马乳油2 000倍液；21%灭杀毙乳油8 000倍液；20%速灭杀丁乳油3 000倍液；4.5%高效氯氰菊酯乳油1 200倍液喷雾防治。也可采用毒饵诱杀，每100 kg炒香麸皮或油渣加90%敌百虫乳油1 kg搅拌均匀，在黄昏撒施于田间，撒施毒饵量75 kg/hm²。

2. 蚜虫

（1）生活习性与危害特点　蚜虫以成虫和若虫群集在叶片和嫩茎上以其刺吸式口器吸食植株体液，造成植物叶片泛黄皱缩、发育不良，所分泌的蜜露覆盖于叶片表面影响光合作用，而且蚜虫还可以传播病毒病，造成严重为害（图4-3）。蚜虫的繁殖能力非常强，一年可以繁殖10～30代，干旱少雨有利蚜虫发生，微风有利蚜虫迁飞为害，施用氮肥多、叶片柔嫩的植株发生重。蚜虫对黄色有强烈的趋性，银灰色对其有驱避作用。

图4-2　地老虎危害症状　　　　　图4-3　蚜虫危害症状

（2）防治措施　将辣椒与玉米、四季豆等高秆作物间作，可减少蚜虫为害，可在田间设立黄色诱虫板诱杀蚜虫，定植时畦面用银灰色膜覆盖可驱避蚜虫。

大量发生时可采用化学农药防治，用50%辟蚜雾（抗蚜威）2 000～3 000倍液；10%菊杀乳油、菊马乳油1 000～1 500倍液；10%吡虫啉可湿性粉剂1 000倍液；20%氰戊菊酯3 000倍液进行喷雾防治。

（二）病害防治

1. 病毒病

（1）发病症状　常见发病症状有4种类型：花叶型、黄化型、坏死叶、畸形（图4-4）。

花叶型：花叶是辣椒植株上出现最早、最普遍的症状，病叶出现不规则退绿，形成浓淡相间的斑驳，发病轻时叶片基本平整，严重时叶片上出现泡状斑，皱缩，凹凸不平。

黄化型：多为表面心叶、嫩叶变黄，严重时局部或整株叶片全部变黄，并出现叶片脱落现象。

坏死型：指病株部分组织变褐坏死，包括顶枯、斑驳坏死和条纹状坏死。顶枯指植株顶

图 4-4 辣椒病毒病
1.花叶型　2.黄化型　3.坏死型　4.畸形

端幼嫩部分变褐坏死;斑驳坏死在叶片上出现深褐色不规则形病斑,有时穿孔或发展成黄褐色环斑,最后黄化脱落;条纹状坏死主要表现在枝条上出现红褐色病斑,沿枝条上下扩展,并导致落叶、落花、落果,严重时整株枯干。

畸形:植株心叶退绿并呈斑驳皱缩,叶缘上卷,严重时叶片狭窄成线状,植株矮小,分枝极多呈丛簇状、少结果或不结果。

(2)防治方法　辣椒病毒病近年来为害加重,造成减产 10%~30%,严重的达到 40%~50%。感染病毒病的辣椒果实僵小、畸形或易落花落果。用病毒灵 500 倍液、辣椒专用型菌毒克星,每隔 7~10 d 喷施 1 次,结合叶面施肥连喷 3 次,交替使用,可以防治病毒病。

2.辣椒疫病

(1)发病症状　辣椒疫病属真菌性病害,根、茎、叶果实均可受害。苗期发病,茎基部出现水渍状软腐,多呈暗绿色,并很快倒伏死亡。成株期茎部发病出现水渍状暗绿色病斑,后期环绕表皮扩展成褐色条斑,病部缢缩,上部枝叶很快凋萎死亡倒折,潮湿时病斑上出现白色霉层。被害叶片发生暗绿色病斑,潮湿时,其上出现白色霉状物并软腐脱落,干燥条件下病斑干枯成淡褐色。果实受害多从蒂部开始,初为暗绿色水渍状不规则病斑,潮湿时很快扩展至整个果实,引起软腐,干燥后形成暗褐色僵果(图 4-5)。

(2)防治方法

品种选择:选用优质、抗病品种。

实施轮作:与非茄科、葫芦科蔬菜轮作 3 年以上,最好是水旱轮作或与十字花科、葱蒜类轮作。

加强田间管理:合理密植,保持田间通透性;科学施肥,提高植株抗病性;控制浇水,防止积水,及时通风,防止湿度过大;及时清理田间病株和残枝落叶,集中烧毁或深埋,耕翻土地,以减少病原数量。

药剂防治:在发病初期发现病株及时喷药,可选用 58% 甲霜灵锰锌可湿性粉剂 700 倍液;64% 杀毒矾可湿性粉剂 500 倍液;72% 杜邦克露可湿性粉剂 700 倍液;50% 安克可湿性

新疆主要农作物滴灌高效栽培实用技术

图 4-5　辣椒疫病发病症状

粉剂 2 500～3 000 倍液;72.2％普力克水剂 600 倍液进行防治,每隔 7～10 d 喷药 1 次,连用 2～3 次,具体视病情发展而定。

五、采收与晾晒

9 月中下旬待辣椒充分成熟后,分次采收或 1 次性采收,采收时避免采摘白皮和虫果,严禁黄果、青果、红果混装。采收后及时选择干燥、通风、透气的地方晾晒,厚度以 15～20 cm 为宜,前期要勤翻动以防霉变,辣椒六七成干时打垄风干,八成干时起堆,用篷布蒙盖发汗 2～3 d,然后再摊开晾干,含水量达 16％～18％时,分拣二红花皮辣椒分级销售。成品椒标准:摇动籽响,缠绕不断,松开弹直,色泽深红,无二红花皮和霉变。

第三节　制干线椒膜下滴灌栽培经济效益分析

线椒膜下滴灌栽培技术降低了灌水用量,提高了肥料利用率,同时产量和品质也有大幅度的提高,增加了农民收益。根据 143 团 2014 年线辣椒种植情况,利用膜下滴灌可以节水 50％以上,肥料利用率提高 30％～50％,也大量减少了劳动力投入,每公顷成本可以控制在 25 000 元左右,全团 500 多 hm² 平均产量在 7 000 kg/hm² 以上,和常规灌溉种植比较,增产 30％以上,产值 4.5 万元,结合当年市场价格成及成本投入,每公顷收益在 18 000 元以上(表 4-2)。

表 4-2　每公顷经济效益分析　hm²

序号	项目	金额/元
投资成本		
1	土地费用	7 500
2	滴灌设备折合	2 500
3	种子	900～1 200

续表 4-2

序号	项目	金额/元
4	化肥	4 500～6 000
5	地膜	750～900
6	机耕费	2 000～2 250
7	劳务费	1 500
8	水费	750
9	采摘费（机采）	3 000
小计		23 300～25 500
产值	干线椒	45 000
经济效益		19 500～21 700

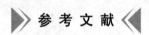

参 考 文 献

[1] 葛菊芬,颜彤,欧阳炜,等.新疆辣椒产业现状及发展对策建议[J].辣椒杂志,2010
(2):8-10.

[2] 李艳,王亮,刘志刚.新疆绿洲干旱区制干辣椒生产技术现状与产业发展对策[J].北
方园艺,2014(13):189-192.

第五章 小麦滴灌栽培技术

随着滴灌技术在大田作物上的广泛应用,不仅在经济作物棉花上效益显著,在粮食作物小麦上也切实可行,2009 年,新疆石河子市 148 团 7 连滴灌春小麦 10.6 hm² 单产实收 12 090 kg/hm²,2013 年新疆种植滴灌小麦为 12.21 万 hm²。66.7 hm² 滴灌小麦仅需要 4 人管理,节约劳动力近 150 人。通过滴灌技术,可较大幅度提高小麦作物产量和品质,增加生产效益,增强产品的竞争力和抵御市场风险能力。用滴灌方式种植小麦,是把工程节水、生物节水和农艺节水融为一体,把多项现代化的农业技术措施进行组装配套,改变过去用地面沟灌、畦灌、漫灌等方式,引发了小麦播种、施肥、田管以及收获多项措施的变革,取得了广泛的生态效益、社会效益。

第一节 生物学基础

小麦属禾本科小麦族、小麦属,是重要的粮食作物。小麦起源于亚洲西南部,是世界上最古老的作物之一,也是世界上分布最广的作物。主要产麦国家除了我国外,还有俄罗斯、美国、印度、加拿大、澳大利亚、土耳其、法国及阿根廷等。

▶ 一、小麦的一生

(一)小麦的生育期

生育期是指小麦从播种到种子成熟。生育期的长短由品种特性、种植区的生态条件及播期决定。一般说来,新疆冬小麦为 240 d 左右;春小麦为 120 d 左右。

(二)小麦生育时期

小麦随着生长发育在内部和外部发生一系列变化,根据这些变化特征可划分为不同的生育时期,作为生长发育程度的判别和指导农业生产的依据。

小麦的各生育时期分别是出苗期、三叶期、分蘖期、拔节期、孕穗期、抽穗期、开花期、成熟期。

(三)小麦的生长阶段

从栽培目的角度出发,结合生长发育时期,通常把小麦一生各器官形成的过程,概括为营养生长、并进生长和生殖生长的 3 个阶段(图 5-1)。

1. 营养生长阶段(种子萌发—幼穗分化)

此期主要长根、叶等营养器官,主要指苗期。在叶期前幼苗较小,靠胚乳供应营养物质,到三叶期时,整个胚乳中养分已耗尽,幼苗开始由胚乳营养转向独立营养,从出苗到三叶期,

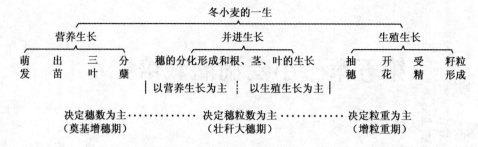

图 5-1　冬小麦生育阶段

(引自山东农业大学主编,作物栽培学(北方本),1980)

一般经历 12~15 d。

2.营养生殖生长阶段(幼穗分化—抽穗)

一方面进行穗的分化和发育,另一方面继续长根、叶及分蘖,完成茎秆伸长、长粗和充实,营养生长和生殖生长同时进行。

3.生殖生长阶段(抽穗开花—籽粒成熟)

从开花受精经籽粒形成到灌浆成熟,籽粒成熟期可分为乳熟期、蜡熟期和完熟期。

二、小麦的阶段发育

每一个发育阶段的进行,除要求综合环境外,往往有一二个因素起主导作用,如果缺少这个条件或不能满足要求,则这个发育阶段就不能顺利进行或中途停止,待条件适宜时,再在原先发育的阶段上继续进行。小麦必须有顺序地通过各个发育阶段,生殖器官才能正常抽穗结实,完成其生命周期。研究认为,小麦属低温长日照作物,有春化和光照两个发育阶段。

(一)小麦的春化阶段

小麦种子萌动后,除正常的生长条件外,还必须经过一定的低温,才能抽穗结实。依据小麦品种通过春化阶段所要求的温度高低及时间长短可将其分为:

(1)春性品种　春播品种在 5~20℃,秋播品种在 0~12℃条件下,经历 5~15 d 即可完成春化。

(2)半(弱)冬性品种　在 0~7℃下经 15~30 d 可完成春化阶段。未经春化处理的种子,春播时抽穗不能正常或抽穗延迟且不整齐。

(3)冬性品种　春化要求温度低、时间长,在 0~5℃下,以 3℃最为有效,至-4℃时春化阶段停止进行。一般需 30 d 以上才能完成春化,未经处理的种子春播一般不能抽穗。

冬性品种的耐寒性强,可适当早播,宜安排在早茬地上。春性品种抗寒性弱,可适当晚播,宜安排在晚茬地上。春性品种如播种过早,可能在年前就完成光照阶段的发育而拔节,易受冬春冻害死亡。

(二)小麦的光照阶段

小麦通过春化作用后即开始进入光照阶段。除要求一定的水分、温度、养分等条件外,光周期是主导因素。植株在 2~3 片真叶以前,光照阶段不能进行。延长日照促进发育,反之则延缓发育。光照阶段开始于二棱期,结束于雌雄蕊分化期。

冬性品种的分蘖在春化和光照两个阶段中进行,分蘖期长,分蘖力强,播种密度可适当降低。春性品种的春化阶段短,分蘖在光照阶段中进行,此时幼穗分化已开始,因而分蘖力较弱,播种量适当大些,才能达到增穗、增产。

春化阶段是决定叶片、分蘖数量的时期,光照阶段是决定小穗和小花数量多少的时期。延长春化阶段可增加主茎叶片数和单株分蘖数,有利于培育壮苗;延长光照阶段可增加小穗数和小花数,有利于形成大穗。

该阶段发育对小麦引种、品种选用、播期和播量的选定、肥水管理的影响均需考虑。

(三)影响小麦萌发出苗的条件

小麦自播种到出苗所需≥0℃积温为120℃左右。

种子质量:大粒种子比小粒种子易获得壮苗。

水分:适宜于发芽的田间持水量为70%～80%,<50%时出苗困难。

土壤含盐量:在0.25%以上时,出苗率显著降低,含盐量为0.4%,小麦种子即失去萌发能力。

氧气:种子萌发需要足够的氧气,空气中含氧20.8%时,发芽率可达100%,而当土壤中氧含量为5.2%时,发芽率降至87%。

温度:种子萌发的最低温度为1～2℃,最适宜的温度为15～20℃,最高温度为30～35℃。在10℃以下时发芽不齐,出苗率低;超过24℃时发芽率下降。

播种深度:播种过深,芽鞘伸长过度、出苗延迟、出苗率下降、苗瘦苗弱,叶片狭长、分蘖少、发根差;播种过浅,表层土壤容易失水干燥,不利于出苗,且冬季易遭冻害。

(四)小麦的根

小麦的根系属于须根系,小麦根系主要分布在0～40 cm的土层内,一般0～20 cm耕层内根量占全部根量的70%左右,20～40 cm土层内的约20%。小麦根系在1～2℃时能够生长,但在16～20℃时生长最快,超过30℃根的生长受到抑制。适于根系生长的土壤水分为田间持水量的70%左右,打破犁底层有利于小麦根系的发育和垂直分布,合理密植,改善通风透光条件,是调节根系生长的重要措施。

(五)小麦的分蘖

适期播种条件下,出苗后15～20 d,主茎出现第三叶(3/0)时,可长出胚芽鞘分蘖(P);主茎第四叶伸出(4/0)时,第一叶分蘖伸出;主茎第五叶伸出第二叶分蘖长出,分蘖发生与主茎叶片出现保持$n-3$的同伸关系,称之为叶蘖同伸关系(图5-2)。

1. 有效分蘖

拔节后具有3叶以上的分蘖,由于具有自身的根系能独立营养,可继续生长抽穗结实。

2. 无效分蘖

拔节后具有3叶以下的小蘖。

3. 分蘖成穗的规律

新疆冬小麦一般分蘖成穗率为10%～30%,单株成穗数为1.2～1.5个(春小麦为1.0～1.2个),高产田的分蘖成穗率为20%～40%,单株成穗数为1.7～2.5个(春小麦为1.1～1.3个)。主茎蘖和冬前早生的低位蘖成穗率高,冬前晚生的高位蘖、次级蘖及春生蘖成穗率低,基本不成穗。冬前具有3片叶以上并具有自身次生根的分蘖,一般能成穗,拔节

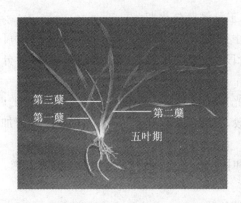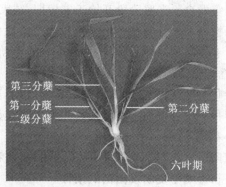

图 5-2　冬小麦分蘖图

期春生叶片数与主茎相同的分蘖,一般能成穗。

4.影响分蘖的主要因素

品种特性:一般冬性品种春化阶段长,分化的叶原基及蘖芽多,而春性品种分蘖力较弱。

温度:分蘖发生的适宜温度为 14～18℃,低于 3℃ 或高于 18℃,都不利于分蘖的发生。

光照:日照充足,营养面积大,分蘖力高。

土壤水分:70%～80%,水分不足,分蘖力下降。

肥料:增加土壤中氮素营养,可促进分蘖早发,提高单株成穗。

播种质量:整地粗糙、土块大、麦根架空或整地时土地太湿、地下死实,均影响植株扎根和分蘖。播种太深、苗弱,分蘖能力差。

(六)小麦的抽穗、开花、结实

小麦抽穗开花以后,籽粒开始形成、灌浆直至成熟,为开花结实期。这是决定麦粒产量和品质的关键时期。

1.抽穗开花期

幼穗分化完成后,穗下节间伸长,当顶小穗露出剑叶鞘时即为抽穗,通常全田的抽穗期延续 6～7 d;当麦穗中部花开放、花药露出时,叫开花,一般抽穗后 2～4 d 开花,开花主要集中于上午 9～11 时和下午 3～5 时,在大田条件下花粉散出后仅能存活几小时,全田花期一般为 6～7 d。开花最适温度为 18～24℃,大气相对湿度为 70%～80%。如温度低于 9～11℃或高于 32℃,相对湿度低于 30% 或多雨湿度过大,均会影响受精能力。开花时植株内部物质新陈代谢旺盛,需保持充足的水、肥供应。

2.灌浆成熟期

当籽粒由灰白色逐渐变成灰绿色、胚乳由清水状变成清乳状以后,籽粒开始大量积累养分,进入灌浆成熟期。小麦成熟一般分为两个过程,一个是灌浆过程,包括乳熟期和面团期,一个是成熟过程,包括蜡熟期和完熟期。小麦从开花受精到籽粒成熟所经历的天数,因地区气候条件不同而差异很大,一般为 30～38 d,长则延续到 50～70 d。

(1)乳熟期　历时 15～18 d,到开花后 20～24 d 达最大,干重迅速增加,含水率由 70% 降到 45%。籽粒颜色由灰绿变为鲜绿再变为绿黄色,表面有光泽,胚乳由清乳变为乳状,进入乳熟末期,籽粒鲜重达最大值。在高温干燥条件下,乳熟期缩短,积累的养分少,籽粒瘦小,乳熟期越长,籽粒越饱满。

新疆主要农作物滴灌高效栽培实用技术

（2）面团期　历时 3～4 d,含水率降到 40%～38%,干重增加转慢,籽粒表面由绿黄色变为黄绿色,失去光泽,胚乳呈面筋状,体积缩减,灌浆停止,上部叶片与茎、穗开始变黄。

（3）蜡熟期　历时 5～7 d,含水率急降到 22%～20%,籽粒由黄绿变为黄色,胚乳由面筋状变为蜡质状,籽粒干重达最大值,是收获最佳时期。

（4）完熟期　历时 3～4 d,含水率下降 20% 以下,干物质停止积累,体积缩小,籽粒变硬。此期收获易断穗落粒,造成损失,且由于呼吸消耗,籽粒干重下降。

（七）产量计算及测产

1.小麦产量构成因素

$$理论产量(kg/hm^2)=\frac{穗数×粒数×千粒重(g)}{1\ 000×1\ 000}$$

穗数的多少决定于基本苗数、单株分蘖数和分蘖成穗率。

每穗粒数决定于小花的分化和退化。

粒重决定于后期光合产物数量及其向籽粒的运输,增加籽粒干物质来源:扩大籽粒的容积、延长灌浆时间和提高灌浆强度和减少干物质积累的消耗可以提高小麦产量。

$$经济系数=经济产量/生物产量$$

经济系数的大小依赖于生物产量转化为经济产量效率的高低,小麦的经济系数为 0.3～0.4。小麦一生干物质积累速度、积累量,拔节到抽穗最快,占一生总量的 5%～50%;抽穗到成熟占总量的 30%～50%。

2.小麦测产方法

（1）理论测产

①取样方法　在小麦田内随机抽取 3～5 个地块进行理论测产。

②单位面积(666.7 m²)穗数和穗粒数　每块地取 3 点,每点取 1 m² 调查单位穗数,并从中随机取 20 个穗调查穗粒数。单位面积穗数＝3 点穗数和×(666.7÷3);穗粒数为 20 穗粒数的平均数。

③取样产量　取样产量(kg/hm²)＝每公顷穗数×每穗粒数×千粒重(g,以品种审定公告数据为准)×10⁻⁶×85%。

④理论产量　理论产量(kg/hm²)为所有取样地块产量的平均值。

（2）实收测产

①取样方法　在千公顷小麦高产示范片内随机抽取 3～5 个地块进行实收测产。

②实收称重　在抽取的地块中选取长势平衡的地段,实际收获 66.7 m² 左右的小麦麦穗进行称重,再取 1/10 重量的麦穗,脱粒、去颖壳称重,计算麦穗出籽率,再称取 2 kg 样品烘干至含量 20% 以下(现场可用锅烘)称重,供测水分用。

③测定含水率　用谷物水分测定仪测定烘干小麦籽粒的含水率,5 次重复,取平均数。

④取样产量　取样产量(kg/hm²)＝实收麦穗重×出籽率×(10 000÷实收面积)×[1-鲜籽粒含水量(%)]÷(1-13%)。

⑤实收产量　为所有取样地块产量的平均值。

第二节　冬小麦滴灌栽培技术

◆ 一、播前土地准备

1. 土地选择

宜选择中等以上土壤肥力、含盐碱量小的农田作为待播土地。

2. 土地深耕及平地

土地需深耕，利于小麦扎根。耕深一般应达到 25～28 cm，以改善土壤结构，保蓄土壤水分，促使小麦根系纵深扩展，增加吸收水肥能力，有利抗旱、防倒。小麦滴灌栽培，播种前土地应严格平整。土壤应细碎，以提高播种质量和铺管带质量，有利滴施肥水，确保出苗整齐、苗匀、苗壮（图 5-3）。

图 5-3　大马力机械平地

◆ 二、品种选择和种子处理

目前，在北疆一些地区表现较好的冬麦品种有：新冬 17 号、新冬 18 号（强筋）、新冬 22 号（奎冬 5 号）、伊农 16 号、新冬 33 号（石冬 8 号）、伊农 18 号等。南疆品种有冀麦 31 号、新冬 18 号、新冬 20 号、邯麦 5316 等。

为防止小麦种传等病虫害，播前应推广种子包衣，如用敌萎丹、卫福、戊唑醇等包衣剂处理种子。雪腐、雪霉病发生严重的麦区，用 2.5% 适乐时悬浮种衣剂统一机力包衣，100～200 mL 适乐，可拌种 100 kg。对有发生黑穗病、白粉病及早期条锈病和地下害虫的麦田，用种衣剂 17 号包衣，药种比 1：40；伊犁地区宜选用 2% 戊唑醇干粉种衣剂与克百威复配包衣剂，兼治黑穗、根腐、条锈、全蚀等病害和地老虎等地下害虫；在小麦冻害和干热风危害严重的地区用矮壮素（种子重量的 1%）和增收宝拌种防御。

三、播种技术

1. 播种期

冬小麦：当昼夜气温平均稳定到 16～18℃ 为最佳播期。入冬前小麦生长有 40～50 d，≥0℃ 有效积温一般应保持在 450～500℃。一般年份北疆 9 月中下旬。新疆冬小麦入冬前要求主茎上生长 5～6 个叶，形成 2～3 个分蘖和 4～6 条次生根。

2. 播种量

根据千粒重确定下种量，按千粒重 45 g 确定每公顷播量，冬小麦播种量 225～300 kg/hm²。

3. 播种方式

采用 3.6 m 播幅，24 行条播机等行距条播，播深 3～4 cm，要求下籽均匀，不重播、不漏播，播深一致，覆土良好，镇压确实，播行端直，到头到边（图 5-4）。

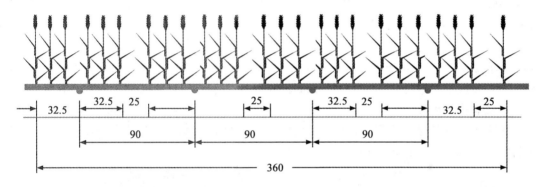

图 5-4 一管滴六行冬小麦缩小行距加宽边行间距示意图（单位：cm）

4. 滴灌系统的安装

播后及时布好支（辅）管、接好管头。播种时间与滴水出苗时间间隔不宜超过 3 d。播种深度保持 3～3.5 cm。播行宽窄要规范，为防风吹动管带要尽量浅埋 1～2 cm（图 5-5）。

图 5-5 滴灌小麦精准播种机

滴灌冬小麦也可以采用"井"字形播种，播种分东西、南北两次进行，两次播种形成网格状"井"字形,无交接田埂,第二次播种的同时铺设滴灌带毛管,毛管间距 60 cm,每个毛管管四行小麦,适宜播期内播量 360~390 kg/hm²。该方法光能效率增加,个体生长发育好,同时水肥利用率得到提高,小麦抗倒伏能力增强,单产提高。

四、灌溉制度

一般情况下,冬小麦全生育期滴水 9~12 次,灌水周期 8~12 d,灌溉定额 4 500~6 450 m³/hm²。

1. 出苗水

冬小麦播种后土壤墒情差的地块应及时滴出苗水,灌水定额 450~600 m³/hm²。

2. 出苗—越冬期

土壤入冬封冻前滴足越冬水,利于冬小麦安全越冬和早春生长,日间气温降至 3~5℃,灌水定额为 450~750 m³/hm²。单株分蘖数在 2 个以上的麦田,冬灌比较适宜。弱苗麦田特别是晚播的单根独苗麦田,最好不要冬灌,否则易发生冻害。生长过旺的麦田,可推迟或不进行冬灌,以便控旺促壮。

3. 越冬—返青期

冬小麦返青后,麦田土壤持水量不足 65%~70% 时可滴 1 次水,当 5 cm 地温连续 5 d 平均≥5℃时,灌水定额 450~600 m³/hm²。若冬小麦返青期群体大、苗情好可不滴水。

4. 拔节—孕穗期

此期是冬小麦营养生长和生殖生长的旺盛时期(图 5-6),土壤持水量不足 75%~80% 时滴水,滴水 2 次,灌水定额 450~600 m³/hm²。

图 5-6　滴灌小麦拔节期长势

5. 孕穗—扬花期

此期是冬小麦对水分敏感期,是需水"临界期",土壤持水量不足 75%~80% 时滴水,滴水 2~3 次,灌水定额 450~600 m³/hm²。

6. 扬花—乳熟期

此期是冬小麦籽粒形成提高粒数的关键时期,防止小麦早衰或贪青晚熟,土壤持水量不足 70%~85% 时滴水,滴水 2~3 次,灌水定额 525~600 m³/hm²,蜡熟初期,土壤含水量较低或预备复种的麦田,增加一次灌水或最后一水适当延迟,灌水定额 450 m³/hm²。

五、施肥制度

小麦的施肥应采用有机、无机相结合、"测土配方"施肥、施好基肥、带好种肥等原则，同时要注意施肥技术与高产优质栽培技术相结合，尤其要重视水肥联合调控。按小麦生育规律及时供应水肥，提高肥料利用率，"少吃多餐"，高产田小麦氮肥用量应适当后移，以增强灌浆强度、增加粒重。

1. 施肥总量

全生育期施肥总量为纯氮 262～310 kg/hm²，其中 20％左右用作基肥，P_2O_5 162～198 kg/hm²，其中 60％左右用作基肥，K_2O 41～51 kg/hm²。

2. 基肥

可充分利用秸秆还田，临冬秋翻地时施入农家肥，可用纯氮 55～69 kg/hm²、P_2O_5 101～121 kg/hm²，充分混匀后机械撒施，然后深翻。犁地深度 25～30 cm，犁后平整成"待播状态"。

3. 种肥

冬小麦播种未带种肥，可滴出苗水时补施种肥，以培育壮苗，可随水滴施纯氮 14～21 kg/hm²，P_2O_5 7.7～11.5 kg/hm²，K_2O 5～7.7 kg/hm²。

4. 出苗—返青期

此期随水滴施纯氮 14～21 kg/hm²，P_2O_5 7.7～11.5 kg/hm²，K_2O 5～7.7 kg/hm²，看苗情长势，也可不滴施肥。

5. 拔节—孕穗期

小麦拔节期是营养生长和生殖生长非常旺盛，弱苗滴施水肥应提前，旺苗和壮苗应适当延后，滴施肥 2 次，每次可随水滴施纯氮 34～41 kg/hm²（尿素 75～90 kg/hm²），P_2O_5 7.7～11.5 kg/hm²，K_2O 5～7.7 kg/hm²。

6. 孕穗—扬花期

此期小麦幼穗迅速生长，是穗粒数形成的关键时期。滴施肥 2～3 次，每次随水滴施纯氮 28～35 kg/hm²，P_2O_5 7.7～15.4 kg/hm²，K_2O 5～10 kg/hm²。

7. 扬花—乳熟期

此期是小麦籽粒形成提高粒数的关键时期。滴施肥 1～2 次，每次随水滴施纯氮 14～21 kg/hm²，P_2O_5 7.7～15.4 kg/hm²，K_2O 5～10 kg/hm²，最后一次滴水一般不滴肥。

8. 叶面肥

小麦叶面肥在抽穗或灌浆期施用有控旺、抗病、抗旱、抗高温、抗干热风、增加穗粒数、提高千粒重的作用。可采用每公顷喷施磷酸二氢钾 3 kg 加尿素 3 kg。

六、化学调控

1. 化除

若麦田有阔叶杂草，小麦拔节期滴施水肥之前、晴无风的情况下用 20％二甲四氯水剂 2 250～3 000 mL/hm²，兑水 40～50 kg 喷雾等药剂除杂草。

2.化调

在小麦拔节完成前对旺苗或群体大的可用矮壮素 3 750～4 500 g/hm² 等药剂调控；长势过旺的 3～5 d 后可进行第二次化调，可用矮壮素 1 500～1 800 g/hm² 等药剂，宁早勿晚。

小麦一旦产生倒伏，应分析原因，采取相应的挽救措施，如排除田间积水，晾晒土壤，使下层通风透光，防止霉烂和发病。或者在降雨后，用竹竿轻轻抖动麦株上水珠使其落地，减轻重量和充分利用植株向光性和背地特点，使其自然恢复生长。

七、病虫害防治

(一)病害

针对小麦发生的不同病状，因地制宜、有针对性地进行防治。

1.种子处理

为防止小麦种传等病虫害，播前应进行拌种。播前用种子重量 0.3% 的 40% 拌种霜粉剂或 0.2% 的 50% 多菌灵粉剂拌种，并用 0.3%～0.5% 磷酸二氢钾拌、闷种，晾干待播。或者选用其他专用拌种剂拌种。

2.白粉病症状

灰白色丝状小霉点，以后逐渐扩大成圆形或椭圆形绒絮状霉斑，上面覆有一层粉状霉，渐变为灰色、灰褐色。条锈病症状：叶片、叶鞘、茎秆和穗部，鲜黄色狭长形至长椭圆形，排列成条状。每公顷用 15% 粉锈宁 750 g 或 25% 的粉锈宁 450～600 g，兑水 375～450 kg 喷雾防治，或者选用其他药剂防治。

3.细菌性花叶条斑病症状

叶片发病初期，有似针尖大小的深绿色小斑点，扩展为半透明水浸状的条斑，后变深褐色，常出现小颗粒状细菌溢脓。常用药剂 200 mg/kg 的链霉素液喷雾防治，或者选用其他药剂防治。

(二)虫害

小麦生产中的主要害虫是蓟马或蚜虫。用 2.5% 敌杀死或 20% 速灭丁，用量 300～600 g/hm²，兑水 375～450 kg 喷雾防治，或用 50% 的抗蚜威可湿性粉剂 4 000 倍液喷雾防治。

八、滴灌小麦机械收获

小麦蜡熟后期籽粒中干物质积累达到高峰，是机械收获的最佳时期，此期收获小麦产量高，品质好。

小麦滴完最后一次水，趁麦秆尚未枯萎前取下支(辅)管放置，盘放整齐准备来年再用，为机收做准备。不进行复播再种的地块，毛管回收可在收获后、入冬前进行。

第三节　春小麦滴灌栽培技术

新疆种植的春小麦主要分布在北疆和全疆一些温凉的山区和丘陵地带，栽培的品种生育期一般为 80～110 d，春小麦营养生长和生殖生长时间都比冬小麦短。春小麦生育期短，主要短在苗期,从分蘖到拔节期一般仅有15～20 d。

▶ 一、播前土地准备

种春小麦的土地,冬前要进行土地耕晒、平整、蓄水灌溉(或者利用冬季雪墒)、施足基肥等工作,临冬前麦田应成"待播状态",达到地平、肥足、墒好,这是保证适期早播,提高播种质量,达到全苗、均苗、壮苗的基础和前提。

▶ 二、品种选择

在北疆一些地区表现较好的春小麦品种有:新春28号、新春25号、新春6号、新春23号和新春27号等。

▶ 三、播种技术

(一)播种期

春小麦适宜的播种期:吐鲁番盆地春麦区为2月下旬到3月上旬;焉耆盆地春麦区为3月上旬至中旬;伊犁河谷冬春麦兼种区和乌苏—石河子—昌吉冬春麦兼种区为3月中旬至4月上旬;阿勒泰—巴里坤春麦区和一些山地春麦区为3月下旬至4月中旬。

适期早播是春小麦增产的关键措施。在适期范围内,在保证播种质量的基础上,播种早,产量高,品质好,效益增加。适期早播后,春小麦各个生育时期相应提前,成熟期提早,能减轻后期高温、干热风和冰雹等自然灾害的影响。

"顶凌播种"是春小麦适期早播的一种重要方式(图5-7):为了发挥适期早播增产的作用,在冬季积雪不太多的年份和地区,在临冬前已把麦田做成"待播状态"的情况下,应大力推广。如冬季积雪较多,开春较晚的年份和地区,应采用人工化雪,机械耕雪,或者像莫索湾垦区一些团场那样,结合改良黏土,就近取材在雪层上撒沙子,促使雪层融化,提早抢墒播种。

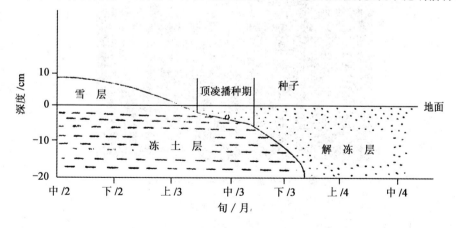

图5-7 新疆玛纳斯河流域春小麦"顶凌播种"时期示意图

（二）播种量

根据千粒重确定下种量,按千粒重 45 g 确定每公顷播量,春小麦播种量 300～375 kg/hm²。

（三）播种要求

春小麦播种质量要求和冬小麦基本相同,但春小麦顶土能力一般较弱,在精细整地的基础上要适当浅播,播种深度以 3～4 cm 为宜。

(1)原墒播种　早春麦田底墒充足的(冬前灌水或雪墒充足),应充分利用原墒播种出苗,播种和铺管等作业一次完成。若底墒不足或需要补墒出苗的,播种后应及时将田间支(辅)管以及管带布置好,连接好,滴(补)水出苗。

(2)滴水出苗　临冬前麦田未准备好,或者土壤墒情不足的麦田,播后要及时滴水出苗。每公顷滴水量 105～120 m³,滴水要均匀,促使麦苗整齐、健壮。

▶ 四、灌溉制度

一般情况下,春小麦全生育期滴水 8～10 次,灌水周期 8～10 d,灌溉定额 4 200～6 000 m³/hm²。

1.茬灌

春小麦种植前的头一年入冬前进行茬灌,灌水定额为 600～750 m³/hm²。

2.出苗水

春小麦播种后及时滴出苗水,灌水定额 450～525 m³/hm²。也可以充分利用原墒(冬前灌水和雪墒充足)播种出苗。

3.出苗—拔节期

春小麦三叶期前后,幼苗开始分化(图 5-8),土壤持水量不足 70%～75% 时滴水,滴水 1 次,灌水定额 450～600 m³/hm²。

图 5-8　小麦三叶期大田生长情况

4.拔节—孕穗期

此期是春小麦营养生长和生殖生长的旺盛时期,是需水"临界期",滴水 2～3 次,灌水定额 450～600 m³/hm²。

5. 孕穗—扬花期

此期是春小麦第二个需水"临界期",土壤持水量不足 80% 时滴水,滴水 2 次,灌水定额 525~600 m³/hm²。

6. 扬花—乳熟期

此期是春小麦增加粒重的关键时期,土壤持水量不足 70%~75% 时滴水,滴水 2~3 次,灌水定额 525~600 m³/hm²,蜡熟初期,土壤含水量较低或预备复种的麦田,增加一次灌水或最后一水适当延迟,灌水定额 450 m³/hm² 左右。

五、施肥制度

1. 施肥总量

全生育期施肥总量为纯氮 207~276 kg/hm²,其中 25% 左右用作基肥,P_2O_5 155~191 kg/hm²,其中 65% 左右用作基肥,K_2O 36~45 kg/hm²。

2. 基肥

可充分利用秸秆还田,临冬秋翻地时施入农家肥,可用纯氮 48~69 kg/hm²、P_2O_5 101~122 kg/hm²,充分混匀后机械撒施,然后深翻。犁地深度 25~30 cm,犁后平整成"待播状态"。

3. 种肥

小麦播种未带种肥,可滴出苗水时补施种肥,以培育壮苗,可随水滴施纯氮 14~21 kg/hm²,P_2O_5 7.7~11.5 kg/hm²,K_2O 5~7.7 kg/hm²。

4. 出苗—拔节期

春小麦苗期若土地肥力不均营养不足、麦苗点片瘦弱时,可随水滴施纯氮 14~21 kg/hm²,P_2O_5 7.7~11.5 kg/hm²,K_2O 5~7.7 kg/hm²,长势旺的麦田可不施肥。

5. 拔节—孕穗期

此期的小麦营养生长和生殖生长非常旺盛,弱苗滴施水肥应提前,旺苗和壮苗应适当延后,滴施肥 2~3 次,每次可随水滴施纯氮 21~28 kg/hm²,P_2O_5 7.7~11.5 kg/hm²,K_2O 5~7.7 kg/hm²。

6. 孕穗—扬花期

此期小麦幼穗迅速生长,是穗粒数形成的关键时期。滴施肥 2 次,每次随水滴施纯氮 21~28 kg/hm²,P_2O_5 7.7~15.4 kg/hm²,K_2O 5~10 kg/hm²。

7. 扬花—乳熟期

此期是小麦籽粒形成提高粒数的关键时期。滴施肥 1~2 次,每次随水滴施纯氮 14~21 kg/hm²,P_2O_5 7.7~15.4 kg/hm²,K_2O 5~10 kg/hm²,最后一次滴水一般不滴肥。

8. 叶面肥

春小麦叶面肥在抽穗或灌浆期可采用每公顷喷施磷酸二氢钾+尿素各 3 kg。

9. 肥料的选择

基肥应选用品质有保证的肥料,选择信誉高、售后服务质量好的销售商。有机肥应选择腐熟的有机肥或商品有机肥。由于滴灌技术对肥料的溶解度要求高,追肥肥料品种可选择水不溶物<0.5% 的滴灌专用肥,或者选择尿素、磷酸二氢钾或养分含量>72% 的磷酸一铵以及养分含量＞50％的硫酸钾肥料。选择滴灌专用肥应以磷肥用量为基础,不足的氮肥用单质氮肥如尿素补足。

第四节　小麦滴灌茬后免耕复播栽培技术要点

▶ 一、适宜复播的作物及其品种特点

在北疆地区由于霜期和品种成熟性的限制,复播作物必须优先选择早熟品种,要求品种早熟、高产、抗倒性好、株型紧凑矮化、适应性强,但必须保证作物能够安全成熟,这是决定复播成功与否的关键。

1.复播油葵、食葵

油葵、食葵耐逆境,抗寒性强,对秋季气温下降快、昼夜温差大,有较强的适应性,在初霜过后还有一定的灌浆能力,茎秆中储存的物质能够继续向籽粒中转移,增加粒重提高产量。北疆沿天山一带推广种植的早熟冬小麦一般在 6 月下旬或 7 月初成熟收获。复播油葵早熟的品种有 A17、新葵杂 5 号、新葵杂 10 号及食葵早熟品种新食葵 6 号,生育期大概 80～100 d,密度在 112 500～135 000 株/hm²,在 7 月上旬播种,播种不宜深,仅需 3～5 d 就可以出苗,种肥以磷肥为主,追肥以氮肥为主,配合一定量的钾肥。滴肥原则为中间多两头少,10月上旬可收获,单产可达到 1 800～2 700 kg/hm²。

2.复播大豆

大豆能为饲料加工提供优质蛋白,促进畜牧业的发展,具有广阔的种植前景。复播大豆北疆生育期 85 d 左右,播种后 4～5 d 出苗,出苗后 25 d 左右开花,单产一般 1 500～2 250 kg/hm²。与春播大豆相比,开花至鼓粒、成熟期显著缩短,植株矮小、单株生长量小,产量低。冬小麦应在收获期及时收获,收获前一周滴少量水,采用留茬免耕播种方式,北疆应选用极早熟品种,南疆可选用中早熟或中熟品种。北疆 7 月 5 日前后播种,生育期滴水 3～14 次,每次间隔 8～10 d。初花期结合滴水施尿素 1 125～1 800 kg/hm²。9 月下旬达到初熟期,10 月上旬,叶全落,荚全干,选择晴天机械收获。

3.复播玉米(图 5-9)

特早熟玉米按基本生物学特性对温度的要求≥10℃积温不小于 2 000℃,全生育期应保持 90 d 左右,一般单产 5 250～6 000 kg/hm²。前茬早熟冬小麦收获后复播,生育期滴水 8～10 次,每次间隔 8～10 d,每次滴水量 600～700 m³/hm²。在玉米拔节期、大喇叭口期和开花灌浆期应增加滴水量、缩短间隔时间。原则上是一水一肥,一般需滴肥 6～8 次。但由于后期温度过低,籽粒脱水慢,含水量过高,在没有烘干设备条件下,往往给收获和贮藏带来一定困难。目前多以收获青贮饲料为主,特早熟玉米在进入乳熟期收获,产量高、营养好。

4.复播绿肥

所谓绿肥,就是以新鲜植株就地翻压或者沤、堆制腐烂分解成肥料为主要用途的栽培植

图 5-9 麦茬免耕复播早熟玉米

物的总称。绿肥多为豆科作物,植株中含氮高,茎叶娇嫩,易于翻压和腐烂。少数菊科、十字花科作物以及其他科的作物也可以作绿肥使用,最常用的有油葵、草木樨、油菜、绿豆、大豆等作物。新疆棉花种植面积较大,重茬严重,土壤有机质含量下降,养分过度偏耗,当前北疆退出的棉田多为低产田。小麦收获后复播绿肥不占地,具有用养结合的特点。绿肥作饲草是提高绿肥经济效益的有效办法。

5.复播其他作物

麦收后复播作物有较高的经济效益。目前复播较多、效益好的作物有鲜食玉米、白菜、萝卜,伊犁霍城县复播西瓜已成功,农七师复播移栽加工番茄,伊宁县和昌吉市周边复播糜子、绿豆和荞麦谷子等作物,都取得了良好的经济效益。利用滴灌小麦节省下来的水和麦收后剩余的光热资源,复播一季饲草作物,是解决农区饲草紧缺的有效措施之一。目前复播较多的饲料作物有玉米、小黑麦、糜子、谷子和苏丹草等。

▶ 二、复播滴灌作物的方法和基本原则

由于霜期和品种熟性的不同,复播作物必须优先选定适合作物及早熟品种,北疆地区生育期短,要求品种早熟、高产、抗倒性好、株型紧凑矮化、适应性强,必须保证作物能够安全成熟。

小麦滴灌免耕滴灌复播作物这种"双滴栽培"是利用前茬小麦的滴灌设施,实现滴灌复播,减少农耗期时间,为复播作物争取到更多的有效积温,尤其对北疆一些地区实行一年两作具有重要意义。目前,滴灌小麦毛管配置主要有"1机6管""1机5管"两种形式,复播作物的株行距配置,应根据前茬小麦的毛管配置情况,因地制宜地做出相应调整。

复播作物从出苗到开花时间很短,前期营养生长量小,必须依靠大群体数量来提高生物产量和经济产量,在提高密度这方面应遵循以下原则:缩小行距,拉大株距,增加一定密度,保证田间留苗数量,根据行距相应的变化,采用窄行密植技术,缩小行距,调整株间距,使植株在田间分布均衡,以利于群体对光能的利用,发挥复播作物的增产潜力。

由于复播作物密度增加、行距缩小,实行了滴灌免耕播种,相应的中耕作业无法进行,当时复播作物处于高温的气候环境下,很容易杂草丛生。因此,在播前或播后出苗前要进行封

闭化除。当前常用除草剂有禾草克、禾耐斯、氟乐灵、乙草胺等。

复播作物苗期短、发育快一般作物在出苗后 30 d 左右即可进入营养生长和生殖生长并进阶段。因此作物出苗后水肥管理不宜采用蹲苗措施，要一促到底。在肥料的投入方面，一是适当提前，二是确保足量供应。

第五节　小麦滴灌栽培经济效益分析

滴灌技术带来的水肥一体化的改变，大大提高了水、肥耦合作用，能按照不同生育时期对水肥需要的指标和数量及时供应，水肥效益提高，肥料利用率提高。

1. 提高水资源利用率

滴灌小麦田间不设渠道，减少田间渠系渗漏、蒸发和田间跑水等浪费现象。灌溉水如从斗渠算起，有效利用系数由原来 0.25 左右可提高到 0.75。小麦用水量由原来 6 000～6 750 m^3/hm^2 减少到 4 200～4 500 m^3/hm^2，节水 30% 以上。

2. 提高土地利用率，有利于土地轮作倒茬

用滴灌方式种植粮食作物，土地利用率可提高 5%～7%。滴灌小麦收获后利用原有滴灌系统，通过免耕保蓄底墒水，及时复播早熟大豆、油葵、绿肥和青贮玉米等作物，充分利用麦收后的光温资源，一年两作，提高土地利用指数，培肥地力和发展畜牧业等，增加农民收入，提高农业生产的综合效益。

3. 提高肥料利用率

小麦在施足基肥用好种肥后，生育期需多次追肥，而且用量较大。根据小麦不同生育时期需肥规律和土壤特点，少量多次，做到精准施肥，防止作物早衰和后期倒伏。生育期追肥主要是氮肥，肥料随水滴施，提高了水、肥耦合作用，能按照不同生育时期对水肥需要的指标和数量及时供应，水肥效益提高，肥料利用率提高 30% 以上。

4. 节省机力

滴灌小麦节省了机车追肥、开沟、开毛渠、平毛渠等田间机力作业，由于田间无渠埂，提高了收割机工作效率，可节省机力费 300 元/hm^2 左右，节约了油料。

5. 节省劳力

田间不需要人工跟机车追肥或撒肥、人工灌水、修毛渠等劳力，节约田间用工成本 1 050 元/hm^2，减轻了劳动强度，增加了管理定额，提高了劳动生产率。

6. 节省种子

滴灌小麦一般是先播种后滴水出苗（如麦田底墒充足，也可利用原墒出苗），由于滴水及时、均匀、墒情充足，种子田间出苗整齐迅速、分布均匀，出苗率由原来 70%～75%，普遍提高到 90% 以上，尤其是春小麦出苗率提高更显著，节省种子 60～75 kg/hm^2。

7. 增加农民收入

滴灌小麦与传统小麦种植相比，水、肥的利用率提高 30%，每公顷节省水费 300 元，节约肥料成本 300 元，产量在 9 750 kg/hm^2 以上，较常规种植小麦产量高 2 250 kg/hm^2，可增收 4 500 元/hm^2。仅节水、节肥、增产 3 项，预计可增收 5 100 元/hm^2，除去每年滴灌投入费用 1 800 元/hm^2，平均增收 3 300 元/hm^2。通过麦茬后免耕复播油葵，又增加收入 3 075 元/hm^2。

以滴灌春小麦为例,其经济效益见下表5-1。

表 5-1   八师 2009 年滴灌春小麦成本效益情况表

项目		数量	单价/元	金额/元
种子		330 kg	3.3	1 089
肥料	秋施肥	405 kg	2.05	830.25
	尿素	345 kg	2	690
	磷酸二氢钾	75 kg	4.8	360
农药	除草剂、矮壮素			225
水费		5 100 m³	0.17	867
电费		600 kW	0.8	480
机力费		犁地、播种、打药等		2 093.7
毛管费		11 115 m	0.18	2 000.7
折旧费、服务费			684	684
利费				270
保险费				300
养地费				120
成本				10 009.65
产量		9 087 kg	2.02	18 355.74
利润				7 656.09

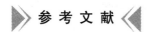

参 考 文 献

[1] 陈思宁.全国大面积干旱成因分析及防治措施[J].东北水利水电,2009(7):70.

[2] 王荣栋,尹经章.作物栽培学[M].北京:高等教育出版社,2014.

[3] 柴玉梅.滴灌小麦生产中存在的问题及解决办法[J].农业技术,2011(3):15-16.

[4] 王克全,何新林,王振华,等.不同灌水处理对滴灌春小麦生长及产量的影响研究[J].节水灌溉,2010.9:41-42.

[5] 薛丽华.新疆滴灌小麦的生产应用与研究进展.第十五次中国小麦栽培科学学术研讨会论文集,2012.

[6] 王荣栋.小麦滴灌栽培[M].北京:中国农业出版社,2012.

[7] 热汗古丽,塔吉古.博乐市乌镇滴灌小麦栽培技术[J].现代农业科技,2011(2):79.

[8] 高山,王冀川,徐雅丽,等.不同土壤水分对滴灌春小麦生长干物质积累与分配的影响[J].安徽农业科学,2011,39(9):5151-5153,5240.

[9] 程裕伟,任辉,马富裕.北疆地区滴灌春小麦干物质积累、分配与转运特征研究[J].石河子大学学报(自然科学版),2011,29(2):133-139.

[10] 陈兴武,赵奇,吴新元,等.小麦高产、超高产栽培技术途径研究[J].新疆农业科学,2008,45(4):590-593.

[11] 张平.滴灌冬小麦栽培技术新疆农垦科技[J].新疆农垦科技,2011(2):26-27.

[12] 王冀川,高山.新疆小麦滴灌技术的应用与存在问题[J].节水灌溉,2011(9):25-29.

[13] 陈林,宋超,程莲,等.小麦滴灌技术的应用及综合效益分析[J].现代农村科技,2012(9):10-12.

新疆主要农作物滴灌高效栽培实用技术

第六章　玉米膜下滴灌栽培技术

第一节　生物学基础

◆ 一、玉米类型

（一）玉米亚种

玉米又称玉蜀黍、苞谷、棒子、珍珠米。禾本科玉米属，一年生草本植物，须根系强大，有支持根，茎秆粗壮，雌雄同株，原产于墨西哥或中美洲，目前生产上种植的为一栽培种。玉米种又可分为 9 个亚种。

（1）有稃型　每个籽粒由长大的稃片包住，是一种原始的类型。

（2）粉质型　又名软粒型，果穗和籽粒形状与硬粒型相似，籽粒无角质淀粉，全部由粉质淀粉组成，形状像硬粒型玉米，质地较软，外表无光泽。

（3）马齿型　植株高大，果穗圆筒形。籽粒扁平，籽粒四周为角质胚乳，中间和顶部为粉质淀粉。成熟干燥时顶部凹陷，呈马齿状。较耐肥、水，丰产性能高，但食味品质不如硬粒型。

（4）糯质型　果穗较小，籽粒不透明，籽粒表面无光泽，胚乳黏性全为支链淀粉，碘液检验呈褐红色，角质和粉质层次不分，胚乳淀粉全部由支链淀粉组成，具有黏性，较适口，是我国普通玉米发生基因突变形成的。可做糯性食品，工业上用作布匹的浆剂。

（5）甜质型　又称甜玉米。籽粒几乎全部为角质透明胚乳，含糖量高，品质优良，脱水后皱缩。乳熟期籽粒很甜，主要用作蔬菜和制罐头食品。普通甜玉米乳熟期的糖分含量为 15%～18%；而"超甜玉米"的含糖量还超过普通甜玉米 2 倍。成熟时籽粒皱缩，呈半透明状，糖分含量逐渐减少。

（6）硬粒型　又名燧石种。适应性强，耐瘠、早熟。果穗多呈锥形，籽粒顶部呈圆形，由于胚乳外周是角质淀粉。故籽粒外表透明，外皮具光泽，且坚硬，多为黄色。食味品质优良，产量较低。以往中国的多数农家品种属这一类型。

（7）半马齿型　是硬粒型和马齿型玉米的中间类型，角质胚乳比硬粒型少，比马齿型多，顶部凹陷程度小。

（8）爆裂型　果穗和籽粒均较小，坚硬，光滑，顶部尖或圆形。籽粒几乎全为角质淀粉，质地坚硬，胚乳几乎全部由角质淀粉组成。有米粒型和珍珠型两种，在籽粒含水量适当时加热，能"爆裂"成大于其原体积十几倍的米花。

(9)蜡质型　原产我国,果穗较小,籽粒中胚乳几乎全由支链淀粉构成,不透明,无光泽如蜡状。支链淀粉遇碘液呈红色反应。

(二)玉米的分类

(1)依据种皮颜色将玉米分为黄玉米、白玉米和混合玉米。

①黄玉米　种皮为黄色,并包括略带红色的黄玉米。

②白玉米　种皮为白色,并包括略带淡黄色或粉红色的玉米。

③混合玉米　我国国家标准中定义为混入本类以外玉米超过5%的玉米。

(2)按品质分类,玉米可分为常规玉米和特用玉米。所谓特用玉米,指的是除常规玉米以外的各种类型玉米。传统的特用玉米有甜玉米、糯玉米和爆裂玉米,新近发展起来的特用玉米有优质蛋白玉米(高赖氨酸玉米)、高油玉米和高直链淀粉玉米等。由于特用玉米比普通玉米具有更高的技术含量和更大的经济价值,国外把它们称之为"高值玉米"。特用玉米有以下几种:

①甜玉米　又称蔬菜玉米,既可以煮熟后直接食用,又可以制成各种风味的罐头、加工食品和冷冻食品。甜玉米所以甜,是因为玉米含糖量高。其籽粒含糖量随不同时期而变化,在适宜采收期内,蔗糖含量是普通玉米的2~10倍。通常分为普通甜玉米、加强甜玉米和超甜玉米。我国现在已经掌握了全套育种技术并积累了一些种质资源,国内育成的各种甜玉米类型基本能够满足市场需求。

②糯玉米　又称黏玉米,其胚乳淀粉几乎全由支链淀粉组成。糯玉米具有较高的黏滞性及适口性,可以鲜食或制罐头。由于糯玉米食用消化率高,故用于饲料可以提高饲养效率。在工业方面,糯玉米淀粉是食品工业的基础原料,可作为增稠剂使用,还广泛地用于胶带、黏合剂和造纸等工业。它的生产技术比甜玉米简单得多,与普通玉米相比几乎没有什么特殊要求,采收期比较灵活。作为鲜食时,货架寿命也比较长,不需要特殊的贮藏、加工条件。我国的糯玉米育种和生产发展非常快,将会带动食品行业、淀粉加工业及相关工业的发展,并促进畜牧业发展。

③爆裂玉米　即前述的爆裂型玉米,其突出特点是角质胚乳含量高,淀粉粒内的水分遇高温而爆裂,一般作为风味食品在大中城市流行。

④高油玉米　是指籽粒含油量超过8%的玉米类型,特别是其中亚油酸和油酸等不饱和脂肪酸的含量达到80%,具有降低血清中的胆固醇、软化血管的作用。此外,高油玉米比普通玉米蛋白质高10%~12%,赖氨酸高20%,维生素含量也较高,是粮、饲、油三兼顾的多功能玉米。

⑤优质蛋白玉米(高赖氨酸玉米)　玉米籽粒中赖氨酸含量在0.4%以上,普通玉米的赖氨酸含量一般在0.2%左右。赖氨酸是人体及其他动物体所必需的氨基酸类型,在食品或饲料中欠缺这些氨基酸就会因营养不良,严重的造成疾病。其产量不低于普通玉米,而全籽粒赖氨酸含量比普通玉米高80%~100%,在我国的一些地区,已经实现了高产优质的结合。

⑥紫玉米　是一种非常珍稀的玉米品种,为我国特产,因颗粒形似珍珠,有"黑珍珠"之称。紫玉米的品质虽优良特异,但棒小,粒少,单产低,只有750 kg/hm² 左右。

⑦其他特用玉米和品种改良玉米　包括高淀粉专用玉米、青贮玉米、食用玉米杂交品种等。

二、玉米的一生

(一)玉米的生长发育阶段

玉米的一生经历种子萌发、出苗、拔节、孕穗、抽雄、吐丝授粉和籽粒成熟等一系列生长发育过程(图 6-1)。全生育过程主要分为苗期、穗期和花粒期 3 个阶段。

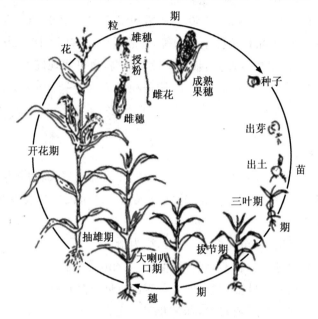

图 6-1　玉米的一生

1.苗期阶段(出苗到拔节前)

玉米从播种到拔节前为苗期阶段,这一阶段是玉米生根、长叶、分化茎节的营养生长阶段,田间管理的中心任务是:促进根系发育、培育壮苗,达到早、全、齐、匀、壮"五苗"要求。

2.穗期阶段(拔节到抽雄前)

玉米从拔节到雄穗前为穗期阶段,也称之为营养生长和生殖生长同时并进时期,这一阶段是玉米既旺盛生长根、茎、叶,也快速分化发育雄雌穗,是玉米一生中生育最旺盛、需要水分养分最多的阶段,也是田间管理最关键的时期,决定着果穗数、果穗大小和每穗籽粒数的多少。田间管理的中心任务是:促叶、壮秆,重点是促中、上部叶片增大,尤其是"棒三叶",达到茎秆粗壮敦实,穗多、穗大的丰产长相。

3.花粒期阶段(抽雄到成熟)

玉米从雄穗开花到籽粒成熟为花粒期阶段,也称之为生殖生长阶段,这一阶段主要是玉米的籽粒产量形成阶段。田间管理的中心任务是:保叶护根,防止早衰,保证正常灌浆,争粒多、粒重,实现高产。

(二)玉米的生育期和生育时期

1.玉米的生育期

玉米从播种到成熟所经历的天数,称为生育期。我国栽培的玉米品种,生育期一般在

90～180 d。

根据玉米一生所需≥10℃的积温多少及熟性不同,生产上一般划分为早熟、中熟和晚熟3大类型。

(1)早熟类型　春播生育期90～120 d,所需积温2 000～2 300℃;夏播(或复播)75～90 d,所需积温1 800～2 100℃。此类品种的植株较矮,叶片较少,一般在14～17片,果穗和籽粒较小,千粒重150～250 g,一般产量较低。

(2)中熟类型　春播生育期120～150 d,所需积温2 300～2 600℃;夏播85～95 d,所需积温2 100～2 300℃。此类品种植株生长中等,叶数适中,总叶数18～20片,果穗和籽粒中等,千粒重200～300 g,产量中等偏高,栽培管理水平高,也可实现高产。

(3)晚熟类型　春播生育期150～180 d,所需积温2 600～3 100℃;夏播100 d以上,所需积温2 500℃。此类品种植株高大,茎秆粗壮,叶数多,总叶数21～25片,果穗粗大,籽粒重,千粒重300～350 g,产量潜力较高。

2.玉米的生育时期

玉米从播种到新的种子成熟的整个生育过程中,由于器官形成和栽培环境作用,其外部形态和内部构造呈现出一系列明显变化,这些可根据不同阶段的生育变化划分为不同的生育阶段,称为生育时期。

(1)出苗　种子发芽出土,苗高2 cm左右,称为出苗。

(2)拔节　雄穗分化进入伸长期,茎节长度2～3 cm,称为拔节。

(3)抽雄　雄穗尖端从顶叶抽出时,即天花露出可见,称为抽雄。

(4)开花　雄穗上部开始开花授粉,称为开花。

(5)吐丝　雌穗上部的花丝开始抽出苞叶,称为吐丝。

(6)成熟　果穗苞叶枯黄而松散、籽粒尖冠出现黑层(达到生理成熟的特征),乳线消失,干燥脱水变硬,呈现本品种固有特征,称为成熟。

一般大田中,各生育时期和标准以群体达到50%以上,作为全田进入各该生育时期的标志(图6-2至图6-7)。

图6-2　玉米出苗

图6-3　玉米拔节

图 6-4　玉米抽雄

图 6-5　玉米开花

图 6-6　玉米吐丝

图 6-7　玉米成熟

三、玉米的器官建成

(一)玉米营养器官的形态、生长与功能

1.根的形态、生长与功能

玉米的根为须根系,根系强大,根的重量占全株总重量的 $12\%\sim15\%$。包括初生根(种子根、胚根)、次生根(节根、不定根)和支持根(气生根、支柱根)3 种(图 6-8)。

(1)初生根　又叫胚根或种子根,种子萌发时,先从胚部长出胚芽和一条幼根,这条根垂直向下生长,可达 $20\sim40$ cm,称为初生胚根。经过 $2\sim3$ d,下胚轴处又长出 $2\sim6$ 条幼根,称为次生胚根。这两种胚根构成玉米的初生根。它们很快向下生长并发生分枝,形成许多侧根,从而形成了密集的初生根系。其功能主要担负吸收和供应苗期所必需的水分和养分的任务。

(2)次生根　又叫节根,是生长在地下茎节上的一种根,是玉米根系的主体。当玉米幼苗长出 2 片时,第一层节根开始出现,数目为 $4\sim6$ 条,节根一般为 $4\sim7$ 层,总根数可达 $50\sim$

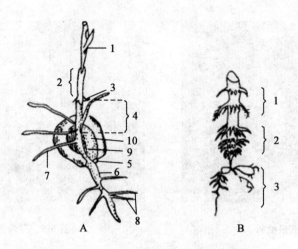

图 6-8　玉米根的种类(杨方正仿绘)

A:玉米种子发芽时的初生根　1.第一片叶子　2.胚芽鞘　3.节根　4.中胚轴

5.胚根鞘　6.胚根　7.次生胚根　8.侧根　9.下胚轴　10.盾片

B:玉米的根层　1.地上节根(气生根)　2.地下节根(次生根)　3.初生根

120条。玉米次生根数量多,而且会形成大量分枝和根毛,是中后期吸收水分、养分的重要器官,还起到固定、支持和防止倒伏的作用。

(3)支持根　又叫气生根,玉米从拔节到抽雄,近地表茎基1~3节上发出一些较粗壮的根,称支持根,一般有2~3层。它入土后可吸收水分和养分,并具有强大的固定支持作用,对玉米后期抗倒增产作用很大。根据研究,支持根中含有多种氨基酸,其含量比普通节根中多10~20倍,其合成的大量氨基酸能供给植株生长所需,对果穗增产十分有利。

2.茎的形态、生长与功能

茎由节和节间组成,节的数目与品种类型有关,一般有15~24个,其中位于地下的紧缩节有3~7个。节与节之间的距离称之为节间,其长度表现为:基部粗短,向上逐节加长,至穗位节以上又略有缩短,而以最上面一个节间最长,且细,粗度由粗变细。不同的品种和不同的栽培条件对茎秆的高度有很大的影响,一般早熟品种矮于晚熟品种,同一品种在高水肥条件下种植,比在旱薄地上种植要高。茎的功能主要是支撑植株生长、运输水分和养分、合成和储藏营养物质以及暂时储藏叶层制造的光合产物,以便在生长后期向穗部转运。

3.叶的形态、生长与功能

玉米的叶由叶片、叶鞘、叶舌组成。叶片由表皮、叶肉和叶脉组成,叶鞘紧包茎节,叶舌着生在叶片和叶鞘的交接处,起防止病虫害进入叶鞘内的作用。叶片数量与玉米生育期长短、植株高度、单株叶面积呈正相关,一般来说,早熟品种有12~16片,中熟品种有17~20片,晚熟品种有21~24片,春种比夏秋种较多。叶片的大小一般表现为中部叶片大于上部叶片,上部叶片又大于下部叶片,其中以果穗位及其上、下各一片叶(称为棒三叶)为最大。叶的功能主要表现为光合、蒸腾和吸收作用(图6-9)。

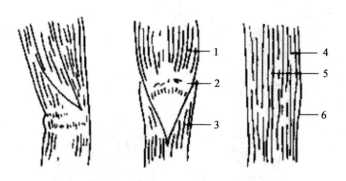

图 6-9　玉米的叶片(杨方正仿绘)

1.叶片　2.叶舌　3.叶鞘　4.叶脉　5.主脉　6.叶缘

(二)玉米的生殖器官

1.花序

玉米为典型的异花授粉作物,天然杂交率在90%以上。玉米雄雌花序同株异位,雄花序生长在植株的顶部为圆锥花序,雌花序生长在植株的中部叶腋内为肉穗状花序。

(1)雄花序　又叫雄穗,由主轴、分枝、小穗和小花组成。雄穗分枝的数目因品种类型而异,一般为10~20个。一般雄穗从顶叶叶心中抽出2~5 d开花,60%植株开花为盛花期。开花适宜的温度为20~28℃,低于18℃或高于38℃,雄花不开放。开花适宜相对湿度为65%~90%。每天上午7—11时开花最盛,因而人工授粉应在上午9时前后进行(图6-10)。

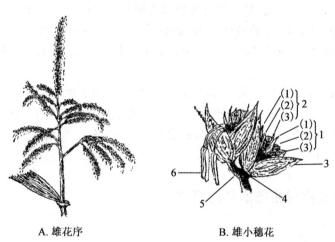

A.雄花序　　　　　　　　　　B.雄小穗花

图 6-10　玉米雄花序及其小穗花

1.第一小花:(1)外颖 (2)花药 (3)内颖　2.第二小花:(1)外颖 (2)花药 (3)内颖
3.护颖　4.无柄小穗花　5.有柄小穗花　6.花药

(2)雌花序　又叫雌穗,由穗柄、穗轴、苞叶和雌性小花组成。穗轴颜色为白色或红色,其粗细因品种而异,穗轴占穗重的比率为20%~25%;每穗行粒数为12~18行,每行粒数15~70,每穗粒数为200~500粒,果穗行数、行粒数或穗粒数的多少,主要取决于品种的遗传特性,但也和栽培条件密切相关(图6-11)。

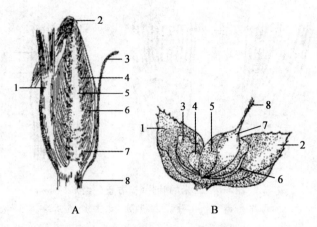

图 6-11 玉米的雌花序及其小穗花（杨方正仿绘）

A:雌花序　1.茎　2.花丝　3.叶片　4.雌小穗　5.穗轴　6.苞叶　7.腋芽　8.穗柄

B:雌小穗花　1.第一颖　2.第二颖　3.退化花外颖　4.退化花内颖

5.结实花的内颖　6.结实花的外颖　7.子房　8.柱头

一般春玉米出苗后 35~40 d,夏玉米出苗 20 d 以后开始雌花发育,雌花由子房、花柱、柱头组成,花柱和柱头合称花丝,花丝露出苞叶称之为吐丝,即雌穗开花。一般雌穗比雄穗晚开花 2~5 d,也有同时开花的,如拔节抽穗期遇旱,就会使雌花和雄花开花间隔天数延长,花期不遇,授粉受精不良,造成缺粒秃顶。

2.种子与果实

玉米的种子实际上是果实,其外形有的顶部近圆形,籽粒平滑,如硬粒型玉米;有的扁平而顶部凹陷,如马齿型玉米;有的表面皱缩,如甜玉米;有的籽粒椭圆、顶尖,如爆裂玉米等。千粒重一般为 300 g 左右,低的仅有 100 g 左右,高的可达 400 g 以上。颜色有黄、白、紫、红和花色等多种。

玉米的种子有种皮、胚乳和胚 3 部分组成。种皮占种子的 6%~8%,胚乳占 80%~85%,胚占 10%~15%。胚是种子的生命中心,具有根、茎、叶的"胚胎",种子发芽后,生长发育为玉米植株。胚的营养价值很高,玉米油分的 83.5% 左右聚集在胚内,因此胚的含油量很高。

四、玉米生长发育对生态条件的要求

(一)温度

玉米原产于中南美洲热带高山地区,在长期的系统发育过程中形成了喜温好光的特性,整个生长过程都要求较高的温度和较强的光照条件,其中温度是影响玉米生育期长短的决定性因素。

玉米种子在 6~8℃条件下即可发芽,但发芽速度较慢,10~12℃时发芽较快,生产上常以 5~10 cm 温度稳定在 10~12℃作为适时早播的温度指标,土温较低时,苗色发黄、发红,易形成弱苗。一般来说,玉米播种到出苗最适宜的温度是 28~35℃,超过 40℃则幼苗停止发育;拔节期,适宜温度为 18~22℃;抽雄开花期,适宜温度为 24~26℃,当抽雄开花期气温高于 32~35℃,湿度在 30% 条件下,造成高温杀雄;籽粒形成和灌浆期间,适宜温度为 22~

24℃,花粒期当温度低于 16℃ 或高于 25℃ 时均不利于营养物质的制造、积累和运输,进而影响籽粒重量,形成缺粒或秕粒。

玉米全生育期≥10℃的日均温的累计之和叫活动积温。北方玉米品种以春播为标准,大体划分为三类:早熟品种活动积温为 2 000～2 200℃,中熟品种活动积温为 2 200～2 500℃,晚熟品种活动积温为 2 500～3 000℃。各地种植玉米应依据当地的气候条件,选用适宜的高产杂交种。

(二)光照

玉米是喜光短日照作物,全生育期需要强烈的光照。平均每天要有 7～11 h 的日照,玉米才能通过光照阶段。玉米对光的需求较高,即使在盛夏中午强烈的光照条件下,也不会出现光饱和现象,因此,玉米要合理密植,其饱和点为$(5～9)×10^4$ lx,补偿点为 1 500 lx 左右,只有光照充足,才利于产量形成。一般来说,早熟品种对光照不甚敏感,晚熟品种较为敏感。

(三)水分

玉米一生对水分的需求随着生育进程的变化而不同,全生育期的需水规律大体是,苗期植株幼小,苗小叶少,以生长地下根系为主,表现耐旱,生产上进行蹲苗促壮;拔节后植株生长迅速,株高叶多,需水量逐渐增大;在抽雄前 10 d 至抽雄后 20 d 的 1 个月内,消耗水量很多,对水分需求很敏感;开花期需水最多,是玉米需水的临界期,若缺水会造成"卡脖子旱",减产损失严重;灌浆乳熟期后消耗水量逐渐减少。春、夏玉米需水规律大体相似,但夏玉米播种时外界气温高,苗期生长快,前期耗水远比春玉米多,应提早灌水。

(四)土壤及养分

玉米根系发达,根量大,分布广,入土深度达 1 m 以下。玉米全生育期要求土壤具有较高的肥力水平,有机质含量丰富,速效养分多,一般要求土壤含有机质 1.2% 以上,碱解氮 70～80 mg/kg,速效磷 15 mg/kg。

玉米是一种需氧较多的作物,根系进行呼吸活动,必须由土壤供给充足的氧气。种植玉米的土壤应具有水稳性团粒结构,这样才具有良好的通气性,利于根系发育,进而促进茎叶生长,植株上下营养物质顺利转运和交换。如果土壤通透性不良,供氧不足,根系呼吸作用受到抑制,植株对多种营养元素特别是氮、磷吸收利用能力变弱,形成黄苗。

土壤耕作层在 30 cm 以上,是保证玉米高产稳产的基础。

高产玉米田的土壤熟化层应深厚、疏松,有机质含量丰富,具有水稳性团粒结构,耕作层以下较紧实,活土层中渗水性好,心土层保水性强,使底墒充足,具有较强的抗旱能力。

玉米抗碱能力比小麦、棉花、甜菜等作物都弱,在盐碱地上种玉米很难获得高产,须先行洗碱改良,保证土壤含盐量在 0.3% 以下。

▶ 五、玉米产量构成因子及测产方法

(一)玉米产量构成因子

产量主要构成因子包括单位面积穗数、穗粒数、粒重。

单位面积理论产量公式计算为:

$$理论产量=单位面积穗数×穗粒数×粒重$$

(二)玉米测产方法

1.选点取样

玉米单株生长量大,单株差异大,选点取样的代表性与测产结果的准确性关系较大。应随机选点并注意均匀布点。选点数目依面积大小和长势而定。田块大、地形复杂、长势不均的应适当增加样点数,反之减少样点数。一般采用对角线 5 点取样,每点取样 10～20 株,不得少于 10 株。

2.单位面积实际株数测定

平均行距测定:无论等行距、宽窄行或间套种的玉米,都应量 21 行间垂直距离,再除以 20 即得平均行距。

平均株距测定:每个田块应选择 3～5 行或更多,要求所选的行株分布均匀。每个点量 21 株的株间连续距离,再除以 20 即得平均株距。

$$每公顷株数＝10\ 000/(平均株距(m)×平均行距(m))$$

3.平均结穗率测定

在样点中,按随机顺序数 20 株的总穗数,各点平均得单株结穗率,并随时记录空秆数和双穗率。

4.果穗粒数测定

每点从中选取 10～20 个果穗,不摘取果穗,剥开苞叶数其行数和粒数。顶端有秃顶和结实粒不齐的可少数 1～2 粒,求出果穗平均结实粒数。也可晒干后实测。

5.千粒重的测定

收获时可随机取样重复 3 次,取较接近的两次,算出平均值。预测可依据上一年或该品种常年一般的千粒重计算。

6.产量计算

$$产量(kg/hm^2)＝株数/hm^2×单株结穗率×单穗实粒数×千粒重(g)×10^{-6}×折扣率$$

为了接近实产,计算结果应适当扣除收获等损失(折扣率),一般为 80％～90％,可取 85％来计算。

第二节　玉米膜下滴灌栽培技术

(以新疆石河子地区为例,其他地区应因地制宜参考)

▶ 一、机械整地、施肥

膜下滴灌机械整地总的原则是,适时翻耕、精细平整,消灭坷垃,清除杂草根茬,根茬粉碎还田或清除,结合施足底肥,而后铺带、覆膜。

一般情况下,使用两铧犁或四铧犁翻转犁犁地,犁地前要调整好犁体间距,深施底肥,一般施农家肥 15～30 t/hm²,玉米专用肥 40 kg 做底肥,要求耕深一致,以破碎犁底为原则,一般深松耕深 25～30 cm;使用联合整地机进行大块土坷垃破碎、耪平、镇压,达到待播状态。

二、种子处理

(一)选用良种

根据生态条件,因地制宜选用增产潜力大、根系发达、抗逆性强、适于密植的耐密型和半耐密型品种。

(二)精选种子

为保证播种的质量,播前要选种,玉米种子应保持较低的含水量,以果穗贮藏为好。一般对选好的种子应提早做发芽试验,保证种子的发芽率达到90%以上,纯度和净度不低于98%,含水率不高于14%。

(三)种子处理

(1)晒种 播前3～5 d,选择晴朗微风的天气,将种子摊开在阳光下翻晒2～3 d,以打破种子的休眠,提高发芽势和发芽率。

(2)种子包衣 选用适宜的多功能种子包衣剂进行包衣,预防玉米系统性侵染病害、地下害虫及鼠害。按照使用说明将药与种子搅拌均匀,摊开阴干后即可播种。要严格掌握种子包衣剂的使用剂量,以防药害(图6-12、图6-13)。

图6-12 玉米选种

图6-13 玉米种子包衣与晒种

三、种植方式

膜下滴灌玉米采取宽窄行、穴播种植,株行距配置为30 cm＋70 cm,平均行距50 cm,株距22 cm,密度90 000株/hm²,田间种植方式为"一膜一管两行",滴灌带铺设在膜下两行玉米中间(图6-14)。

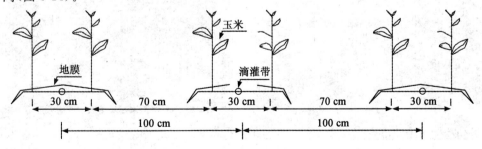

图6-14 膜下滴灌玉米种植模式

四、铺设滴灌带、覆膜和播种

1. 适时早播

玉米种植一般要求,当地表 5 cm 温度达到 8~9℃或日均气温达 10~12℃以上时即可开始整地、播种,播深 3 cm,如果土壤墒情较差,可以采取干播湿出,在播种后及时滴水出苗。

2. 播种前土壤处理

播种前喷施封闭除草剂,一般防除禾本科杂草可选用 50%乙草胺 2 000 mL/hm²;防除阔叶杂草可选用 50%甲草嗪 1 050 mL/hm²;对于禾本科和阔叶杂草混生地块可选用 50%乙草胺 1 950 mL/hm²+40%莠去津 2 250 mL/hm² 防治;各措施中药剂均兑水 375~600 kg/hm²,并均匀喷洒于土壤表面。

3. 铺设滴灌带、覆膜和播种

用拖拉机作为动力,采用玉米膜下滴灌多功能精量播种机播种,能将铺滴灌带、喷施除草剂、覆地膜、播种、掩土、镇压作业一次完成,作业速度 2.5~3.0 hm²/d。采用膜上播种可节省引苗和掩苗操作过程,播种时可不考虑土壤墒情,可干播。播种质量标准要求,"播行端直、下籽均匀、行距固定、播深一致、覆土严密、镇压确实、铺膜平直、膜边压土紧实"(图 6-15)。

五、田间管理

(一)苗期管理

出苗前及时检查发芽情况,如发现粉种、烂芽,要准备好补种用种或预备苗;玉米出苗显行后,开始中耕。出苗后及时查苗、补苗,一般 4~5 叶时等距定苗,要将弱苗、病苗、小苗去掉,定苗结合株间松土,消灭杂草,若遇缺株,两侧可留双苗。在 11~12 片叶时滴第一水,根据土壤墒情和玉米长势适当进行"蹲苗",一般情况下,当苗颜色深绿,长势旺盛,土壤肥沃,墒情好时应进行蹲苗;反之,不宜蹲苗。

(二)滴水

一般情况下,玉米全生育期共滴水 9~10 次,平均每次灌水定额 450~600 m³/hm²,全生育期灌溉定额 4 500~6 750 m³/hm²,具体滴水量还应视土壤、天气和玉米生长状况及特性适当调整,以获得高产(图 6-16)。

图 6-15 玉米铺带、覆膜和播种

图 6-16 膜下滴灌玉米滴水施肥

1.播种至出苗期

若"干播湿出",应具体根据天气情况播种后适时滴水出苗,滴水 1 次,灌水定额 300～450 m^3/hm^2。

2.苗期

一般情况下滴水 1 次,灌水定额 600～750 m^3/hm^2 为宜。

3.穗期

随着苗的生长而需水量逐渐增多,穗期灌水 3 次,灌水周期为 7～10 d,拔节期第 1 水要灌足灌匀,灌水定额 450～675 m^3/hm^2,雄穗开花期灌水 2 次,每次灌水定额 450～675 m^3/hm^2(图 6-17)。

4.花粒期

花粒期一般灌水 5 次,灌水周期为 7～10 d,散粉吐丝期 2 次,灌水定额 450～750 m^3/hm^2,灌浆成熟期 3 次,灌水定额 450～750 m^3/hm^2(图 6-18)。

图 6-17　滴灌玉米穗期　　　　　图 6-18　滴灌玉米灌浆期

(三)施肥

1.施肥基本原则

基本原则是增产增效、培肥地力、平衡施肥。玉米的施肥采用有机、无机相结合的原则,同时要注意施肥技术与高产优质栽培技术相结合,尤其要重视水肥一体化调控。

2.施肥方法

施好基肥,带上种肥,分配较大比例肥料作为追肥供作物后期生长利用,并有利于发挥水肥耦合的效应。基肥施肥可采用深施、条施、撒施的施肥方法,肥料入土深度应在 10 cm 以下。

3.施肥量

(1)施肥总量　一般情况下玉米目标产量 12 t/hm^2 下各种养分施肥量氮、磷、钾及硫酸锌肥分别为:N 为 270～290 kg/hm^2,P_2O_5 为 90～100 kg/hm^2,K_2O 为 40 kg/hm^2,硫酸锌为 15～22 kg/hm^2。

(2)基肥　基肥应选择品质有保证的肥料,有机肥应选择腐熟的有机肥或商品有机肥。一般情况下,在玉米播种、耕翻前施入农家肥,可用 50%磷肥、<20%的氮肥混匀后条施,再将 15～22.5 kg/hm^2 的微肥七水硫酸锌与 2～3 kg 细土充分混匀后撒施,然后将撒施基肥

实施耕层深施。用量一般为:农家肥 $15\sim30$ t/hm²,N 为 70 kg/hm²,P_2O_5 为 55 kg/hm²,硫酸锌为 $15\sim22.5$ kg/hm²。

(3)种肥　一般播种时施 75 kg/hm² 磷酸二铵做种肥,如果施过基肥,则可适当减少种肥用量。

(4)追肥　追肥选择滴灌专用肥,主要以磷肥用量为基础,不足的氮肥用单质氮肥如尿素补足。追肥可根据土壤养分状况和玉米的生长发育规律及需肥特性结合滴水施入,将剩余的 80% 的氮肥、50% 的磷肥、全部钾肥分别在各生育期随水滴施,以确保对氮素营养的需求(表 6-1)。

表 6-1　玉米追肥推荐量(纯养分)　　　　　　　　　　　　　　　　　kg/hm²

| 养分 | 苗期 | | 拔节期 | | 大喇叭口期 | | 抽雄期 | | | 灌浆期 | |
	第1次	第2次	第3次	第4次	第5次	第6次	第7次	第8次	第9次
N	16～17	33～38	32～34	32～33	30～33	30～33	31～33	26～30	25～30
P	0	0	15～21	18～21	15～21	15～21	15～21	0	0
K	0	0	15～21		15～21	0	0	0	0

(四)中耕除草

除草主要是除去垄间的杂草,一是人工除草,二是机械除草,机械除草要注意玉米植株的高度,如果除草过晚,植株达到一定高度后拖拉机无法进地,三是化学除草,在玉米生长 $3\sim5$ 片叶时进行化学除草,选用苗后茎叶除草剂,严格按使用说明进行喷施。

(五)防治病虫害

(1)选用抗病品种,播种前用种衣剂拌种。

(2)一般情况下,在苗期至拔节期,针对玉米瘤与黑粉病可采用叶面喷施好力克或甲基托布津进行防治;对田间出现的地老虎幼虫,可采用菊酯类农药连喷 2 次,间隔时间 $5\sim7$ d 进行防治;大喇叭口期,玉米螟和棉铃虫可选用 3% 呋喃丹颗粒剂 30 kg/hm²,加细沙 5 kg 拌匀灌心进行防治;针对红蜘蛛和叶蝉在早期点片发生时,可选用哒螨灵 1 000 倍液或 40% 乐果乳油 1 500 倍叶面喷洒防治;发生大、小斑病用代森锌 1 000 倍液防治。

(3)对地下害虫也可采用随水施药的措施进行防治。

(六)化学调控

因种植密度大、温度高、水分足,植株生长快,为防止倒伏,要采取化控措施控制玉米的株高,一般情况下,在叶龄指数 60%～70%(抽雄前夕)时应喷施玉米健壮素或乙烯利 $600\sim800$ mg/L 控制株高,以利于防倒和增产。为了改善田间通风透光条件,减少养分的损失,有条件的在清除田间和地头大草的同时打掉玉米无效分蘖和主茎上的无效小穗。

(七)收获及脱粒

在全田 90% 以上的植株茎叶变黄,果穗苞叶枯白,籽粒变硬(指甲不能掐入),显出该品种籽粒色泽时,玉米即可成熟收获。可采取人工收获或机械收获,可地面堆放。收获后要及时进行晾晒,籽粒含水量达到 20% 以下时脱粒。

第三节 青贮玉米滴灌栽培技术

（以新疆石河子地区为例，其他地区应因地制宜参考）

玉米是高产的饲料作物，茎秆含蛋白质 5.9%，粗脂肪 1.6%。青饲料中淀粉、可溶性碳水化合物和蛋白质含量高，纤维素和木质素含量低，牲畜适口性好、消化率高，青贮玉米是发展畜牧养殖业必不可缺少的饲料原料。

以新疆石河子地区青贮玉米滴灌栽培为例，采用滴灌技术种植青贮玉米，产量可达到 97.5～133.5 t/hm²。

一、基础条件

选择前茬优良（绿肥茬或施用有机质的茬口），土层深厚、肥沃，土壤有机质含量在 1.2% 以上，碱解氮 50 mg/kg 以上，速效磷 12 mg/kg 以上，土壤含盐量 0.2% 以下。土地耕深达到 25 cm 以上，并且耕深一致，翻垡均匀；秸秆还田和绿肥地要切茬，翻埋良好；非绿肥地耕翻前基施优质厩肥 30～45 t/hm²。在条件允许的情况下，一般土地要求秋耕冬灌，灌水均匀，渗透一致，早春进行耙糖保墒，整平待播，应有良好的灌排条件。

采用测土平衡施肥。每公顷总用肥量为尿素 375～450 kg，磷酸二铵或三料磷肥 150～225 kg；纯 N 与 P_2O_5 的比例为 1∶0.4。将氮肥总用量的 30% 及磷肥总用量的 80% 作基肥全层深施。增施氮肥会使青贮玉米的植株明显增高，茎秆变粗，单株总叶片、绿叶数和叶面积系数和单株鲜重增加，从而提高单产。增施磷肥能促进幼苗的根系发育，提高青贮玉米的耐旱性。增施钾肥能提高玉米的耐旱性和抗倒伏能力。当土壤缺钾时，玉米生长受阻，节间缩短，植株瘦弱，容易倒伏。

二、播前准备

1. 种子准备

根据当地气温、光照等气象条件进行分析，选择单位面积青饲产量高的品种，常见青贮玉米品种有 SC704、新饲玉 11、12、13 号等。这里选用新饲玉 12 号品种，具备植株高大、茎叶繁茂、抗倒伏、抗病虫和晚熟、不早衰等特点；生长势强，株高 3.7～4.2 m，茎秆粗壮，穗位适中，穗位高 1.65 m，整齐度好；保绿性好，气生根发达，抗倒性强，高抗矮花叶病，抗各种叶斑病和锈病。

选用二级以上良种（纯度在 96% 以上，净度在 98% 以上，发芽率不低于 85%，水分含量不高于 13%）。种子色泽光亮，籽粒饱满，大小一致，具有该品种固有特征且无虫蛀、破损。

2. 种子处理

在播种前一周晒种 2～3 d，提高玉米发芽势，促进种子吸水快、发芽早、出苗齐，从而提高种子的出苗率。

一般种子须经种衣剂包衣，苗期地下害虫严重的地区应选择含有杀虫剂的种衣剂。未进行包衣的种子可用 50% 辛硫磷乳剂，按用种量的 0.25% 加少量水拌种，以防治地老虎等地下害虫；用 25% 粉锈宁按用种量的 0.4% 拌种或用硫酸铜按用种量的 0.5% 拌种，均可防治黑粉病。

3. 土地准备

播前精细整地,质量达到"齐、平、松、碎、净、墒"六字标准。施足底肥,增施有机肥是青贮玉米高产的重要措施。青贮玉米的产量随着有机肥的施用量增加而上升,特别是在连茬地块中有机肥的作用更加明显。品种的抗旱性、抗病性和抗倒伏性可以通过增施有机肥来改善。播前选用50%乙草胺1.5～2.25 kg/hm² 或禾耐斯1.2～1.8 kg/hm² 进行土表喷雾,喷后立即进行对角耙地混土。

4. 播种机具准备

采用精量点播机,调好播量、株行距及划行器,谨防断条。覆膜栽培的需要调试好覆膜机具,达到待播状态。

▶ 三、播种技术

适期播种,提高播种质量,对争取青贮玉米早苗、全苗、齐苗、壮苗有十分重要的意义。

1. 适期播种

青贮玉米对播种温度要求较高,且幼苗抗低温能力较差,当气温降到−2℃会出现冻害。青贮玉米的播种期选择应因地制宜,一般应在玉米吐丝时平均温度不低于22℃为限,当5～10 cm 土层温度达到9～10℃时及时播种,覆膜玉米可适当提前。适时早播可以延长青贮玉米的生育期,特别是营养生长期的生长,为玉米植株的生长发育,植株健壮积累更多的营养物质,达到提高青贮玉米产量和质量的双重目的。由于苗期气温偏低,地上部分生长缓慢,致使幼苗生长健壮,根系发达,茎秆粗壮,节间短密,从而提高抗旱和抗倒伏的能力。适时早播还可以使青贮玉米在地老虎发生前,玉米苗已经长大,减轻缺苗和断垄现象。

另外,全苗是高产的基础,对播种时墒情较差的条田,可适当补水补肥增墒,做到"干播湿出"。

2. 种植模式

青贮滴灌玉米常用种植模式:①采用宽窄行种植,行距 30 cm＋50 cm＋30 cm＋50 cm,即宽行行距 50 cm,窄行行距 30 cm,株距 20 cm,"1膜1管2行"。②行距为 20 cm＋50 cm＋20 cm＋60 cm,株距 23～25 cm,选用 1.2 m 宽地膜,"1膜2管4行",滴灌带铺设在膜下两行玉米中间(图 6-19)。

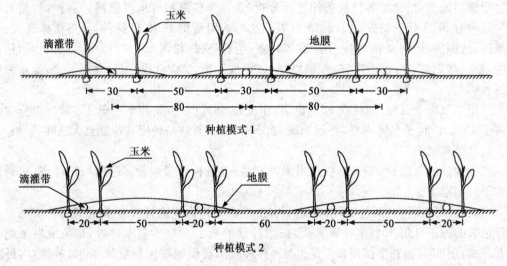

图 6-19　膜下滴灌玉米种植模式(单位:cm)

3.播种量及密度

播种量在 52.5～60 kg/hm²,保证基本苗在 97 500～112 500 株/hm²。播深以 4～5 cm 为宜,土壤黏重,墒情较好,可适当浅些;疏松的沙壤土地,可适当深些。在土壤墒情、肥力较好的土壤播种过浅,会在苗期产生大量无效分蘖。青贮玉米一般应根据当地气候、土壤条件先做种植密度试验,根据结果确定单位面积株数,再大面积种植。

4.播种质量

按精准播种技术要求,达到"播行端直,接行准确,下籽均匀,深浅一致,覆土良好,镇压严密,一播全苗"。地膜覆盖玉米采用膜上点播,铺膜平展,压膜严实。

5.铺设滴灌带、覆膜及播种

用拖拉机作为动力,采用玉米膜下滴灌多功能精量播种机播种,能将铺滴灌带、喷施除草剂、覆地膜、播种、掩土、镇压作业一次完成,播种后随即安装地面管件。

四、田间管理

(一)定苗与松土

当植株长出 3～5 叶时定苗。留苗密度 97 500～112 500 株/hm²。留苗要均匀,去弱留强,去小留大,去病留健。定苗结合株间松土,消灭杂草。

(二)防治地下害虫

在种子包衣或药剂拌种的基础上,若田间仍出现地老虎幼虫,可在 5 月下旬用菊酯类农药连喷两次,间隔时间 5～7 d。

(三)灌水施肥

玉米是耐旱喜水作物,耐旱性主要表现在苗期,喜水性主要表现在玉米拔节以后。一般情况下,青贮玉米全生育期共滴水 7～8 次,全生育期灌溉定额 3 750～4 500 m³/hm²,具体滴水量还应视土壤、天气和玉米生长状况及特性适当调整,以获得高产。以石河子为例,从播种开始到进入蜡熟期收割,共滴水 7～8 次为宜。

(1)播种 "干播湿出",应具体根据天气情况播种后适时滴出苗水 1 次,灌水定额 300～450 m³/hm²。

(2)苗期 滴水 1 次,灌水定额 600～750 m³/hm² 为宜。

(3)穗期 随着苗的生长而需水量逐渐增多,穗期灌水 3 次,拔节期水要灌足灌匀,灌水定额 750～900 m³/hm²,并滴施氮肥尿素 75 kg/hm²;雄穗开花期灌水 2 次,灌水定额 450～600 m³/hm²,并滴施液氨 45 kg/hm²。

(4)花粒期 一般灌水 3 次,散粉吐丝期 2 次,灌水定额 450～600 m³/hm²,滴施尿素 75 kg/hm²;灌浆期 1 次,灌水定额 600～750 m³/hm²。

(四)防止倒伏

青贮玉米发生倒伏以后不仅影响产量,而且还会对青贮玉米饲料的品质造成影响。防倒伏除了选用具有抗倒伏特性的品种外,在栽培措施上还可采取以下方法:适当深耕促进作物的根系发育;蹲苗;培土壅根;合理水肥供应,注意氮、磷、钾肥的合理搭配。

(五)收获

青贮玉米的收获标准是植株青绿,空秆率 10% 以下,整株玉米的最佳干物质含量在28%～35% 之间,青贮植株含水量 65%～70%,一般抽雄后 25～28 d,即籽粒乳熟后期至蜡熟前期收获为最佳。

1.确立最佳的收获期

据研究,青贮玉米的生物学最高产量在抽雄后 15 d,此时玉米株高、茎粗定形,不再生长。植株的光合作用最旺盛,含水量较高,单株鲜重最高。但是青贮玉米不仅要求获得最高的生物学产量,而且要求有较高的营养价值,适时收割可以获得较高的收获量和优质的青贮玉米品质。据查,青贮玉米在乳熟期鲜重最高,在蜡熟期干物质最多,但蜡熟期的茎秆纤维木质化,消化率较低。所以,青贮玉米的最佳收获期应是产量最高、青贮品质最优的时期。一般的收获期选择在抽雄后 20～25 d,此时玉米处在乳熟后期、蜡熟前期。这个时期植株的鲜重开始下降,但没有快速下降;籽粒开始蜡熟,但没有变硬;绿叶数量没有明显减少,植株水分适宜青贮发酵。

2. 提高收获质量

青贮玉米除了注意收割时期外,还应该注意收获质量。青贮玉米的收割部位在距地面 7～15 cm 为宜。靠近茎基部的茎秆较坚硬,适口性较差,而且下部茎秆养分含量很少,并携带大量的酵母菌、霉菌和污垢,加上干燥的大气环境,有利于青贮窖藏中二次发酵。收割时应避免将泥土收入,以免影响青贮玉米的品质。

第四节　玉米滴灌栽培经济效益分析

一、滴灌优势分析

以石河子滴灌青贮玉米为例,滴灌优势主要体现在:

1. 匀水匀苗

滴灌保证灌水均匀,实现了"高不旱、低不淹",出苗比常规灌溉提高 15%～27%。苗期供水均匀保证青贮玉米生长均匀,达到作物颜色一致,高矮一致,苗齐苗壮。由于不打毛渠,提高了土地利用率,保苗株数提高了 15% 左右,同时提高了水肥的利用率。

2. 省工省力

滴灌青贮玉米由于灌溉方式的转变,不需要人工打毛渠、平毛渠、修中心渠,免除了机械追肥、中耕等机械作业,有利于收割和提高收割质量,减少收割机械的损害。采用滴水冲肥和以水代耕,减少了田间作业,减轻了浇水劳动强度,节省劳力,病虫害的发生概率也有所降低。

3. 节本节水

根据石河子地区的气候特点,常规灌溉青贮玉米所需水量为 5 250 t/hm²,滴灌青贮玉米所需水量为 3 750 t/hm²,可以节约水量 1 500 t/hm²;常规灌溉浇 1 次水需要人工费 225 元/hm²,滴灌浇 1 次水需要人工费 30 元/hm²。浇水费用、中耕费用和打毛渠、平毛渠、修中心渠的费用合计节省 1 605 元/hm²。

4. 增产增收

由于滴灌灌水均匀,有效提高了水肥的利用率,收获时由于地中没有毛渠,可以适当降低留茬高度,丰产效果明显。滴灌青贮玉米比常规灌溉提高产量 30～60 t/hm²,增收 5 400 元/hm² 以上。节省浇水等费用 1 605 元/hm²,扣除滴灌器材折旧费 2 100 元/hm²,实际增收 4 905 元/hm²。

二、经济效益分析

以石河子区种植大田玉米为例(2013 年),使用滴灌方式种植玉米,产量由常规灌溉的 9 750 kg/hm² 增加到滴灌的 15 000 kg/hm²,增产 53.8%,增加收益 6 816 元/hm²(表6-2)。

表6-2 玉米膜下滴灌与常规灌溉收支分析表

项目	常规灌溉				膜下滴灌								
	投入/(元/hm²)	产量/(kg/hm²)	产值/(元/hm²)	收益/(元/hm²)	投入/(元/hm²)		产量/(kg/hm²)	产值/(元/hm²)	收益/(元/hm²)		收益比常规灌溉增减/(元/hm²)	
					折旧前	折旧后			折旧前	折旧后	折旧前	折旧后
一、滴灌设备费用					6 561	2 092.5						
1. 首部装置					750	75						
2. 地下干管及管件					2 250	112.5						
3. 地面支管及管件					675	135						
4. 毛管					1 836	1 530						
5. 安装费					900	90						
6. 年维修费					150	150						
二、生产成本费用	13 211.25				15 327.75	15 327.75						
1. 种子	360				360	360						
2. 地膜	656.25				656.25	656.25						
3. 肥料	2 850				2 490	2 490						

续表6-2

项目	常规灌溉				膜下滴灌								
	投入/(元/hm²)	产量/(kg/hm²)	产值/(元/hm²)	收益/(元/hm²)	投入/(元/hm²)		产量/(kg/hm²)	产值/(元/hm²)	收益/(元/hm²)		收益比常规灌溉增减/(元/hm²)	
					折旧前	折旧后			折旧前	折旧后	折旧前	折旧后
4. 农药	300				315	315						
5. 水电费	1 260				1 125	1 125						
6. 机力费	3 675				3 435	3 435						
7. 人工费	1 290				886.5	886.5						
8. 收获费	1 050				1 200	1 200						
9. 运费	270				360	360						
10. 长期田管	1 500				1 500	1 500						
11. 管理费用					3 000	3 000						
合计	13 211.25	9 750	20 475	7 263.75	21 888.75	17 420.25	15 000	31 500	9 611.25	14 079.75	2 347.5	6 816

注：玉米按照 2013 年平均价 2.1 元/kg 计算。

参 考 文 献

[1] 王荣栋,尹经章.作物栽培学[M].北京:高等教育出版社,1997.

[2] 任志斌,刘东军.新疆石河子地区青贮玉米滴灌高产栽培技术[J].农村实用技术,2009(5):35-36.

[3] 王海波,苑爱云,等.新疆农作物栽培技术[M].2 版.北京:中国农业大学出版社,2011.

[4] 牛生和,梁刚,米立刚,等.膜下滴灌青贮玉米高产栽培技术[J].农村科技,2008(12):8-9.

[5] 王新萍.青贮玉米滴灌高产栽培技术[M].农村科技,2010(4):8-9.

[6] 余建军,李清福,王静.青贮玉米滴灌高产种植技术[M].农村科技,2010(6):17-18.

[7] 丁敏.青贮玉米高产栽培技术要求[J].中国农业信息,2012(19):70.

[8] 安道渊,黄必志,吴伯志,等.青贮玉米栽培技术措施与产量品质的关系[J].中国农学通报,2006(22):192-200.

第六章　玉米膜下滴灌栽培技术

第七章　水稻膜下滴灌栽培技术

第一节　生物学基础

◆ 一、栽培稻的起源

水稻属于禾本科稻属,当今世界栽培的稻种有 2 种,即亚洲稻和非洲稻,前者普遍栽培于世界各地;后者局限于西非一带。

亚洲稻起源于中国至印度的热带地域;非洲稻起源于尼日尔河三角洲。大量研究表明,栽培稻起源于野生稻种。关于栽培稻起源地,近年来较多研究学者认定起源于中国至印度的热带地域,包括印度的阿萨姆、尼泊尔、缅甸、泰国北部、老挝、越南北部直到中国西部和南部热带地区。

野生稻的种类很多,但主要集中分布在亚洲和非洲两个地区,我国南方,如广东、广西、云南、台湾等先后发现有野生稻分布,因此中国也是水稻发源地之一。

◆ 二、水稻的分类

由普通野生稻演变而来的栽培稻在不同地区的自然环境下,经长期的适应和变异,形成了适应不同维度、海拔、季节及不同耕作制度的生态型和品种特性。根据水稻的起源、演变、生态特性和栽培发展过程,可将水稻分类。

1. 籼稻和粳稻

根据水稻生长的气候生态环境不同分为籼稻和粳稻;籼稻生活在南方或盆地等高温环境,粳稻生长于北方或高山等寒冷环境。

2. 早、中、晚稻

根据水稻的生育期(播种—成熟)长短来划分:生育期为 120~130 d 叫早稻或早熟种,130~160 d 叫中稻或中熟种,160 d 以上称晚稻或晚熟种。

3. 水稻和陆稻(旱稻)

通常把种植在水田的稻子叫水稻,种植在旱地上的稻子叫陆稻或旱稻。陆稻是由水稻演变而来的适应于旱地栽培的"旱地生态型"。

4. 黏稻和糯稻

根据水稻米粒的黏度不同将其分为糯稻和非糯稻,糯稻的黏度大于非糯稻。非糯稻的直链淀粉含量在 10%～30%,其余为支链淀粉;糯稻几乎都为支链淀粉。

5.常规稻和杂交稻

根据种子基因来源特性分常规稻和杂交稻。常规稻基因组合单一,能稳定遗传,农户可自留种子;而杂交稻种子是来源强势父母本的组合,每年必须制种,农户不能留种。

三、水稻的生长发育过程

水稻的一生在栽培学上是指从种子萌动开始到新种子成熟为止。在水稻生育过程中,包括两个彼此紧密联系而又性质互异的生长发育时期,即营养生长期和生殖生长期。一般以稻穗开始分化作为生殖生长开始的标志。

(一)营养生长期

是水稻营养体的增长,包括种子发芽和根、茎、叶、蘖的增长,并为过渡到生殖生长期积累必要的养分。分为幼苗期和分蘖期。

(1)幼苗期　从稻种萌动开始至三叶期。

(2)返青期　秧苗移栽后,由于根系损伤,有一个地上部生长停滞和萌发新根的过程,需 5 d 左右才恢复正常生长,这段时间称返青期。

(3)分蘖期　从 4 叶长出开始萌发分蘖直到拔节为止。返青后分蘖不断发生,到开始拔节时,分蘖数达到高峰。杂交水稻由于稀播,通常在秧田即开始分蘖。

(二)生殖生长期

水稻的生殖生长期包括稻穗的分化形成和开花结实,分长穗期和结实期。

(1)长穗期　从穗分化开始到抽穗止,一般需要 30 d 左右,生产上也常称拔节长穗期。实际上从稻穗分化到抽穗是营养生长和生殖生长并进时期,抽穗后基本上是生殖生长期。

(2)结实期　从出穗开花到谷粒成熟,又可分为开花期、乳熟期、蜡熟期(黄熟期)和完熟期。

四、水稻栽培对环境的要求

水稻总体来讲是喜水、喜温作物,而各个生育期对环境要求不同。一般幼苗期在秧田已完成,移栽后缓苗成活的这段时间叫返青期,返青后就开始分蘖(有的在秧田已开始分蘖),就开始穗分化(拔节),在幼穗分化以前,是长根、茎、叶为主的为营养生长期,穗分化到成熟是长穗、花、籽粒等为主的生殖生长期。但水稻对环境的要求主要包含温度、光照、土壤养分和土壤通透性质。

1.温度

稻根生长的最适土温为 30～32℃。超过 35℃生长受阻,加速衰老,吸收能力下降;超过 37℃显著衰退;低于 15℃,生长和吸收能力也都大大减弱;低于 10℃则生长停顿。

2.光照

光照对根系发育和吸收能力起着间接的重要作用。因为光照充足加强了光合作用和蒸腾作用,供给根的养分增多,所以促进了根系的发育,提高了根系活力,增加了根系对无机养料的吸收。在光照不足时,不仅影响根系发育,而且还会使根对各种无机养料的吸收明显地下降。

3. 土壤养分

肥料三要素中,氮素对根的生长和吸收能力影响最大。适量氮素肥料能有效地增加根原基的分化和稻株的发根能力,使单株根数增多,根长变短。缺氮或氮素供应过量,根量都小。配合施用磷、钾肥,对根的生长促进作用更大,不论根数、根量、根长等都有所增加,根系的分布也加深了。

4. 土壤通气性

水稻根系的发生、伸长和对养分的吸收、转化等生理活动,都要有足够的氧气。如果缺氧就会影响根系生长和生理功能,根系活力也会丧失。

◢ 五、水稻产量构成因素及测产

(一)产量构成因素及相互关系

水稻产量是由单位面积上的穗数、每穗粒数、结实率和粒重 4 个基本因素构成,也可分为穗数、粒数(实粒数)和粒重 3 个产量要素。

1. 穗数形成

单位面积上的穗数是由株数、单株分蘖数、分蘖成穗率 3 者组成。株树由插秧的密度和移栽的成活率决定,单株分蘖数决定于分蘖期的管理及水稻的品种特性。在壮秧和适宜的密度基础上,单位面积穗数的多少取决于单株分蘖数和分蘖成穗率。因此,促使分蘖早生快发,保证在有效分蘖达到适宜的茎蘖数,提高分蘖质量和成穗率,最终达到适宜蘖数是分蘖期管理的主攻目标。

2. 粒数形成

决定每穗粒数的关键是在长穗期。穗子大小主要取决于幼穗分化过程中形成的小穗数目及其发育程度。培育壮秆大穗,防止小穗败育是长穗期管理的主攻目标。

3. 结实率和粒重的形成

决定结实率的因素很多,花粉发育状况、受精时期的温度等,未受精或受精后未发育的空壳都影响结实率的高低。粒重及最后形成产量的时期是结实期。水稻的粒重是由谷粒大小和成熟度构成。谷粒大小由谷壳大小约束,成熟度决定于灌浆物质的供应状况。

(二)水稻测产方法

1. 取样方法

小面积地块按照对角线取样法取 5 个样点;10~600 hm² 水稻田以 1.33 hm² 为一个测产单元,每个单元按 3 点取样,共 15 点;超过 600 hm² 高产示范片以 33.3 hm² 为一个测产单元,共 20 个单元,每单元随机取 3 点,共 60 点。每点量取 21 行,测量行距;量取 21 株,测定株距,计算每平方米穴数;顺序选取 20 穴,计算每穴穗数,推算公顷有效穗数。取 2~3 穴调查穗粒数、结实率。千粒重按该品种前 3 年平均值或区试千粒重计算。

2. 产量计算

$$理论产量(kg/hm^2) = 1\ hm^2\ 有效穗(穗) \times 穗粒数(粒) \times 结实率(\%) \times$$
$$千粒重(g) \times 10^{-6} \times 85\%$$

第二节　水稻膜下滴灌栽培技术

一、膜下滴灌水稻的研发历程

(一)国内外水稻节水栽培发展

1.国外研究进展

为了解决水稻栽培与水资源的矛盾,国际水稻所早已把旱稻列为面向 21 世纪的四大战略研究目标之一,由国际水稻研究所组织多国参加的"国际陆稻圃",即世界范围的旱稻区试验至今已进行了 25 年。澳大利亚和美国一些工业化国家虽然水稻种植的历史较短,但已普遍采用直播稻。欧洲水稻生产最大的国家意大利,19 世纪引入水稻,到 1960 年 50％的水稻为移栽稻,到 1989 年直播稻已占稻田面积的 98％。近年来,亚洲各产稻国如马来西亚、泰国、菲律宾、韩国等国家的稻作方式也纷纷从过去传统的移栽稻转向直播稻,直播稻的面积正在不断增加。经过多年研究进展,目前国外主要形成的技术有:美国、日本的纸膜覆盖旱作,半旱作栽培,旱作孔栽法等。

2.国内研究进展

我国从 20 世纪 50 年代开始,就有不少的科技工作者不断地探索水稻节水栽培方法,金千瑜承担的农业部"九五"重点科研项目"水稻全程地膜节水栽培技术研究";郑赛生等的"覆膜直播旱作栽培水稻"研究;康荣等的"地膜覆盖湿润灌栽培技术",都试图用"薄水层"、"间歇淹水"、"半干旱栽培"等水稻"旱作"的方式以打破"水稻水作"的传统种植模式,但都不能做到全生育期无水层栽培。而且都不能做到全程精准施肥和大面积机械化作业,田管难度较大,抑制了大面积推广进程。相比国内外技术,水稻膜下滴灌栽培具有全程无水层灌溉、有效节水 60％以上、机械化程度高、肥料利用率提高 40％、省人工省地、增效益等诸多优势。

(二)膜下滴灌水稻研究进展

1.膜下滴灌技术

在干旱半干旱地区,水资源制约着区域的农业发展、产业结构的调整和作物产量。新疆是一个严重缺水的地区,1998 年膜下滴灌技术在棉花作物上成功的应用,并广泛推广,现该技术已在加工番茄、蔬菜、玉米、小麦、大豆、果树等多种作物上应用成功,显著提高了作物产量,增加了农民收益。据统计,全国 2003—2008 年累计推广应用膜下滴灌技术面积 244.97 万 hm²。目前,我国玉米、小麦、棉花、大豆的全国最高产纪录均出自于膜下滴灌技术,充分证明了膜下滴灌技术的应用在作物提高单产方面的潜力。

2.膜下滴灌水稻研究进展

2002 年,时任国务院副总理李岚清在新疆天业集团视察节水器材生产车间时提出:"能否种植滴灌水稻",这一大胆的提法,引起了新疆天业集团领导的重视。随后,在天业农业研究所成立项目攻关团队,进行世界首创的膜下滴灌水稻栽培技术研究。

2004 年初,新疆天业集团投入资金、技术资源和人力在天业农业研究所实验地进行滴灌水稻栽培初步探索。试验分滴灌水稻、膜下滴灌水稻两种模式,结果表明:运用滴灌种植水稻都能正常出苗,但是,在未覆膜栽培条件下,由于蒸发量大、草害严重、苗期地温低等因素会导致植株停止生长;覆膜栽培有利于提升地温、保水、抑制杂草等优势,使得植株可正常生长发育,但品种选择、水肥管理方法、机械改善等技术措施尤为重要,直接影响产量、品质。

2005—2008 年,集团持续给予支持,在天业研究所进行小面积试验和品种筛选。累计从 400 多个品种中筛选并培育出多个适合膜下滴灌栽培模式的水稻品种;对膜下滴灌水稻的需水需肥规律、种植模式、密度试验和病虫害综合防治技术进行了探索;开发了适宜粮食作物的小流量滴灌带;研发了水稻除芒机和膜下滴灌播种机,使播种、铺膜、铺滴灌带一次完成,提高了膜下滴灌水稻机械化程度,降低了生产成本。历经 4 年的基础研究,天业膜下滴灌水稻机械化栽培研发团队基本掌握了膜下滴灌栽培条件下水稻品种选择方向和指标、需水需肥规律、病虫草害防治方法、品质控制方法等关键技术并制定了地方技术规程。

2008 年小面积试验成功后,2009 年开始进入大田示范并连续 4 年平均产量递增 1.5 t/hm²。期间,2011 年"膜下滴灌水稻机械化直播栽培方法"获得国家发明专利和新疆自治区专利一等奖,2012 年获第十四届中国专利优秀奖。随着"十二五"农村领域首批启动国家高新计划"863"课题的实施,集团在石河子市北工业园区天业化工生态园建设 40 hm² 膜下滴灌水稻示范基地。2012 年兵团科技局组织疆内外专家对示范地 1.5 hm² 田间实测鉴定,平均单产 12.56 t/hm²。

通过 9 年的努力和攻坚克难的科研精神,新疆天业探索出一套世界首创的高产、高效、优质、生态的膜下滴灌水稻现代化栽培技术。该技术打破了水稻水作的传统,全生育期不建立水层,大幅度提高水肥利用率和土地利用率,降低肥料和农药对环境造成的危害,显著减少甲烷气体排放,同时,滴灌平台的建立大幅度降低劳动强度,实现了全程机械化和水肥一体化。

▶ 二、膜下滴灌水稻对品种的要求

(一)株高

水稻植株高度是品种的一个重要特性,也是决定抗倒伏性的主要因素,历来备受稻作研究工作者的重视。水稻株高的遗传育种研究主要有 3 个方面,一是从育种角度分析了株高与产量、抗倒伏性的遗传关系;二是从经典遗传学角度分析了株高是受主基因和微效基因控制的数量性状;三是从分子遗传学水平进行株高性状基因的分子标记定位。新疆天业农业研究所经过 3 年的研究表明:膜下滴灌水稻要求品种的株高在 85~105 cm。

(二)叶片

目前大面积推广的水稻品种很多,根据总叶片数和伸长节间数的多少,可将水稻生育期归纳为如下 5 种类型:

(1)特早熟早稻类型　主茎总叶片数一般在 10 片叶以下,地上部只有 3 个伸长节间。可作连作晚稻秧田前季作物。

(2)早稻类型　主茎总叶片数 11~13 片叶,地上部有 4 个伸长节间。其中早熟品种主茎总叶片数为 11 片叶。中熟品种主茎总叶片数为 12 片叶,迟熟品种主茎总叶片数为 13 片叶。

(3)中稻类型　主茎总叶片数 14~17 片叶,地上部有 5 个伸长节间。此类型 14~15 片叶的品种,如果做双季晚稻栽培,其主茎总叶片数减少到 13 片叶以下,伸长节间数减少到 4 个。

(4)单季晚稻类型 主茎总叶片数一般在 17 片叶以上,地上部有 6 个伸长节间。

(5)双季晚稻类型 全省各地栽培的双季晚稻,一般是用中稻品种和单季晚稻品种。因此,双季晚稻品种生育类型主要有两类,一类是中稻品种做双季晚稻栽培,其主茎总叶片数一般在 13 片叶以下,地上部有 4 个伸长节间;另一类是中稻品种和单季晚稻品种做双季晚稻栽培,其主茎总叶片数在 14~16 片叶之间,地上部有 5 个伸长节间。

膜下滴灌水稻属于特殊栽培条件,对叶片的要求也有区别。因此,在新疆垦区膜下滴灌栽培条件下,对品种的叶片要求是,根据无霜期的长短决定品种的叶片数,要求水稻的叶片数在 9~14 片叶之间。

(三)穗子

穗是水稻产量的最终表达部位,穗部性状在产量构成因素中占有很重要的地位。水稻穗部是贮存光合作用产物的主要场所,是形成经济产量的主要部位。水稻穗形相关性状包括穗长、一次枝梗数和二次枝梗数,是构成稻穗的"基本骨架",对其进行分析研究,对于选育穗长适中、枝梗数分布合理的理想穗形具有重要意义。天业农业研究所筛选品种的要求为穗长在 13~15 cm,单穗重为 2.5~2.7 g。

(四)穗粒数

膜下滴灌水稻的穗粒数与常规旱稻相似,推荐膜下滴灌水稻选用规稻穗总粒数 110 粒左右、穗实粒数 95 粒左右的品种。

(五)千粒重

千粒重是水稻库容量和产量潜力的重要决定因素,是遗传力最高的一个(一般在 80% 左右)。千粒重还是稻米外观品质和蒸煮品质的重要影响因子。膜下滴灌水稻千粒重要求为 23~25 g。

▶ 三、膜下滴灌水稻灌溉制度的建立

(一)膜下滴灌水稻种植对水源要求

膜下滴灌水稻栽培管理过程中,对水分需求高于其他作物。地区、气候及田间长势的差异也造成需水规律的显著差异,总体评价以保证高频灌溉为宜且需全程高压运行以保证滴水均匀。另外出苗及苗期水稻根系对低温极其敏感,在西北、东北等气候冷凉地区需保证苗期水温不低于 18℃(可采用地表水灌溉或晒水达到此需求)。完成上述需求水源需达到如下指标:

物理指标:18℃≤水温≤35℃,悬浮物(SS)≤100 mg/L。

化学指标:pH 为 5.5~7.5,全盐≤2 000 mg/L,含铁量≤0.4 mg/L,氯化物(按 Cl 计)≤200~300 mg/L,硫化物(按 S 计)≤1 mg/L。

不含泥沙、杂草、鱼卵、浮游生物、藻类等物质。

(二)膜下滴灌水稻灌溉制度

灌溉制度是指在一定气候、土壤等条件下和一定的农业技术措施下,按作物生长发育规律,为获得高产、稳产、节水、高效等而制定一套田间适时适量的灌水方案,其包括作物播种

后及全生发育期灌水次数、灌水日期和数量等。灌水定额是指每一次单位土地面积上灌水的数量。全生育期灌水的总量称灌溉定额。由于采用膜下滴灌等方法不同,其灌溉定额有所不同。

膜下滴灌水稻的灌溉制度要根据不同气候、土壤、作物生长程度等因素进行综合考虑。

1. 根据气温确定日常浇水次数及频率

由于膜下滴灌水稻栽培技术能有效杜绝水分的向上蒸发与向下渗漏,所以水稻的需水量主要有两个途径组成。一个是水稻自身生长发育所需,一个是植株蒸腾作用消耗。其中,植株的蒸腾作用主要与气温有关。

膜下滴灌水稻的灌溉与气温关系紧密。如果气温高,植株蒸腾速率大,需水量也大,此时当加大一次的灌溉量,确保植株的正常生长;如果气温过高,西北地区的 7 月、8 月、9 月3 个月,温度高,空气干燥,流动性大,此时可采取多次灌溉的措施,降低植株所受到的影响;反之,如果气温低,空气湿度大,则需要相应降低灌溉量,以免造成不必要的水资源损失。

2. 灌溉时间适宜

与传统淹灌水稻相比,膜下滴灌水稻的土壤温度变化差异较大。行间与膜间,白天与夜间,土壤温度都有很大差异。所以膜下滴灌水稻的灌溉时间需要进行相应的选择。如在白天的高温时段对植株进行灌溉,则可能降低植株根部土壤温度,影响植株根系吸收,减缓植株的生长长势;如在植株生长缓慢的晚间低温时间进行灌溉,因为没有光合作用,则植株对水分的利用率降低,水资源得不到充分利用。

3. 高频灌溉的作用

高频滴灌并没有严格的定义,只是相对于常规灌水而言的。作物生育期或需水关键期灌水频率大于常规灌水时就可以称为高频滴灌。在膜下滴灌平台,对于高频灌溉的研究比较少,主要集中在棉花、向日葵、甜瓜、番茄等作物上,研究结果表明,高频灌溉对植株的生长具有几方面的作用。其一,可以在灌溉定额不变的基础上,提高产量和品质。其二,有利于提高土壤含水率,促进肥料转化率。其三,高频灌溉对植株生长动态具有高效调控作用。

4. 水稻需水量与灌溉方数之间的动态平衡

作物需水量一般以某一阶段或全生育期所消耗的水层深度或单位面积上所消耗的水量(m^3/hm^2)表示。影响作物蒸腾过程和棵间蒸发过程的因子都会对作物需水量产生影响。这些因子很多,其中的主要影响因子可以概括为气象因子、作物因子、土壤水分状况、耕作栽培措施及灌溉方式等。这些因子对作物需水量影响主要是通过对作物棵间蒸发的影响而实现的。

膜下滴灌水稻不同生育期具有不同的水分需求,实际灌溉方数(W_1)与植株需水量(W_0)之间切合得越好,则无效水方数(V)就越小。

$$W_1 - W_0 = V$$

公式中,如果 $V=0$,则为最佳状态。实际情况下,结果往往为 $V>0$。如果 $V<0$,则说明实际灌溉方数过少,影响植株生长。

上面是一个动态公式,实际灌溉方数(W_1)往往取决于植株需水量(W_0),而植株需水量(W_0)则又和土壤结构、气候条件、日照温度等密切相关。在实际生产中不可能随时达到 $V=0$ 的情况,但我们要尽量做到 $V \geq 0$,而 $V<0$ 的情况,尽量避免发生。

5.滴灌自动化

膜下滴灌可按水稻对水分需要科学配水,实现自动化适时适量灌溉,有利节水、增产、增效(图7-1)。

图7-1　节水滴灌自动化系统

自动灌溉系统是按事先设计的灌溉定额和所需灌水量调整自动阀,再开启动系统,当第一个灌水单元灌溉水量,达到预定小时时,计量阀自动关闭,控制压减少。下一个单元受水压计量阀自动打开灌水,直至到预定灌溉量,自动关闭,依此类推,待所有单元灌水完毕后,自动停止。另一类是按土壤水分状况,进行自动监测灌溉,在有代表性稻田,设固定点埋设土壤湿度计,通常是使用张力计,当土壤水分下降时,张力计真空表因压力减少,指针指标的负值上升。当指针与位于灌水值表的负值处的电接点相遇时,电源接通,电磁阀开放,灌溉系统随即供水。当土壤达到一定湿润状况时,真空表指针回到预定负值处的电接点,电源会自动切断,电磁阀关闭,灌水立即停止。

用张力计以负压表示土壤水分状况时,在土壤过干或过湿时误差较大,只有在正常栽培条件下的土壤水分变化范围内才可使用。自动化灌溉系统一般设有手动装置,必要时可用人工调节,用电子计算机自动监测大面积水分状况和自动控制灌溉更为先进。

按膜下滴灌水稻生期的不同(图7-2),具体灌水定额如下:

(1)出苗　出苗水滴 525 m^3/hm^2,重壤土、黏性土可酌情减少滴量。出苗水滴完后及时封洞,防止蒸发,3~5 d后依据气温状况及种子周围土壤湿度确定是否需补充滴水,此期间保持土壤手捏成团、落地不散即可,宁干勿湿。

(2)分蘖期　分蘖初期的0~20 cm根层土壤水分控制下限标准为饱和含水量的85%~90%。控制上限标准为饱和含水量;分蘖中期的0~20 cm根层土壤水分控制下限标准为饱和含水量的80%,控制上限标准为饱和含水量;分蘖末期的0~20 cm根层土壤水分控制下限标准为饱和含水量的70%~75%,控制上限标准为饱和含水量。

(3)拔节孕穗期　拔节孕穗前期的膜内根层土壤水分控制下限标准为饱和含水量的90%,控制上限标准为饱和含水量。拔节孕穗后期的膜内根层土壤水分控制下限标准为饱和含水量的95%,控制上限标准为饱和含水量。此期间需提高灌水频率,适当降低单次灌水量至 225 m^3/hm^2 左右。

(4)抽穗扬花期　此期膜内根层土壤水分控制下限标准为饱和含水量的90%,控制上限标准为饱和含水量。总灌水量控制在 1 500～2 250 m³/hm²。

(5)成熟期　前期膜内根层土壤水分控制下限标准为饱和含水量的 75％,控制上限标准为饱和含水量。后期膜内耕层土壤水分控制下限标准为饱和含水量的 60％。

总灌水量 1 800～2 250 m³/hm²。滴水频率前阶段 2～3 d 一次,后期 3～5 d 一次,成熟前 1 周左右停水。

图 7-2　膜下滴灌水稻 6 个生育期

膜下滴灌水稻栽培过程中在水分管理上应注意的几个问题:膜内耕层土壤水分为田间最大持水量的 70％～75％时,最有利于水稻根系生长发育。控制灌溉表明早熟品种产量较高,晚熟品种相对较低,熟期越晚的品种,水分亏缺时生育期延迟越多,经研究证明在水分胁迫时间长的情况下,水稻生育期的延长是在齐穗期前,也就是营养生长与生殖生长并进期。在分蘖盛期与生殖细胞形成期,长期处于较低的土壤水势,则明显结实率降低。结实期间对低土壤水势反应最敏感的时期为籽粒灌浆初期。

四、膜下滴灌水稻施肥策略

(一)滴灌水稻施肥量的计算

膜下滴灌水稻在肥料三要素的配比上,一般以氮肥为主配合施用磷、钾肥,其总施肥量的计算方法要根据计划产量所能吸收的肥量(计划产量需肥量)及土壤及有机肥供肥量、化肥中有效成分含量、肥料利用率来计算,一般可采用以下公式进行计算:

化肥施用量＝(计划产量的养分吸收量－土壤供肥量－有机肥供肥量)/
[肥料含养分百分率(％)×肥料利用率(％)]

公式中计划产量的养分吸收量＝每公顷计划产量(kg)×1 kg 稻谷需要的营养元素量

土壤供应肥量＝不施肥区产量的养分吸收量

有机肥供肥量＝每公顷施用量(kg)×含氮量(％)×利用率(％)

$$土壤供肥量(kg)＝土壤化验值(mg/kg)×0.15×校正系数$$

校正系数是作物实际吸收养分量占土壤养分测试值的比值,可通过田间试验获得,如没有试验资料,一般可将校正系数设为1。如经分析化验某块土壤速效氮为45 mg/kg,土壤供氮量＝45×0.15×1＝6.75(kg)。

(二)膜下滴灌水稻追肥的原则

1.氮素吸收规律

水稻对氮素营养十分敏感,是决定水稻产量最重要的因素。水稻一生中在体内具有较高的氮素浓度,这是高产水稻所需要的营养生理特性。水稻对氮素的吸收有两个明显的高峰,一是水稻分蘖期;二是水稻孕穗期,此时如果氮素供应不足,常会引起颖花退化,而不利于高产。

2.磷素的吸收规律

水稻对磷的吸收量远比氮肥低,平均约为氮量的一半,但是在生育后期仍需要较多吸收。水稻各生育期均需磷素,其吸收规律与氮素营养的吸收相似。以苗期和分蘖期吸收最多,此时在水稻体内积累的量占全生育期总磷量的54％左右。分蘖盛期每1 g干物质含(P_2O_5)约为2.4 mg,此时磷素营养不足,对水稻分蘖数及地上与地下部分干物质的积累均有影响。水稻苗期吸入的磷,在生育过程可反复多次从衰老器官向新生器官转移,至水稻结实期,60％～80％磷转移到籽粒中,而出穗后吸收的磷多数残留于根部(图7-3)。

图7-3 膜下滴灌水稻氮素对比试验(左边:CK;右边:施氮)

3.钾素的吸收规律

钾吸收量高于氮,表明水稻需要较多钾素,但在水稻抽穗开花前其对钾的吸收已基本完成。幼苗对钾素的吸收量不高,植株体内钾素含量在0.5％～1.5％之间不影响正常分蘖。钾的吸收高峰是在分蘖盛期到拔节期,此时茎、叶钾的含量保持在2％以上。孕穗期茎、叶含钾量不足1.2％,颖花数会显著减少。抽穗期至收获期茎、叶中的钾并不像氮、磷那样向籽粒集中,其含量维持在1.2％～2％之间。

(三)膜下滴灌水稻施肥时期

提高施肥技术。提倡结合整地,增施有机肥,进行秸秆还田或种植绿肥;控制氮肥总量,将氮肥重心后移,适当降低基肥和分蘖肥的氮肥比例,以减少前期无效分蘖和防止后期脱肥;适当增施钾肥,提倡基肥、追肥分施;倡导"以水带氮"施肥技术,以提高肥、水利用效率。

1. 分蘖肥

膜下滴灌水稻三叶期后及时早施用分蘖肥,可促进低位分蘖的发生,增穗作用明显。分蘖肥分二次施用,一次在水稻三叶期后,用量占氮肥的10%左右,目的在于补充膜下滴灌水稻正常营养生长所需的养分和促使膜下滴灌水稻分蘖;另一次在膜下滴灌水稻分蘖盛期,用量在15%左右。目的在于保证全田生长整齐,并起到促分蘖成穗的作用。

2. 穗肥

穗分化期是决定每穗颖花数与颖壳容积的时期,对结实率及千粒重亦有较大影响,此期施肥的目标是:①形成足够的库容,即在已有穗数的基础上,使每穗颖花数与颖壳容积达到预期要求;②形成理想株型与强健的根系,使抽穗时群体叶面积指数适宜,受光态势良好,为抽穗后灌浆物质的生产奠定基础;③增加抽穗前光合产物贮藏量。

3. 粒肥

粒肥的主要作用是可以保持叶片适宜的氮素水平和较高的光合速率,防止根、叶早衰,使籽粒充实饱满。如果植株没有明显的缺肥现象,盲目施用粒肥,会造成氮素浓度过高,增加碳水化合物的消耗,导致贪青晚熟,空秕粒增加,千粒重降低,而且容易发生病虫害。对叶色黄、植株含氮量偏低(1.2%以下)、土壤肥力后劲不足的稻田,应酌情施用粒肥。

五、膜下滴灌水稻技术优势

1. 节水用水

将膜下滴灌技术这一先进技术引入水稻种植中是水稻栽培技术的一次革新,它把灌水做到最精确的有效化,做到了全生育期无水层、不起垄,彻底打破了水稻"水作"的传统种植方式。通过水网的运输,使水直接到达水稻根层,减少水在田间蒸发、渗漏等损失,节水可达60%以上。

2. 提高土地利用率

传统水稻种植需要田间打埂、运输道路和灌溉沟渠,这都需要占用宝贵的耕地资源。膜下滴灌水稻可以全部用作耕地,大面积统一化管理,土地利用率提高7%～10%。

3. 减少人工投入

水稻膜下滴灌技术采用机械化铺管、铺膜直播技术,避免了育秧、插秧等多个工序,大大减少播种时间,且随水滴肥(药)可以有效地减少施肥、药物防治的农机作业次数,节省了劳力投入,降低了投入成本。

4. 提高经济效益

通过精确的水肥管理不仅节约用水量,更提高了肥料利用率。综合节约水费、肥料用量及节省劳力投入等,可增加经济收入900～3 000元/hm^2。

5. 减少病虫草害防治

膜下滴灌水稻根系发达,茎秆硬度增强,摆脱长期淹水易发生的倒伏、病害、早衰、根系发育受阻等风险,抗旱、抗倒伏能力增加。同时,因田间80%以上有地膜覆盖,水稻冠层能保持较低的湿度,所以病虫害几乎不会发生,杂草也严格受到地膜的抑制。

6. 保护生态环境

膜下滴灌水稻水肥一体化技术减少化肥径流、化学农药对农田环境的污染;同时,减少了水稻田的 CH_4 和 N_2O 等气体的排放,有利于环境保护。

第三节　水稻膜下滴灌栽培经济效益分析

在我国西北干旱和半干旱地区,水稻采用滴灌栽培是个创举,是水稻灌溉栽培方式的突破。这项新技术,目前在新疆、黑龙江、江苏、宁夏等地发展迅速,节水高产高效显著,很受生产单位欢迎。

用滴灌方式种植水稻,是把工程节水、生物节水和农艺节水融为一体,把多项现代化的农业技术措施进行组装配套,改变过去用地面水层漫灌等方式,而以塑料(PVC)干管、支管、毛管管网输水代替地面灌干、支、斗、农、毛渠,用浸润灌溉方式代替漫灌,用根际局部灌溉方式代替对土壤的全面灌溉,用浇作物代替浇地的做法。这种微灌技术不仅具有明显的节水、高产和高效功能,而且提高了土地和水肥利用效率,为水稻植株增产实行技术调控带来了方便,有利于抵抗自然灾害,简化机械作业,节省人力,减轻劳动强度,提高劳动生产率,引发小麦播种、施肥、田管以及收获多项措施的变革,取得了广泛的生态效益、社会效益(图7-4)。

图 7-4　膜下滴灌水稻 3 类种植模式

目前,全国的水稻生产主要以插秧水田、直播水田两种生产方式为主,滴灌水稻还处于推广前期阶段。膜下滴灌方式种植水稻,相比较前两种栽培模式,在生产投入、产出方面有较大差异(表7-1)。

不同农业生产地区由于地域差异等因素,膜下滴灌水稻种植收益情况也各不相同,以新疆昌吉地区为例分析如下:2013年,水稻膜下滴灌栽培技术在新疆昌吉州示范。平均单产 8.25 t/hm^2,高产地段 10.56 t/hm^2。最终实现节水 60%、省肥 40%、提高人均管理定额 3 倍、提高土地利用率 10% 等指标(表7-2)。

表 7-1　膜下滴灌水稻与直播、插秧水田几种种植方式投入对比　　　　　　元/hm²

费用名称	膜下滴灌	插秧水田	直播水田
滴灌系统折旧年均(共 20 年)	井水 522.45	0	0
	河水 591.75		
土地整理(平地、渠、埂)	0	2 475	2 250
育秧、插秧	0	3 000	0
地膜	750	0	0
滴灌带(以旧换新)	1 200	0	0
地面支管折旧年均(共 5 年)	255	0	0
种子(6 元/kg)	810	360	2 250
除草剂、农药	450	825	975
肥料	2 400	3 450	3 450
机力费(犁、播、耙、耕)	1 650	3 750	3 750
人工(田管)	750	2 250	2 250
水费	450	900	900
土地利费			
电费	592.5	300	300
收获	1 050	1 350	1 350
农资拉运及损耗	300	300	300
合计	井水 11 179.95	17 460	16 275
	河水 11 249.25		

注:按产量 9 t/hm² 算,各地水、电、土地利费不一,区别核算。

表 7-2　昌吉滨湖镇膜下滴灌水稻效益分析

名称	规格	用量/(kg/hm²)	单价/元	造价/(元/hm²)
滴灌带	1.8 L/h 流量	11 250	0.1	1 125
种子	T-04	120	15.0	1 800
化肥	有机肥＋钾肥＋尿素	1 950＋300＋750		4 500
地膜	1.6 m 宽	67.5	12.0	810
人工				1 500
机力费	犁、耙、播			1 350
除草剂		2.25	300	675
水、电费				2 100
收割费				975
成本合计				14 835
每公顷收益				9 915

注:稻谷价格按 3.0 元/kg 计算。

滨湖镇传统水田平均产量为 7.5 t/hm²,需水量 30 000 m³/hm²,每公顷投入成本在 15 000 元以上。综合比较可得出结论:膜下滴灌水稻无论在成本、产值、水产比还是实际收益方面都较传统水田水作具备优势(表 7-3)。通过膜下滴灌水稻与传统水田效益对比可发现,除前期投资成本膜下滴灌比水田高 5.8% 外,其他效益指标都优于传统水田栽培的。膜下滴灌水稻比常规水田平均产量和产值高 10% 左右,而耗水量比水田减少了 65% 左右。此外,膜下滴灌水稻的产出比和水产比分别比常规水稻增加 16.8% 和 216.0% 左右。通过统计学分析表明,膜下滴灌比常规水田种植水稻节水的量和增加水产比的量均达到了显著水平。这表明膜下滴灌水稻在淡水资源的高效利用方面显著高于传统水田栽培水稻。

表 7-3　滨湖镇膜下滴灌水稻与常规水稻效益对比

名称	常规水作	膜下滴灌	增减幅/%
成本/(元/hm²)	15 750	14 835	−5.8
单产/(kg/hm²)	7 500	8 250	10.0
产值/(元/hm²)	22 500	24 750	10.0
耗水量/(m³/hm²)	30 000	10 500	−65.0
产出比	1.43	1.67	16.8
水产比(kg/m³)	0.25	0.79	216.0

通过膜下滴灌水稻栽培技术的运用,可实现节水 60% 以上,可提高土地利用率 10%(节省田埂、水渠等占地面积);综合节省的水费、劳力费及减去地表滴灌器材的投入,1 hm² 可增加经济效益 2 400 元以上。膜下滴灌水稻机械化栽培,既降低灌溉成本,也减轻农民负担,不仅增产,还增收,同时摆脱了过去深水淹灌对水稻生产带来的各种弊端,如倒伏、病害、早衰、劳动强度大等限制水稻产业发展制约因素。

▶ **参 考 文 献** ◀

[1] 袁隆平.杂交水稻超级育种[J].杂交水稻,1997(6):1-7.

[2] 银永安,陈林,王永强,等.膜下滴灌水稻产量与生理性状及产量构成因子相关性分析[J].中国稻米,2013,19(6):37-39.

[3] 银永安,陈林,朱江艳,等.膜下滴灌水稻籽粒淀粉理化特性研究.节水灌溉,2014(7):12-15.

[4] 陈林,程莲,李丽,等.水稻膜下滴灌技术的增产效果与经济效益分析.中国稻米,2013,19(1):41-43.

[5] 银永安,陈林,王永强,等.膜下滴灌水稻产量与生理性状及产量构成因子相关性分析[J].中国稻米,2013,19(6):37-39.

[6] 陈伊锋,陈林,杨金霞,等.昌吉滨湖镇膜下滴灌水稻栽培技术应用与前景[J].北方水稻,2013,43(2):5-46.

第八章 马铃薯膜下滴灌栽培技术

马铃薯是一种需水量较大的作物,生长季缺水严重影响马铃薯产量,膜下滴灌技术是将覆膜种植技术与滴灌技术相结合的一种高效节水灌溉技术,使灌溉水呈滴状、缓慢、均匀、定时、定量地浸润马铃薯根系区域,使马铃薯主要根系区的土壤始终保持在最优含水状态,同时改善马铃薯的品质,提高商品率和产量。

第一节 生物学基础

马铃薯又称土豆、洋芋等,茄科多年生草本植物,马铃薯块茎除了作为蔬菜食用,还可以加工成馒头、面条、米粉等主食,成为继小麦、水稻、玉米之后的第四大粮食作物。

马铃薯通常用块茎繁殖,但也可用种子种植,许多马铃薯品种能天然结果。育种家利用杂交方法得到的种子和天然结实的种子进行马铃薯新品种选育,所以了解马铃薯的生物学特征在生产上有重要意义。

▶ 一、马铃薯的形态特征

(一)根

马铃薯用不同的繁殖材料种植时,所形成根部的形态也不同,用种子种植生成的根,有主根和侧根的区分,用块茎进行种植时只有须根,没有直根,须根从种薯的幼芽基部发出,然后又形成许多侧根,而在生产中一般都是用薯块进行种植的,都是须根系。

马铃薯的须根系分为两类。一类是芽眼根,是初生长芽基部长出的不定根,生长得早,分枝能力强,分布广,是马铃薯的主体根系。另一类是匍匐根,是地下茎的中上部节上长出的不定根,很短并很少有分枝,匍匐根主要分布在土壤表层,有很强的磷素吸收能力。马铃薯的根系是白色的,老化后变为浅褐色,马铃薯根系大都分布在土壤表层下 40 cm,不同品种根系的发育及分枝也不同,早熟品种的根系一般不如晚熟种发达,而且早熟种根系长势弱,数量少,入土浅,晚熟品种分布广而较深。

(二)茎

马铃薯的茎按生长部位、形态、功能的不同,可以分为地上茎、地下茎、匍匐茎和块茎4 类。

1.地上茎

是指地面上着生分枝和叶片的茎,它是由种薯幼芽发育成的枝条,茎上有棱 3~4 条,棱角呈翼状突出,茎上节间明显,节间中空,节处坚实膨大,并着生有复叶,基部有小型托叶,茎的颜色多为绿色,也有的品种为紫色和褐色。一般地上茎都是直立型或半直立型,很少见到匍匐型,生育后期会因茎秆过长而呈蔓状倾倒,茎高度一般为 30～100 cm,早熟品种茎比较矮,有些晚熟品种会达到 100 cm 以上(图 8-1)。

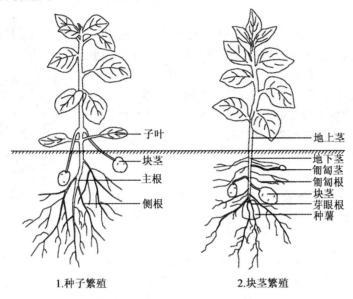

1.种子繁殖   2.块茎繁殖

图 8-1　马铃薯的根和茎

2.地下茎

地下茎是种薯发芽生长的枝条埋在土壤里的部分,下部白色,靠近地表部分为绿色或褐色,地下茎节间较短,一般有 6～8 个节,地下茎上长有芽眼根、匍匐根和匍匐茎,匍匐茎顶端膨大形成块茎。地下茎一般 10 cm 左右,因播种深度和生长期培土厚度的不同长度而有不同。

3.匍匐茎

匍匐茎是由地下茎的节上腋芽生长而成的,实际上是茎在土壤中的分枝,所以又称匍匐枝,它的尖端膨大就长成了块茎。当幼苗长到 5～10 片叶时,地下茎节就开始生长匍匐茎了,15 d 以后,匍匐茎的顶端开始膨大,逐渐形成块茎,一般一个匍匐茎上只结一个块茎。匍匐茎长度一般为 3～10 cm,早熟品种较短,晚熟品种较长,每株长 5～8 个匍匐茎。如果播种浅,培土薄,或遇到土壤温度过高等不良环境条件时,它就会长出地面变成普通分枝,俗称"窜箭",导致减少结薯个数,影响产量。

4.块茎

马铃薯的块茎是匍匐茎尖端膨大形成的一个短缩而肥大的变态茎,它是马铃薯的营养器官,叶片所制造的有机营养物质,大部分都贮存在块茎里。我们种植马铃薯的最终目标就是要收获高产量的块茎,同时块茎又是马铃薯进行无性繁殖的播种材料。

块茎的形状,表皮的颜色和光滑度,以及薯肉的颜色多种多样,是区别品种的主要特征。块茎上有芽眼,每个芽眼通常由芽眉和一个主芽、两个副芽组成,芽眉是叶片退化残留的痕迹,主芽和副芽在满足其生长条件时就萌发,长成新的植株。块茎有头尾之分,与匍匐茎连接的一头叫脐部;另一头叫顶部。顶部是匍匐茎的生长点部位,芽眼较密,顶芽萌发后也生得壮,长势旺,而尾部的芽眼较稀,长势都弱于顶芽。

生产上对块茎的要求除了产量外,对大小、形状,芽眼,表皮光滑程度也有比较高的要求。块茎大小均匀,呈卵圆形,芽眼少而平,顶部不凹,脐部不陷,既有利于食用清洗,又便于去皮加工,这样的产品更符合人们日常生活和生产加工的需要。

(三)叶

马铃薯幼苗期初生叶片为单叶,叶缘完整、平滑,随植株的生长,逐渐形成数量不相等的奇数羽状复叶,复叶的顶部小叶一般比侧小叶稍大,侧小叶一般有3～6对,卵形至长圆形,两面均被白色疏柔毛,侧小叶大小不等,大的长可达6 cm、宽3 cm,最小者长宽均不到1 cm,在侧生小叶之间,有着数量不等的小型叶片,叫小裂叶,复叶叶柄比较发达,叶柄基部与茎连接处有1对小叶,称为叶耳(图8-2)。

顶小叶

两侧小叶

叶耳

叶柄

图 8-2 马铃薯的叶

(四)花

马铃薯的花序为聚伞花序,总花梗着生于地上主茎和分枝的叶腋处,花梗上有分枝,每个分枝着生3～5朵花。花蕾由5片花萼包围,花冠由5瓣连结,形成轮状花冠,不同品种的马铃薯花冠颜色不同,有白、浅红、浅粉、浅紫、紫、蓝等色,花冠中心有5个雄蕊围着1个雌蕊,雌蕊花柱的长短及直立或弯曲状态、柱头的形状等,因品种也各有不同。

马铃薯花的开放具有昼夜周期性,都是白天开放,夜间闭合,一般在上午8时左右开花,下午5时左右闭花,到第二天再开,每朵花开花持续时间3～5 d,一个花序持续时间1个月左右。如果遇到阴天,马铃薯花则开得晚,闭合得早,有些因调种导致光照不足往往见不到开花,马铃薯不开花并不会影响到地下块茎的生长,对生产来讲,这并不是坏事,因为它减少了营养的消耗。因此有在生产上采取摘蕾、摘花的措施,以确保增产。

(五)果实与种子

马铃薯的果实是开花授粉后由子房膨大而形成的浆果,形状为圆形,也有少数为椭圆形,直径1～2 cm,前期为绿色,成熟时逐渐变为黄绿色或白色,果实也由硬变软,每个浆果里面有100～300粒种子,种子体积很小,千粒重只有0.5～0.6 g。

马铃薯的种子,是马铃薯进行有性繁殖的唯一特有器官,果实里的种子也叫作实生种子,用实生种子进行种植结出的块茎叫实生薯。通过有性繁殖,实生种子可以排除一些病毒,近几年,利用实生种子生产种薯,已成为防止马铃薯退化的一项有效技术措施(图8-3)。

图 8-3 马铃薯的果实与种子

新疆主要农作物滴灌高效栽培实用技术

二、生长发育对环境条件的要求

马铃薯在系统发育上形成了适应于冷凉、湿润,不耐高温、干旱等特性。

1. 温度

马铃薯喜欢冷凉,不耐高温,生育期间以平均温度 17～21℃为佳,解除块茎休眠,芽眼萌发的最低温度为 4～5℃,芽条生长的最适温度是 13～18℃,茎叶生长的最适温度为 15～21℃。块茎形成的最适温度是 20℃,块茎增长的最适宜温度为 15～18℃,20℃时块茎增长速度减缓,25℃时块茎生长趋于停止。对花器官的影响主要是夜温,12℃形成花芽,但不开花,18℃大量开花。

当温度低于 7℃时,马铃薯植株和地下块茎几乎停止生长;高于 29℃,植株会因呼吸过强而引起生理失调至死亡。

2. 光照

马铃薯是喜光作物,其光合强度随光照强度的增强而增大。每天日照时数在 11～13 h 最佳,超过 15 h,植株生长繁茂,匍匐茎大量发生,块茎的形成与物质积累下降;每天日照低于 5 h,马铃薯植株与匍匐茎的生长发育则与上相反。

总体来说:高温、长日照、弱光对马铃薯的地上部分生长发育有利;而低温、短日照、强光对马铃薯的地下部分生长发育有利;生产上对产量形成最有利的条件:马铃薯前期生长在高温、长日照下,有利于形成强大的同化器官和匍匐茎,生长后期在较低温、日照渐短下,有利于同化产物向块茎运转,促进块茎形成和膨大。

3. 水分

马铃薯的需水量比较大,在整个生长期,土壤湿度保持在田间最大持水量的 60%～80% 最为适宜。特别是在块茎形成和块茎增长阶段,要连续保持土壤湿润状态,一旦缺水易造成块茎畸形、品质降低,甚至严重减产,在马铃薯生育后期,需水量有所降低,雨涝或湿度过大会导致薯块表面皮孔张开,容易让病菌侵入而染病腐烂。

从各生育期看,幼苗期需水较少,约占一生总需水量的 10%,块茎形成期,需水量明显增加,该期需水量占全生育期总需水量的 30%左右,到块茎增长期,是决定块茎大小和产量的关键时期,也是马铃薯需水量最大的时期,占一生总需水量的 50%以上,淀粉积累期需水量减少,占全生育期总需水量的 10%左右。

4. 土壤

马铃薯对土壤的适应范围比较广,但以耕层深厚、结构疏松、通透性好、有机质含量高的微酸性土壤为佳,特别是沙壤土种植的马铃薯,块茎表皮光滑、薯形正常、淀粉含量高,品质好,便于收获。黏性土壤种植马铃薯,要起高垄栽培,有利于排水、透气,因保肥水能力强,产量也比较高。

5. 营养

马铃薯是喜钾作物,氮、磷、钾的吸收比例约为 1∶0.5∶2.5,但在产量形成过程中,马铃薯对氮、磷、钾的需求同等重要。

氮素促进马铃薯植株茎的生长和叶面积增大,保证足够的绿叶面积进行光合作用,氮素过量会造成植株徒长、块茎品质和产量下降。磷素的供应对促进根系发育,块茎的形成和淀粉的积累有着重要的作用;在氮磷充足的基础上,钾素可以促进植株健壮,增强抗病力。对营养物质的运输和淀粉积累都很必要。此外,各种微量元素如硼、镁等矿质营养对马铃薯生长发育也很重要。

▶ 三、马铃薯的生长发育进程

马铃薯从块茎的芽条萌发到新的块茎成熟,全生育过程划分为 5 个生育时期,了解不同生育时期的生育特点,器官建成以及与产量形成的相互关系,是制定马铃薯高产栽培技术的基础。

1. 发芽期

从种薯萌发到出苗为发芽期,播种后的块茎在合适的环境条件下,块茎幼芽萌发,在芽条顶部着生一些鳞片小叶,随后在幼芽基部贴近种薯产生芽眼根,同时,在幼芽基部形成地下茎,在茎节分化发出 5~8 条匍匐茎,在匍匐茎的侧下方产生 3~6 条匍匐根。块茎萌发至出苗期间,是以根系形成和芽的生长为中心,同时进行叶、侧芽、花原基分化,而发育强大根系是构成壮苗的基础。

播种到出苗的时间与土温关系密切,当土温 7℃时幼芽开始生长,8~9℃时需 35~40 d,13~15℃时 25~30 d,16~18℃时需 20~21 d,18~20℃时需 15 d 左右。

2. 幼苗期

从出苗到现蕾为幼苗期,马铃薯茎是合轴分枝,当顶芽生长到一定程度后就开始花芽分化,然后腋芽发展为分枝,代替主茎位置,所以主轴茎由各级侧枝分段连接而成。当幼苗达8~12 叶时,第一段茎的顶芽孕蕾,将由侧芽代替主轴生长,而茎的向上生长表现为暂时延缓,标志植株进入现蕾期,幼苗期结束,此期一般 15~25 d。出苗后 7~15 d 地下各茎节匍匐茎由下向上相继生长,当地上部现蕾时,匍匐茎顶端停止极性生长,开始膨大,此期匍匐茎周围开始陆续发生次生根并不断扩展。幼苗期是以茎叶生长和根系发育为中心,同时伴随匍匐茎的伸长和花芽分化,此期发育好坏是决定光合面积大小、根系吸收能力及块茎形成多少的基础。

3. 块茎形成期

又叫结薯期,从现蕾至第一花序开始开花为块茎形成期。从现蕾开始,当主茎达 8~15片叶时,地上部开始开花,地下部块茎膨大直径达 3 cm 时结束,历时 20~30 d,此阶段地上茎急剧伸长,到末期主茎及主茎叶完全建成,分枝及分枝叶已大部分形成扩展,叶面积达总叶面积的 50%~80%,根系不断扩大,同一植株的块茎大都在这一时期形成。块茎形成期是决定结薯多少的关键时期,此期末块茎干重已超过植株总干重的 50% 以上。此期地上部主茎生长暂时延缓,生长中心是地上部茎叶生长和地下部块茎形成并进时期。

4. 块茎增长期

盛花至茎叶衰老为块茎增长期,此期茎叶和分枝迅速增长,鲜重继续增加,叶面积达最高值,地上部制造的养分不断向块茎输送,块茎的体积和重量不断增长,其块茎增长速度为块茎形成期的 5~9 倍,是决定块茎产量和大中薯率的关键时期。当地上部与地下部块茎鲜重相当时,称为平衡期,当平衡期出现早时,丰产性能越高,相反则低。

5. 淀粉积累期

茎叶衰老至茎叶枯萎阶段为淀粉积累期,在此期间,茎叶生长缓慢直至停止,植株下部叶片开始枯萎,块茎体积不再增大,茎叶中贮藏的养分继续向块茎转移,淀粉不断积累,块茎重量迅速增加,周皮加厚,当茎叶完全枯萎的时候,薯皮容易剥离,块茎达到充分成熟,并逐渐转入休眠。此期特点是以淀粉积累为中心,淀粉积累一直继续到叶片全部枯死前。

四、马铃薯块茎的休眠

新收获的马铃薯块茎上芽的生理活动降低,代谢作用缓慢,即使在适宜的条件下,也不能很快发芽,必须经过一段时期才能发芽,这现象称为休眠。休眠期的长短,品种间的差异很大。休眠期短的品种经1~2个月即可通过休眠期,休眠期长的品种要经过3~4个月或更长的时间才能发芽。休眠期过短会影响贮藏效果,过长则影响播期、出苗及产量,根据生产实际要适时打破休眠。

(一)休眠原因

休眠是马铃薯的遗传特性,块茎借休眠以渡过不利其生长的条件,从而保证世代繁衍。块茎收获以后,在皮层中形成一种致密的组织,阻止氧气进入块茎内部,这时块茎内部所含的可溶性营养物质正在进行合成作用,简单的糖和氨基酸不断地转变为不溶解的淀粉和蛋白质,使块茎芽眼处不能获得可溶性营养物质和氧气,因而不得不暂时处于呼吸微弱和生长停顿状态,即休眠状态。

马铃薯块茎和芽内存在着刺激生长的赤霉素和抑制生长的β-抑制剂两类植物生长调节剂互为消长的生化平衡。刚收获的马铃薯β-抑制剂含量高,抑制芽的生长,促进了休眠。随着储存时间增长赤霉素含量逐渐升高促进发芽。

(二)打破休眠的方法

(1)生产上常用赤霉素催芽处理打破休眠,赤霉素(920)10 mg/kg浸种10~15 min或0.1%高锰酸钾浸泡10 min等。

(2)变温处理,短期0~4℃低温或27~32℃高温,然后在适合的温度下黑暗中储存,可以缩短休眠时间。

(3)湿沙层埋法,平整的地面先铺一层草后铺一张塑料膜,然后铺设湿沙一层(3~5 cm)马铃薯3~4层,最上层铺湿沙,保湿保温20~25℃催芽3~5 d,检查有1.5~2 cm的芽时将薯块取出晒种,晒种保持15~18℃,或者堆放在散光处炼芽2~3 d。

五、马铃薯测产方法

1.取样方法

进行5点取样,每点不少于20 m²,行数不少于6行,进行测产分析。同时要调查每个点的平均株行距、种植密度、平均单株商品薯和非商品薯的数量、产量。

2.田间实收

将样点全部植株进行收获,并分商品薯和非商品薯分别称重。其中非商品薯指重量小于50 g的小薯以及病薯、烂薯和绿皮薯等薯块。一般情况下,扣除收获薯块总重的1.5%作为杂质、含土量。若收获时薯块带土较多,每点收获时取样5 kg,冲洗前后分别称重,计算杂质率。

3. 计算公式

$$商品薯产量(kg/hm^2) = 商品薯重量(kg) \times 10\,000(m^2) \times$$
$$(1-杂质率)/取样点面积(m^2)$$
$$非商品薯产量(kg/hm^2) = 非商品薯重量(kg) \times 10\,000(m^2) \times$$
$$(1-杂质率)/取样点面积(m^2)$$
$$平均产量(kg/hm^2) = 商品薯平均产量 + 非商品薯平均产量$$

第二节 马铃薯滴灌栽培技术

一、前期准备

(一)地块准备

马铃薯不宜在黏性和酸碱度大的土壤中栽培,pH最好在5~7.5之间,块茎膨大需要肥沃疏松的土壤,因此,要选择地势平坦、土层深厚、疏松肥沃、通透性良好的沙壤土。马铃薯不宜连作,前茬与玉米、小麦等禾谷类作物轮作增产效果较好,尽量避开茄科作物。

播前清理地里残留秸秆,便于机械作业,整地前施入有机肥料45 t/hm²和过磷酸钙300 kg/hm²,全层深松要达到30 cm以上,整平耙碎达到播种状态。

(二)种薯准备

1. 选择种薯

选择薯形规整、薯皮光滑、色泽鲜明、大小适中的健康脱毒种薯,去除表皮龟裂、芽眼坏死、生有病斑或脐部黑腐的块茎。

2. 催芽

播前催芽,可以促进早熟,提高产量,减少播种后田间病株率或缺苗断垄,有利于全苗壮苗。

催芽方法:先将种薯放在室外晴天晾晒,然后移至有光线的室内,保持温度15~20℃,催芽10~15 d,当芽眼萌动见到小白芽锥时即可切块。

切记芽长不能超过1 cm,否则机械播种芽苗易被损坏。

3. 切块

切块可以促进块茎内外氧气交换,破除休眠,有利于马铃薯早发芽和出苗,并节约种薯,正确的切块方法也可以避免因切块引起的病害传播而导致的种薯块腐烂和缺苗。

为了避免马铃薯种薯切块后腐烂,应在催芽后播种前2~3 d切块。

切块大小一般以40~50 g为宜,保证每块有1~2个健全的芽眼,30~50 g小薯不用切块,可以整薯播种;重51~100 g的种薯,纵向一切两瓣(图8-4a);重100~150 g的种薯,采用纵斜切法,把种薯切成四瓣(图8-4b);重150 g以上的种薯,从尾部根据芽眼多少,依芽眼沿纵斜方向将种薯斜切成立体三角形的若干小块,每个薯块要有2个以上健全的芽眼(图8-4c)。切块时应充分利用顶端优势,使薯块尽量带顶芽。切块时应在靠近芽眼的地方下刀,以利发根。切块时应注意使伤口尽量小,不要将种薯切成片状和楔状。

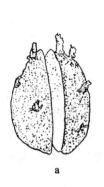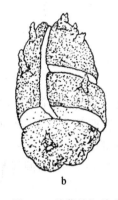

a   b   c

图 8-4　种薯的切块方法

　　切块时刀具要用 75％ 的酒精或 0.5％ 的高锰酸钾水溶液消毒,做到一刀一蘸,防止切种过程中病害的传播,特别是切到病烂薯时,要把切刀擦拭干净后再进行消毒。

　　切块后要及时进行拌种,每 50 kg 种薯用 2 kg 草木灰和 100 g 甲霜灵加水 2 kg 进行拌种,或者用 2 kg 70％ 甲基托布津加 1 kg 72％ 的农用链霉素均匀拌入 50 kg 滑石粉成为粉剂,每 50 kg 种薯(切块)用 2 kg 混合药拌匀。拌种后不积堆、不装袋,置于室内地面 24～48 h 后即可播种。

▶ 二、适时播种

　　确定马铃薯播种时期的重要条件是生育期的温度和土壤墒情。当 10 cm 地温稳定在 6～7℃时,即可播种。常见的播种方式有单垄单行种植模式和单垄双行种植模式,单垄单行播种方式,垄高 25 cm,垄肩宽 40 cm,垄间距 80 cm,株距 18～20 cm;单垄双行种植模式垄高 25 cm,垄肩宽 55 cm,垄上行距 30 cm,垄间行距 90 m 左右,株距 25～30 cm。保苗密度在 60 000～65 000 株/hm²,采用机械化播种,播深 8～10 cm,开沟、起垄、施肥、播种、铺设滴灌带、覆膜一次完成(图 8-5)。

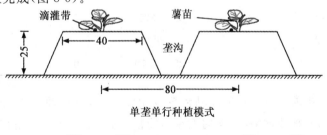

单垄单行种植模式

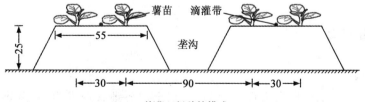

单垄双行种植模式

图 8-5　马铃薯种植模式(单位:cm)

三、田间管理

1.中耕培土

中耕培土可以使土层疏松透气、提高温度、增强微生物活力,有利于马铃薯根系生长、匍匐茎伸长和块茎膨大,同时也可以避免后期薯块外露、出现青头而降低品质。

在苗高 5～10 cm 时进行第一次中耕培土,培土 3～5 cm,以松土、灭草、培土为主,现蕾期进行第二次中耕,培土厚度 6～8 cm,中耕培土时,调好犁铧角度、深度和宽度,要保证不切苗、不压苗、培土严实。

2.灌水

马铃薯全生育期滴水 8～10 次,总灌水量 2 250～2 700 m³/hm²。播种后滴出苗水 1 次,出苗后视幼苗生长情况和天气情况适时进行灌溉,灌水量 180～225 m³/hm²,块茎形成期灌水 2～3 次,每次灌水 225 m³/hm²,块茎膨大期灌水 3～4 次,每次灌水 300～375 m³/hm²,淀粉积累期灌水 1～2 次,每次灌水 225 m³/hm²。

3.施肥

马铃薯滴灌追肥一般选用尿素、硫酸钾等易溶性肥料,或者水溶性复合肥和液体肥料。马铃薯生长前期追肥以氮肥为主,后期追肥以钾肥为主,要遵循少量多次原则。一般结合灌水追施氮肥 210 kg/hm²,其中苗期追施 70 kg/hm²,块茎形成期追施 105 kg/hm²,膨大期追施 35 kg/hm²;追施 K_2O 115 kg/hm²,其中块茎形成期追施 75 kg/hm²,块茎膨大期追施 40 kg/hm²(表 8-1)。

表 8-1 马铃薯水肥一体化管理每公顷灌水施肥用量

生育期	灌水次数	灌水周期/d	每次灌水量/m³	N/kg	P_2O_5/kg	K_2O/kg
发芽期	1		180			
幼苗期	1		180	70		
块茎形成期	2～3	7～10	225	105		75
块茎膨大期	3～4	7～10	300～375	35		40
淀粉积累期	1～2		180～225			
共计	8～10		2 250～2 700	210		115

同时,在马铃薯开花前 5～7 d,施用马铃薯专用膨大素,每公顷用 15 包膨大素(每包 10 g),兑水 300～450 kg 配成水溶液,均匀喷在马铃薯秧上,可增产 15% 左右。

四、病虫害防治

(一)晚疫病

晚疫病(图 8-6)是一种毁灭性真菌病害,在全国各地普遍发生,且危害较重。不抗病的品种在晚疫病流行时,产量可损失 20%～50%,窖藏损失轻者 5%～10%,重者 30% 以上。

新疆主要农作物滴灌高效栽培实用技术

图 8-6　马铃薯晚疫病

病害症状:植株被病菌侵染时,首先在叶片的顶端或边缘发生淡褐色的病斑,病斑外围是黄绿色,为水渍状斑点,湿度高时,病斑边缘有白色稀疏的霉轮,叶背面白霉更清楚。严重时病斑可扩展到主脉或叶柄,使叶片萎蔫下垂,最后整个植株变黑枯死,呈湿腐状。块茎被感染后,表皮下陷呈现褐色,薯肉变为铁锈色,与其他病菌共同侵染后变软腐烂。

防治方法:种植抗病品种。田间发现中心病株及时喷施 25％瑞毒霉可湿性粉剂 800 倍液,甲霜灵锰锌可湿性粉剂 700 倍液,每 10 d 左右喷一次,2～3 次即可控制病害发展。厚培土,使病菌不易进入土壤深处,以减少块茎发病率。

(二)黑胫病

黑胫病在北方和西北地区较为普遍。植株发病率轻者占 2％～5％,重的可达 50％左右。病重的块茎,播种后未出苗即烂掉,有的幼苗出土后病害发展到茎部,也很快死亡,所以常造成缺苗断垄。

病害症状:是一种细菌性病害,带病块茎生长的幼苗植株矮小,茎秆变硬、节间短,叶片发黄并向上卷曲,茎基部腐烂而死亡,受害植株,因茎的基部变黑腐烂很易拔起。

防治方法:使用无病种薯。播种前淘汰病薯。选排水条件好的土地种植。用 0.1％的升汞溶液浸种 20 min 左右,或用 0.2％高锰酸钾溶液浸种 20～30 min,而后取出晾干播种。收获、运输、装卸过程中防止薯皮擦伤。贮藏前使块茎表皮干燥,贮藏期注意通风,防止薯块表面出现水渍。

(三)环腐病

病害症状(图 8-7):环腐病细菌主要在植株和块茎的维管束中发展,使组织腐烂。病株在开花期前后病症明显,部分枝叶萎蔫,下部叶从边缘变黄并向内卷曲,枝叶慢慢枯死。块茎发病严重时,薯肉一圈腐烂,呈棕红色,用手指挤压,则薯肉和皮层分离。

防治方法:种植脱毒薯,用小型种薯整薯播种;播种前淘汰病薯;切块的刀用酒精或火焰消毒;选用抗病品种。

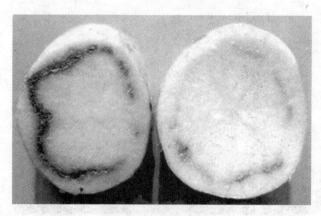

图 8-7 马铃薯环腐病

(四)地下害虫

危害症状:马铃薯地下害虫有蛴螬、蝼蛄和地老虎等,主要咬食马铃薯根部和嫩芽,造成缺苗断垄,影响产量,严重时甚至毁种重播。

防治方法:施用农家肥时,要经高温发酵,使肥料充分腐熟,以杀死幼虫和虫卵。清除田间、地边杂草,使成虫产卵远离本田,减少幼虫为害,用75％辛硫磷或毒死蜱喷雾或拌细土顺垄底撒施在苗根附近,形成 6 cm 宽药带,每公顷撒毒土 300 kg 即可。种薯用噻虫嗪拌种,或用种衣剂拌。

五、收获

当马铃薯地上茎由绿变黄枯萎、植株停止生长、块茎中的干物质含量达到最高、水分含量下降、薯皮粗糙老化、薯块容易脱落时为最佳收获时间。此时应尽快杀秧使薯皮加速木栓化,以减少收获、运输过程中的薯块破皮和机械损伤,进而减少贮藏期薯块腐烂损失。

收获前要及时拆除田间滴灌带和横向滴灌支管,以便于机械收获。选择晴天进行收获,在操作过程中尽量减少薯块破皮、受伤,保证薯块外观光滑。收获后薯块在黑暗下贮藏以免变绿影响食用和商品性。

第三节　马铃薯膜下滴灌栽培经济效益分析

应用膜下滴灌技术栽培马铃薯,大量节约了地下水资源,提高水分和肥料利用率,减少土壤水分蒸发,降低田间马铃薯冠层空气湿度,减少晚疫病发生危害,促进马铃薯增产。经测算:与传统灌溉技术相比,膜下滴灌种植马铃薯可以增产 30％以上,最高可达 67.5 t/hm²,同时,滴灌比传统灌溉节水 50％以上,与传统施肥方法相比氮肥利用率提高 30％~70％;土地利用率提高 5％~7％;实施全程机械化作业,节省人工费 20％左右,可减轻农民劳动强度,增加农民收入,极大地提高了农民的劳动生产积极性(表8-2)。

2015 年新疆尉犁县团结乡孔湾村刘俊种植 2.67 hm² 地马铃薯,平均每公顷产量为

45 t,每千克市场批发价 1.2 元,每公顷地可以卖 54 000 元,除去成本 33 500 元(其中每公顷土地费用 7 500 元,滴灌设备费用 2 400 元,再加上种子、化肥、农药等农资费用和机耕人工费),每公顷纯收入可达 20 000 元以上(表 8-2)。

表 8-2 马铃薯膜下滴灌栽培经济效益分析 元/hm²

项目	类别	金额
成本费用	小计	33 250～34 150
	土地费用	7 500
	滴灌设备	2 400
	肥料	9 750
	地膜	600～750
	农药	750
	机耕费	2 500
	人工	2 250～3 000
产值	马铃薯	54 000
经济效益	纯收入	19 850～20 750

▶ 参 考 文 献 ◀

[1] 邓兰生,林翠兰,涂攀峰,等.滴灌施肥技术在马铃薯生产上的应用效果研究[J].中国马铃薯,2009,23(6):321-324.

[2] 周皓蕾,买自珍,袁丕成,等. 马铃薯膜下滴灌水肥一体化栽培研究[J].宁夏农林科技,2011,52(10):1-2.

[3] 王荣栋,尹经章. 作物栽培学[M].北京:高等教育出版社,2014.

第九章　苜蓿滴灌栽培技术

新疆是苜蓿种植的故乡，也是我国苜蓿种植的主要产区之一。苜蓿作为一种优良牧草在新疆已有近两千年的栽培历史，2008 年新疆的种植苜蓿面积约为 17.49 万 hm^2，总产量达到 150.83 万 t。多年来，以种植苜蓿为主的草产业已经创造了较大的经济效益和生态效益，苜蓿草产品生产的发展也带动了农业和畜牧业的迅速发展。近年来，随着滴灌技术在新疆的广泛推广和应用，以及新疆农业产业结构的优化调整和畜牧业的迅速发展，滴灌苜蓿在新疆也呈现出产业化规模发展。

第一节　生物学基础

苜蓿是豆科苜蓿属植物的通称，俗称金花菜，是一种多年生开花植物。人类栽培苜蓿历史悠久，在我国已有两千多年的栽培历史，据史料记载，公元前 119 年，汉武帝派张骞出使西域，带回了苜蓿种子。苜蓿主要产区在西北、华北、东北、江淮流域。苜蓿草产量高、富含蛋白质、适口性好，苜蓿干草所含粗蛋白质是小麦的 5～6 倍，是奶牛的优质饲料，因此，苜蓿有"牧草之王"的美称。其中最著名且新疆广泛种植的是作为牧草的紫花苜蓿（图 9-1），原产伊朗，是当今世界分布最广的栽培牧草。

图 9-1　紫花苜蓿

一、苜蓿植物学形态

根:根系是直根系,主根发达,多年生的主根入土深度可达 10 余 m,具有根瘤,侧根较少,多斜向伸展。

茎:茎直立或倾斜,光滑或少毛,基部多分枝,株高 60～100 cm(图 9-2)。

叶:叶分为子叶、真叶和复叶 3 种。子叶是小苗出土时的一对无柄绿色长卵圆形单叶。真叶是子叶上部长出的一片桃形单叶,叶柄较长。复叶(图 9-3)是真叶之后长出的叶子,由叶片、叶柄和托叶 3 部分组成,为三出羽状,即每一个复叶上长有三片小叶,小叶多为椭圆形、倒卵形和倒披针形,叶片左右边缘全缘,仅在小叶的顶部边缘有锯齿。苜蓿叶量多,全株叶片占鲜草重量的 45%～55%。

花:花是总状花序(图 9-4),腋生,每序有小花 20～30 朵,花紫色或蓝色,蝶形,开花时间较长,一般为 40～60 d。

果实:果实是荚果(图 9-2),为螺旋状,旋叠 1～4 圈,幼嫩时为绿色,成熟后变为黑褐色,每个荚果内含种子 2～9 粒;种子呈肾形,黄褐色,千粒重约 2 g。

图 9-2　紫花苜蓿植株形态图

图 9-3　紫花苜蓿叶片

二、苜蓿生物学特性

(一)生育期划分

1. 出苗期(返青期)

在温度和水分条件适宜时,苜蓿播后 1 周左右就开始出苗。当 80% 的幼苗破土而出时,这个时期就称为出苗期。苜蓿为多年生植物,第一年以后就不再重新播种。在以后每年,随着春季气温的回升,植株开始出芽、生长,这个时期称为返青期。

图 9-4　紫花苜蓿花序

2. 分枝期

苜蓿在出苗或返青后，经过一段时间的生长，根颈部开始长出新的枝条，这个时期为苜蓿的分枝期。一般苜蓿返青后 10～15 d 即进入分枝期（图 9-5）。

图 9-5　苜蓿分枝期

3. 现蕾期

当苜蓿 80% 以上的枝条出现花蕾时，这个时期称现蕾期。从分枝到现蕾经 25 d 左右的时间。现蕾期植株生长最快，每天株高增长 1～2 cm，此时也是水肥供应的临界时期。

4. 开花期

开花期（图 9-6）又分初花期和盛花期。苜蓿现蕾后 20～30 d 开花，开花期可延续 40～60 d。当约有 20% 的小花开花时，这个时期就是苜蓿的初花期。当约有 80% 的小花开放时，称盛花期。开花期植株生物量达最高值，从产草量和质量角度考虑，初花期是收获干草的最佳时期。

5. 成熟期

开花后经过传粉、受精，约 30 d 种子陆续成熟，当全株约 80% 的荚果变为褐色时，此时为苜蓿的成熟期（图 9-7）。

图 9-6　紫花苜蓿开花期

图 9-7　紫花苜蓿成熟期

(二)各生育期特点

1.种子萌发、出苗和幼苗生长

苜蓿种子(图 9-8)萌动时需先吸水膨胀,吸水量为种子干重的 85%～95%。苜蓿种子萌发的最适环境温度为 20℃;5～10℃亦可萌发,但速度明显减慢;高于 35℃萌发受到抑制。种子萌发的适宜土壤含水量为田间持水量的 60%～80%。种子萌发的适宜环境氧气含量为 10%以上,低于 5%不能萌发。土壤含盐量超过 0.2%时,种子萌发出苗和幼苗生长均受到抑制。覆土厚度以 1 cm 为佳;超过 3 cm 出苗缓慢,出苗率降低,苗弱。播种后表土板结会抑制出苗。环境条件适宜时,播种后 4～7 d 出苗;否则可能需要 2～3 周或更长时间。幼苗生长的最适气温为 20～25℃,低于 10℃或高于 35℃,生长十分缓慢。在适宜的环境条件下,幼苗生长 3～4 周进入分枝期。

图 9-8 紫花苜蓿种子

2.分枝、现蕾、开花和成熟

从进入分枝期后,最适苜蓿生长发育的气温为 15～25℃;高于 30℃生长变缓或出现休眠,高于 35℃常发生死亡;低于 5℃地上部分生长停滞,低于 −2.2℃地上部分死亡。土壤含水量以田间持水量的 60%～80% 为宜;高于 100%(即处于淹水状态)持续 1 周以上将导致烂根。酸、碱、盐等障碍因子不利于根系生长。土壤 pH 7～8 最佳,低于 6 时根瘤难以生成,低于 5 或高于 9 时根系生长受到强烈抑制。土壤含盐量不宜超过 0.3%。土层过薄或地下水位过高都将限制根系下扎。在适宜的环境条件下,分枝期持续约 3 周进入现蕾期。现蕾期持续约 3 周进入初花期。从初花经盛花至末花,群体花期持续 1～1.5 个月。小花开放2～5 d,雌蕊授粉后约 5 d 形成荚果。结荚后 3～4 周种子成熟。春播当年苜蓿生育期(从出苗到种子成熟)110～150 d;第 2 年及以后各年生育期(从返青到种子成熟)95～135 d,需要大于 5℃的活动积温 2 000～2 800℃。分枝期和现蕾期植株高度增加最为迅速,环境条件适宜时可达 2 cm/d 左右。从出苗(或返青)经分枝、开花至结荚,地上生物量逐渐升高,结荚期达到高峰,而后下降;但蛋白质含量、干物质消化率和饲用价值逐渐降低。

3.再生、越冬、返青

初花期前后,苜蓿根颈及茎基(合称为根冠)部位开始生成再生芽,并进一步发育为再生枝条。若及时收割,则再生枝条迅速生长发育,若收割过晚,再生枝条高度超过 5 cm,则其顶部生长点在收割时将会遭受伤害,从而对下一茬的生长造成不利影响。入冬前,根冠部位形成的再生芽进入休眠状态,度过寒冷的冬季,春天气温升至 2～5℃时开始萌动,逐步发育为枝条,进入返青期。越冬期间根冠及休眠芽可耐 −10℃,甚至 −30℃ 的严寒(因品种而异);若有积雪覆盖,在极端气温低于 −40℃ 的酷寒地区亦可安全越冬。萌动期至返青期苜蓿抗寒性下降,如遇 −8℃ 以下的倒春寒,则将造成冻害。

三、苜蓿对生长环境的要求

1.对温度的要求

温度能起到调节种子代谢的作用,从而调节种子的发芽速率。苜蓿种子在 10℃ 即可发芽,但需 10～12 d,15℃ 需 7 d 左右,25℃ 需 3～4 d。在一定范围内,温度升高有助于种子的发芽和出土。苜蓿种子萌发的最适环境温度为 20℃。生长最适宜温度在 25℃ 左右,开花最适温度 22～27℃,适宜在全年≥10℃积温 1 700～4 500℃的地区生长。苜蓿不耐高温,气温高于 30℃,生长受阻;35℃时,植株萎蔫甚至死亡。夜间高温对苜蓿生长不利,可使根部的贮存物减少,削弱再生力。根系在 15℃时生长最好,在灌溉条件下,则可耐受较高的温度。苜蓿耐寒性很强,5～6℃即可发芽返青。在我国北方冬季多数品种能在－10～－15℃条件下安全越冬。耐寒性较强的品种能耐－20～－30℃的低温,有雪的覆盖下可耐－30～－40℃的严寒。

2.对水分的要求

苜蓿是需水较多的植物,每形成 1 t 干草需水 700～800 t。苜蓿根系强大,抗旱能力强。苜蓿虽然喜水,但也最忌积水,水淹 24 h 会造成植株死亡。地下水位过高,也不利于苜蓿生长,一般情况下,水位应在 1 m 以下。种子萌发的适宜土壤含水量为田间持水量的 60%～80%。水分的过多或不足,可造成毒性离子的进入。当种子吸水量达到种子干重的 92%～95%时,种子开始膨胀,渗透浓度的升高影响苜蓿种子的发芽。土壤含水量过高影响苜蓿产量和品质。如果降雨量超过 1 000 mm 则要安装排水设施。

3.对光照的要求

苜蓿为长日照植物,喜光照,不耐阴。苗期光照不足,生长细弱,甚至死亡。营养生长期,光照充足,干物质积累快。花蕾期光照充足,花量大,授粉好,结实多而饱满。苜蓿生育期需 2 200 h 日照。

4.对土壤要求

苜蓿适应性广,对土壤要求不严,除重黏土、低湿地、强酸强碱外,从粗沙土到轻黏土皆能生长,而以排水良好有机质丰富、具有良好团粒结构的中性壤土、富含钙质的土壤最适宜。苜蓿喜中性或微碱性土壤,最适宜的 pH 为 7～9,pH 在 6.5～7.5 之间苜蓿产量最高。在土壤含盐量 0.1%～0.3%范围内能正常生长。

四、苜蓿产量影响因素

1.水肥管理因素

苜蓿最高产草量一般是第二年、第三年或第四年,以后逐年下降。在北疆灌溉农区每年可收 2～3 茬,在南疆平原农区每年可收 3～4 茬。种植一年的苜蓿,在分枝期到盛花期生长速度快,日长高可达 2.2 cm,整个生长期中只出现这一个生长高峰期。两年以上的苜蓿,主茎生长在整个生长季节出现两次高峰:第一次在返青期,第二次在分枝期开始至盛花期出现。合理的水肥管理是保证苜蓿高产、稳产的关键措施。因此,在生长高峰期加强水肥管理,有利于产量的提高。

2.收获因素

收获时应该注意,苜蓿开花期植株生物量达最高值,从产草量和质量角度考虑,初花期是收获干草的最佳时期。此外,收获割草的留茬高度应控制在 5～8 cm 范围内,留茬过高也影响苜蓿产量。

第二节　苜蓿滴灌栽培技术

苜蓿是高耗水作物,每生产 1 kg 干草需要用水 0.8 m³。在旱作条件下,苜蓿每公顷收获干草 7.5 t,在有灌溉的条件下,每公顷产收获干草 15 t 以上,同等条件下比种植粮食作物增收 1 500～3 000 元。因此推广苜蓿滴灌栽培技术有重要意义。苜蓿滴灌栽培技术是在传统苜蓿种植基础上,将节水滴灌、高密度种植、平衡施肥、综合植保、机械收获等各项丰产技术集成后的高产栽培技术。其中播前准备和品种选择是前提,滴水出全苗是基础,密度是关键,肥水是中心,适时收割是重点,因此,在实施过程中,必须坚持增密度、抓匀度、整齐度,强化管理,准确把握收割时间,争取收割四茬,从而实现大面积均衡增产。

◗ 一、播前准备

1. 品种选择

苜蓿的种子应选择适应本地区生态环境条件的高产、稳产、抗病虫害、越冬性强的品种,新疆适宜种植的为紫花苜蓿。苜蓿对土壤要求不严格,除黏性太重的土壤或是极贫瘠的沙土以及强酸或强碱的土壤外,从粗沙土到轻黏土皆能生长,而以排水良好土层深厚富于钙质土壤生长最好。

2. 地块选择

苜蓿抗旱、耐盐碱、怕涝,所以应该选择地势高、排水条件好的沙土、沙壤土为宜,土壤肥力中上等,土地平坦、土壤 pH 6.5～8,土壤盐碱含量低于 0.6%,交通便利,利于机械化运输及操作管理的地块。

3. 播前整地

苜蓿种子小,顶土能力差,播深了出苗困难,播浅了因土壤表层易失水而不能发芽,因此,为苜蓿生长发育提供平整、清洁、松软的苗床,使苜蓿的萌发率和幼苗成活率都达到最高水平,要使土壤平整一致,无残杂物,深耕细耙,达到上暄下实,质量标准达到"齐、平、松、碎、净"标准。要求深耕、耙细、糖平、播种层紧密,掌握好适耕期。中等肥力的地块可结合深翻整地,施有机肥 15～30 t/hm²,同时施磷酸二铵 225～300 kg/hm²,硫酸钾 75～150 kg/hm²。

◗ 二、播种

种子发芽需要两个条件:一是地温在 5～6℃,最适温度在 25℃ 以内;二是需要较多的水分。以春播和秋播效果最好。偏盐碱地块不宜春播,易造成死苗。

(一)晒种

在播前 2～3 d,将种子摊晒在阳光下,以促进后熟,提高出苗率。经过清选,晒干,使种子的净度达到 90%;播前可将农药、除草剂、根瘤菌和肥料按比例配置拌种,避免苗期病虫害。用根瘤菌等细菌肥料拌种(1 kg 根瘤菌可拌 10 kg 种子),能提高产量 20% 以上。

(二)播种时间

苜蓿从春季到秋季都可播种,在新疆依具体条件,通常有以下几种播种时间:

(1)春播 一般应在 4 月上旬,气温稳定,土壤墒情好,3~5 cm 表土层土壤已解冻,表层土壤地温 5~7℃时播种,此时播种,土壤湿度大,幼苗发育良好,对形成高产有利。

(2)秋播 一般在 8 月中旬之前完成。此时水热条件适中,温度适宜,土壤墒情好,杂草长势减慢,播种后出苗快,保苗率高。

(3)冬播 即越冬播种,在初冬土壤开始上冻之前播种,一般在 10 月上旬至 11 月中旬为宜,使种子当年不发芽,待第二年早春利用土壤化冻的水分出苗。

(三)种植模式

(1)播种模式 一般采用机械条播,一机十二行条播,播幅 3.6 m,行距为 20~30 cm 等行距,播种量为 15~22.5 kg/hm²。因为苜蓿种子较小,如果播种太深则出苗困难。一般而言,沙质土壤播深 2.0~2.5 cm,壤土 1.5~2.0 cm,黏土壤 1.0~1.5 cm。春、秋两季播种需镇压,使种子与土壤密接,有利于种子吸水萌芽。

(2)田间滴灌系统铺设方式 滴灌苜蓿灌溉方式为支管轮灌,支管采用 PE90 或 PE110 软管,压力等级 0.4 MPa,挖沟 20 cm 浅埋于土层;滴灌带为内镶式滴灌带或单翼迷宫式滴灌带,布置为"一管两行",滴灌带间距 60 cm 等距铺设,入土浅埋 5~10 cm,滴灌带双向铺设。滴灌带在苜蓿每年的生长期内应冲洗滴头 1~2 次以防堵塞(图 9-9)。

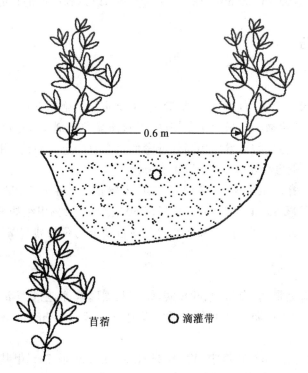

图 9-9 苜蓿滴灌种植模式

三、田间管理

1. 苗期管理

苜蓿在墒情适宜条件下 6～8 d 即可出苗,12 d 左右就能出齐。苜蓿幼苗期不宜过早灌溉,特别是在 2 片子叶期切勿灌溉,以免由于水淹造成缺苗或生长受阻。一般对新种的苜蓿,须在幼苗长出 3 片真叶,株高 5 cm 以上后进行浇水。苜蓿生长期间,应适当追施氮、磷复合肥,提高苜蓿的质量和产量。

2. 适时灌水

苜蓿对水的敏感性很强,需水关键期是在生殖器官形成、开花期和每次收割后。分枝期和现蕾期是苜蓿需水的临界期。苗期、分枝期和现蕾期的田间持水量分别不能低于 65%、45%、45%。一般在 4 月 20～25 日灌返青水,滴水量 300 m^3/hm^2。每茬收割前 7～9 d 灌一次水,收割后 3～5 d 内及时灌水,生育期共灌水 8～10 次,每次灌水量 450～525 m^3/hm^2。在越冬前 20 d 灌最后一水,滴水量 225～300 m^3/hm^2。另外,收割前灌水时应尽量避开大风、降雨天气,防止倒伏,灌水要均匀,避免低洼处积水。低洼地在雨天要注意排水,防止积水超过 24 h 以上,以免造成淹苗或死苗。

3. 施肥

开春随着中耕松土,追施磷酸二铵 225 kg/hm^2,硫酸钾 75 kg/hm^2。在每次收割苜蓿后,随水滴施磷酸二氢钾 75 kg/hm^2,尿素 30 kg/hm^2,以达到高产的目的。

四、病虫害防治

1. 虫害防治

虫害主要有苜蓿叶象甲、苜蓿盲蝽、棉铃虫,主要防治措施如下:

(1)叶象甲　在苜蓿嫩梢生长及孕蕾期中,喷施菊酯类药剂 450～600 g/hm^2。

(2)牧草盲椿象　各代孵化盛期用高效低毒的化学农药进行防治,用 40% 啶虫脒可湿性粉剂 45 g/hm^2、70% 吡虫啉水分散粒剂 30 g/hm^2。

(3)棉铃虫　在棉铃虫卵孵化盛期到幼虫 2 龄前,用科云 NPV(600 亿 U)用量为 300 g/hm^2、阿维杀铃脲 300 g/hm^2,苏云金杆菌 600 g/hm^2、2% 甲维盐 EC 300 mL/hm^2。

杀虫剂能控制大部分害虫,但必须注意避免在苜蓿上的药物残留量,避免影响家畜的身体健康。

2. 病害防治

苜蓿病害主要有霜霉病、白粉病、叶斑病、锈病及根腐病等,主要防治措施如下:

(1)苜蓿锈病　发病初期可用 15% 粉锈宁 WP 450～750 g/hm^2,7～10 d 喷一次连续喷 2～3 次。

(2)白粉病　可选用 15% 粉锈宁 WP 1.2～1.5 kg/hm^2 或 70% 甲基托布津 WP 1.05～1.5 kg/hm^2,连续喷两次,每次间隔 7～10 d。

(3)霜霉病　波尔多液用 0.5:1:100 喷雾或 65% 代森锌可湿性粉剂 600～800 倍液喷雾。药液需 7～10 d 喷施一次,视病情连续喷施 2～3 次。

(4)褐斑病　在发病初期,收割前 30 d,可用 15% 粉锈宁 WP 0.9～1.2 kg/hm² 喷雾防治。

五、收获

1.收割时间

收割的时期应控制在现蕾期至盛花期之间,以百株开花率在 5% 以下为宜,其中在现蕾期收获的苜蓿的质量最好,建议选择现蕾期收割苜蓿。第一茬苜蓿收割时间大约在 5 月中旬,在水肥条件好时,以后每隔 30 d 左右收割 1 茬,1 年可收割 4 茬。

2.留茬

收割时,土壤表层应当干燥,割草的留茬高度应控制在 5～8 cm 范围内,留茬过高影响苜蓿产量,也不利于来年返青,留茬过低不利于机械操作。在最后一次收割时,要注意留 40～50 d 的生长期,以利于越冬(图 9-10)。

3.打捆

收割后,在晴天阳光下晾晒 2～3 d,当苜蓿草的含水量 18% 以下时,可在晚间或早晨进行打捆,以减少叶片的损失及破碎。在打捆过程中,尽量在苜蓿还很柔软,不易掉叶、不易折断的时候进行,注意不能将田间的土块、杂草和腐草打入草捆。

图 9-10　苜蓿收割

第三节　苜蓿滴灌栽培经济效益分析

一、苜蓿的重要作用

紫花苜蓿是多年生的豆科牧草,利用期少则 4～5 年,长的可达 10 年以上。它种植在一般地块可产鲜草 60 000～75 000 kg/hm²,种植在水肥条件好的田块,可以达到 75 000～

12 000 kg/hm²,折合干草 18~30 t/hm²。

种植紫花苜蓿有很好的改土肥田的作用。苜蓿根具有根瘤，它通过根瘤菌可以进行生物固氮；根系发达，能够吸收利用土壤深层的水分；枝叶繁茂，能减少地面水分蒸发。苜蓿种植多年后，能有效增加土壤有机质，改善土壤结构，降低地下水位，改良土壤盐渍化，对轮作后作物增产起着重要作用。

紫花苜蓿是一种优质的牧草。牧草品质好的重要的一个标志是蛋白质含量高，紫花苜蓿粗蛋白质含量可以达到 20%~25%，是一种重要的蛋白质饲料来源，且富含脂肪，多种矿物元素，多种维生素以及适于牲畜生长所需的多种氨基酸。如果跟玉米相比，紫花苜蓿蛋白质的含量相当于玉米的 2~3 倍。

▶ 二、经济效益分析

以新疆石河子地区 2012 年 148 团苜蓿滴灌栽培为例，进行效益分析。

1. 滴灌与常规灌溉的水肥对比

漫灌条件下，在每茬苜蓿进头水前人工撒施尿素 150 kg/hm²。由于撒施不是均匀，导致苜蓿长势不一致。滴灌条件下，每茬滴肥两次，每次施尿素 75 kg/hm²，随水滴施。肥料滴施均匀，并且直接滴施到植物根层，水肥利用率大大提高。苜蓿生长的全生育期都有充足的水肥供应，苜蓿的生长发育进程加快，较常规漫灌条件种植下收割茬数增加两茬，而且一、二两茬的产量明显提高。

2. 滴灌栽培优势分析

滴灌栽培方式改变了传统的灌水、施肥方式，利用水肥耦合技术，通过滴灌系统将水肥直接运送到植物根层，避免了渠系蒸发、地表径流、水肥不均匀等现象，大幅提高了水肥利用率和均匀度，加快了苜蓿生长，使得产量明显增加。此外，采用滴灌栽培技术后，不用毛渠灌水，提高土地利用率 5% 左右。地块平整，收割茬高度降低到 5~8 cm，收割速度快、质量好，增产效果显著。

3. 经济效益分析

滴灌苜蓿的成本为 11 811.75 元/hm²，其中包括种子、肥料、滴灌带和滴灌系统（按照三年分摊折旧）。2012 年，滴灌苜蓿单产 23 895 kg/hm²，按照市场价 1.1 元/kg 收购，产值 26 284.5 元/hm²，综合收益 14 472.75 元/hm²。与常规漫灌相比，虽然成本价增加了 5 259.9 元/hm²，但是产量增加了 16 155 kg/hm²，经济效益增加了 12 510.6 元/hm²，效益十分显著。

▶ 参 考 文 献 ◀

[1] 王荣栋，尹经章.作物栽培学[M].北京：高等教育出版社，2005.

[2] 胡化柏.华东农区紫花苜蓿短期栽培利用的可行性研究[J].中国草地学报，2010：64-68.

［3］陈艳花.滴灌紫花苜蓿高产优质栽培管理技术探讨［J］.石河子科技,2014(2):3-8.

［4］周易明.滴灌技术在苜蓿生产上的应用［J］.草原保护与建设,2014(2):61-62.

［5］高敏.现代节水滴灌在苜蓿种植中的应用［J］.草原与畜牧,2011(4):18-19.

［6］黄建国.北疆紫花苜蓿单产1 500 kg滴灌栽培技术［J］.农村科技,2012(2):4-5.

［7］孙洪仁,等.紫花苜蓿灌溉的理论与技术［J］.中国奶牛,2014(Z2):13-16.

［8］任志斌,等.148团滴灌苜蓿高产高效栽培技术探讨［J］.新疆农垦科技,2012(7):12-13.

第十章　林果类滴灌栽培技术

　　新疆具有发展特色林果业得天独厚的资源优势,目前林果总面积已突破 113 万 hm²,果品产量达到 1 200~1 500 万 t,果品贮藏保鲜率达到 45% 以上,加工率达到 35% 以上;林果业在全区农民人均纯收入中的比重达到 30% 以上,主产区达到 45% 以上。形成了南疆环塔里木盆地以红枣、核桃、杏、香梨、苹果为主的林果主产区,吐哈盆地、伊犁河谷、天山北坡以葡萄、红枣、枸杞、时令水果、设施林果为主的高效林果基地,林果业总产值突破 200 亿元人民币。林果业发展较早的县市,林果收入已占农民纯收入的 50%。林果业已经发展成为农民增收的新亮点、农村经济发展的增长点、区域经济发展的支撑点和新农村建设的着力点。

　　自 20 世纪 90 年代中期以来,我区坚持把建设特色林果基地作为实施优势资源转换战略的一个重要内容,大力推动,实现了林果基地规模的快速扩张。林果业采用高效节水灌溉,节水、增产、增效,减少病虫害,产出的果品品质好、品相好。新疆地区大力发展林果业,建设生态农林业,采用高效节水灌溉,获得显著的节水增产效果。

第一节　葡萄滴灌栽培技术

▶ 一、葡萄生物学特性

　　葡萄为葡萄属落叶藤本植物,掌叶状,3~5缺裂,复总状花序,通常呈圆锥形,浆果多为圆形或椭圆,色泽随品种而异。人类在很早以前就开始栽培这种果树,几乎占全世界水果产量的1/4;其营养价值很高,可制成葡萄汁、葡萄干和葡萄酒。粒大、皮厚、汁少、优质、皮肉难分离、耐贮运的欧亚种葡萄又称为提子(图 10-1)。

(一)葡萄的根系

　　葡萄是蔓性果树,具有生长旺盛、极性强烈,营养器官生长快速,根系也较发达,成龄葡萄的需水需肥量较大。葡萄的根系因繁殖的方法不

图 10-1　葡萄

同,根系的分布有一定的差异。一般用扦插繁殖的植株,没有主根、只有粗壮的骨干根和分生的侧根及细根;在土层深厚的土壤中,葡萄的根系分布较广,可深达 2~3 m,因此具有一定的耐旱能力。葡萄的根为肉质根,可贮藏大量的营养。当土温适宜时,地上部还没有萌

发,葡萄的根系已开始吸收养分和水分,使枝蔓的新鲜剪口出现伤流液。一般葡萄的根系一年内在春夏季和秋季各有一次生根高峰,土温适宜时根系可周年生长而无休眠期。

葡萄是深根性植物,具有庞大的根系和很强的吸收功能,从而保证了地上部的旺盛生长和结实。

1.葡萄根系的种类和特点

葡萄的根系因繁殖方式不同分为两种,一种是由种子培育出来的实生树,有垂直的主根、侧根和幼根;另一种是扦插繁殖的自根树,根系没有垂直的主根,只有枝条埋在地下部分形成的根干和各级的侧生根与幼根。这类植物的根是不定根,生产上繁殖苗木时,就是利用葡萄发生不定根这一特性,进行扦插或压枝育苗的。

根最重要的作用是从土壤中吸收水分和矿物质养分,供地上部生长发育所需,其次,葡萄的根系还能储存营养物质,合成多种氨基酸和激素,对新梢和果实的生长以及花序的发育起着重要作用。

根的吸收作用主要靠刚发育的幼根来进行,这些幼根初呈肉质状,白色或嫩黄色,逐渐变成褐色。幼根白色部分着生根毛,根毛是吸收水分和营养物质的主要器官。

2.葡萄根系的分布

葡萄是深根性果树,根系一般分布在 20～80 cm 的深度范围内,其中主要集中在 20～40 cm 的深度范围,其分布与土壤质地、地下水位、定植沟大小、肥力多少有直接的关系。在土质差、地下水位高、气候条件不好的情况下,根系往往较小,新根也少。反之,在气候土壤条件较好的条件下,葡萄的根系发育强大,新根多,呈肉质状。

3.葡萄根系的生长

葡萄的根系,每年有两个生长高峰,在早春地温达到 7～10℃时,葡萄的根系就开始吸收水分和养分。当地温达到 12℃时,根系开始生长。从葡萄开花到果粒膨大,也就是在 6～7 月份是根系生长的第一次高峰,和新梢的生长期相一致。夏季地温达到 28℃以上时,根系生长缓慢,几乎停止。到果实采收后,根系又进入第二次生长高峰。随着气温下降,根系生长也逐渐缓慢,当地温下降 13℃以下时,根系停止生长,植株进入休眠期。

(二)葡萄的茎

1.葡萄茎的组成

葡萄的茎包括主干、主蔓、结果母枝、新梢等。从地面发生的单一的树干称为主干,主干上的分枝称为主蔓,主蔓上的多年生的分枝称为侧蔓。带有叶片的当年生枝称为新梢,着生果穗的新梢称为结果枝,不产生果穗的新梢称为生长枝。

2.葡萄茎的生长和发育

当昼夜平均气温稳定在 10℃以上时,葡萄萌芽便抽出新梢。开始时,因气温低生长缓慢,表现为基节的节间短。随着气温的升高,新梢的生长加快,加长的速度增加,因此花序上部的节间较长。新梢一般不形成顶芽,只要气温合适,可一直生长持续到晚秋。

(三)葡萄的芽

1.葡萄芽的种类与性质

葡萄的芽是过渡性器官,位于叶腋内,是既可以抽枝发叶又可以开花结果的混合芽,分冬芽、夏芽和隐芽 3 种。

(1)冬芽 冬芽外部有一层鳞片,内部有一个主芽和 3～8 个副芽组成。主芽在中心,副芽在四周,因此有时叫芽眼。主芽比副芽发育好,当年秋天能分化出 6～8 节,如营养、激素条件适宜,可分化为花芽,在第 3～6 节叶原基的对称面出现花序原基,翌年可抽生结果枝。如条件不足,只能分化出叶原基,称为叶芽,翌年只能抽生营养枝。冬芽为晚熟性,一般当年不萌发,越冬后于翌年春季萌发抽梢,因而称为冬芽。

（2）夏芽　是无鳞片保护的裸芽,位于新梢的叶腋中,当年萌发为副梢。夏芽为早熟性,像玫瑰香、巨峰的夏芽副梢结实力较强,可以用来结二次或三次果。

（3）隐芽　是生长在多年生蔓上发育不完全的芽,其寿命较长,一般不萌发,只有受到刺激时才能萌发成新梢。它们绝大多数不带花序,一般作更新老蔓和改接换种之用。葡萄隐芽的寿命很长,因此葡萄恢复再生能力很强。

2. 葡萄的花芽分化

花芽是带有花序原基的芽,它的分化必须在营养生长达到一定阶段,具备了形成花芽的物质基础时才能进行,而且由于品种、气候、管理措施等的不同,对花芽分化的进程也产生不同程度的影响。花芽形成的多少及质量的好坏,对浆果的产量和品质有着直接的影响。

（1）葡萄冬芽的花芽分化　一般在主梢开花期前后开始花芽分化,随着新梢的延长,新梢上的各节冬芽一般从下而上逐渐开始分化。一般以 6～7 月份为分化盛期,以后逐渐缓慢,在冬季休眠期间,不再出现明显的变化,直到转年春天发芽后,随气温上升出现一个急剧分化期而形成完整的花序。花芽分化的时间和花序上的花蕾数,因树种和树势的不同而不同。

（2）葡萄夏芽的花芽分化　葡萄在自然状态下,其夏芽萌发的副梢一般不形成花序结果。但对主梢进行摘心,则能促进夏芽的花芽分化。夏芽的花芽分化时间较短,有无花序与品种和农业技术有关。如巨峰、葡萄园皇后等品种有 15%～30% 的夏芽有花序,而龙眼、红地球等品种只有 2%～5%。

二、葡萄对环境的要求

1. 光照和土壤

葡萄是一种喜温果喜光树,喜干忌湿,耐寒的能力较差,比较抗旱,它根系发达,能适应多种土壤。在深厚、疏松和肥力较好的土壤上表现产量高,土壤 pH 6～7.5 生长最好,具有较强的耐盐碱能力,在 pH 9 的土壤上尚能正常生长。地下水位宜在 1.5～2 m 以下。

2. 温度

葡萄生长包括萌芽、开花、果实开始着色、果实完全成熟和新梢开始成熟等物候期。葡萄要求较多热量,春天当气温达 10℃ 时,欧亚种葡萄开始萌芽生长,早熟品种要求有效积温约 2 500℃,大于 10℃ 以上的天数为 160 d 以上,对生长和结果适宜的温度 20～25℃,开花期间温度不宜低于 14～15℃,40℃ 以上高温对葡萄有伤害。在休眠期间,葡萄成熟的枝芽可耐 -18℃ 左右的低温,欧亚种葡萄根系不抗寒,在 -4～5℃ 时即受冻害。

3. 葡萄对营养的需求特性

葡萄与其他果树相比,对养分的需求有共同之处,如都需要氮、磷、钾、钙、镁、硼等各种营养元素,但也有其自身的特点。

葡萄具有很好的早期丰产性能,一般如土壤较肥沃,在定植的第二年即可开花结果,第三年即可进入丰产期。由于葡萄为深根性植物,没有主根,主要是大量的侧根,为使葡萄较好地进入丰产期,促进葡萄形成较发达的根系是早期施肥的关键。调查结果表明,种植前进行深翻施肥改土,提高中深土层中养分的含量是施肥的关键。

三、葡萄测产方法

葡萄成熟时,对照和试验地块各随机抽取 2 株葡萄树,每株分别采大穗 1 穗、小穗 1 穗、中穗 2 穗,并 3 次重复,计算平均单穗重。同时随机在单穗上摘取果粒测定百粒重,计算平均单粒重。用计数器计数单株葡萄树葡萄穗数,计算单株产量。

测产时间依葡萄品种的不同成熟期和采收期而定。原则上在葡萄采收前 20 d 左右完成。按照测产要求,在葡萄园区抽取树龄分别为 3 年生、4 年生和 5 年生及以上 3 个树龄区块,选点时避免了选取过好、过差地块。根据地块大小和植株整齐度合理地确定样点。测产采用跳跃式取样法决定测产株。测定样点每行选取 10 株,通过调查每株葡萄的果穗数、单穗重、单粒重,计算每公顷产量;用手持测糖仪测定可溶性固形物含量;品尝葡萄香味;观察葡萄果品颜色、外观。葡萄平均单产=平均单穗重×平均每株果穗数×每公顷株数。

四、葡萄滴灌栽培技术

(一)葡萄品种选择

栽培葡萄(鲜食),投资费用高,收益晚,又是一次栽植多年受益,因此,选择好品种尤为重要。首先要根据当地气候条件,地域条件等实际情况,选择质量优、抗病强、耐储性好的品种;第二选择有发展前景的优良新品种;第三搞好早、中、晚熟品种结构布局。

(二)整地

(1)选地 要选择疏松、通气好的沙壤土,秋后灭茬,深耕,平整。

(2)开沟施肥 按 1.8 m 行距开沟,沟深 40 cm,沟宽 60 cm,开好沟后将腐熟粪肥混合表土一起填入沟内,每公顷施粪肥 75 t。

(3)喷洒除草剂 每公顷喷洒禾耐斯 1.5 kg 或都尔 2.25 kg,喷药后进行耙地一遍。

(4)做好栽植槽 施肥后做栽植槽,槽深 8 cm,槽宽 80 cm。

(三)苗木准备

(1)选择壮苗 要求苗木直径 0.5 cm 以上,有 3 个饱满芽,侧根、须根发达,经检疫无病虫害,器官新鲜,如果是嫁接苗,嫁接口要愈合良好。

(2)行修剪 留 2~3 个饱满芽,侧根也要适当修剪短截。

(3)浸水 将修剪后的苗木根系放到清水中浸泡 20~30 h。

(4)催根 用生根剂或旱地龙浸根。

(四)栽植(4 月上旬进行)

(1)栽植行距 1.8 m(已做好栽植槽),株距 1 m。在做好的栽培槽中间按 1 m 株距挖 20 cm×20 cm 苗穴进行栽植,栽后将苗木周围土踩实。

(2)铺设滴灌毛管覆盖地膜,70 cm 宽地膜覆盖在栽培槽内,两边封好土,苗木处戳上小洞,让苗木露出膜外并在周围盖上 2~3 cm 土(图 10-2)。

(五)滴水

栽植后铺设支管并接通滴灌管,进行滴水,滴水量 225 m³/hm²,全年共滴水 15 次左右,1 hm² 总滴水量 3 450 m³ 左右(表 10-1、图 10-3)。

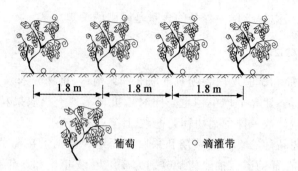

图 10-2　葡萄滴灌内镶式滴灌带铺设方式示意图

表 10-1　新疆葡萄滴灌灌溉制度 　　　　　　　　　　　　　　　　　m³/hm²

项目	4月	5月	6月	7月	8月	合计
灌水量	150	450	975	1 425	450	3 450
灌水定额	150	225	225～300	225～300	150	

图 10-3　葡萄滴灌栽培技术

(六)施肥

化肥全部随水滴施。从第二水到第六水每次滴水每公顷随水滴施尿素 45 kg(第二年 30 kg),磷酸二氢钾 15 kg。最后一水随水滴施尿素 45 kg,磷酸二氢钾 45 kg。全年每公顷施化肥总量尿素 270 kg,磷酸二氢钾 120 kg。

(七)整枝、修剪

苗木发芽后,留两条主蔓,主蔓 6～7 片叶摘心,副梢出现,留一片叶摘心,摘心除副梢(也是摘心)要反复进行直到 8 月份,植株生长减缓,主蔓冬芽饱满熟化,摘心除副梢停止。冬前修剪,两条主蔓,保留 6～8 节,主蔓上侧蔓(副梢)生长粗壮,每条主蔓可留 2 个侧蔓做结果母枝,每个侧蔓保留 2～3 个芽眼,第二年葡萄发芽后,不管是什么品种,只留一个壮芽,其余除去。每条主蔓留 3～5 个结果新梢,2～3 个营养枝(其中 1 个做预备枝),结果新梢只留一果穗,果穗前 4 片叶摘心,营养枝 6 片摘心,不管结果枝,营养枝副梢出现留一片叶摘心,并要反复进行。冬前,按 22.5 t/hm² 产量确定留枝量。预备枝粗壮,可替换主蔓将主蔓回缩修剪,预备枝达不到要求主蔓延长 4～6 节修剪,主蔓留 3～4 条结果母枝,结果母枝留 2～3 个芽眼。

(八)化调

以化学调节植株生长,促进花芽分化。化调 6 月份进行,药剂用多效唑,随水滴施,每公顷施用量 120～150 g。

(九)建架

栽植当年建架,架式采用单壁篱架,架材立柱用钢筋水泥制作,长 200 cm,地下埋 50 cm,地上埋 150 cm,立柱 6 m 栽一根(立柱也可采用木桩,但要做防腐处理),立柱上距离地面 40 cm 设置一道铁丝横线,葡萄枝蔓超过 40 cm 开始上架。

(十)病害防治

(1)生理病害　我区主要生理性病害有日烧病。防治方法:在果穗周围适当多保留些枝叶。

(2)侵染性病害　侵染性病害主要有霜霉病、灰霉病和白粉病。防治方法:秋后要清理枯枝烂叶和杂草,石硫合剂涂蔓。发生病害及时喷洒药剂。主要药剂有瑞毒霉、甲霜灵、代森锰锌、粉锈宁和波尔多液。要按标定浓度,要 1 周一次,连喷两次,要不同药剂交替使用。

注:施肥、化调、病虫害防治的滴施方法同棉花。

第二节　红枣滴灌栽培技术

▶ 一、红枣生物学基础

(一)生物学特性

红枣为鼠李科枣属植物,落叶小乔木,稀灌木,高达 10 余 m,树皮褐色或灰褐色,叶柄长 1～6 mm,或在长枝上的可达 1 cm,无毛或有疏微毛,托叶刺纤细,后期常脱落。花黄绿色,两性,无毛,具有短总花梗,单生或密集成腋生聚伞花序。核果矩圆形或长卵圆形,长 2～3.5 cm,直径 1.5～2 cm,成熟时红色,后变红紫色,中果皮肉质,厚,味甜。种子扁椭圆形,长约 1 cm,宽 8 mm。

1.枝、芽的形态特征和生长特点

主芽(正芽或冬芽)着生在枣头和枣股的顶端或侧生在枣头一次枝和二次枝的叶腋间,可萌发形成枣头和枣股。枣头(即发育枝)是形成骨干枝和结果基枝的主要枝条,具有很强的生长能力,能连续单轴延伸,一般 1 年萌发 1 次。枣股(即结果母枝)是由两年生以上二次枝上的主芽或枣头一次枝上的主芽形成的短缩枝,年生长量仅为 0.1～0.2 cm,寿命约 10 年,一般 3～6 年生枣股结果多,10 年以上的枣股结实能力极低。副芽(夏芽)是指侧生于主芽的左上方或右上方的芽,具有早熟性,当年形成当年萌发。枣头基部和枣股上的副芽,萌发形成枣吊(结果枝);枣吊叶腋间形成花序,开花结果,每枣股可抽生 2～7 个枣吊,于晚秋落叶而脱落,故又称脱落性枝。

2.开花结果习性

红枣开花结果是在枣吊(结果枝)上完成的,花芽分化具有当年分化、随生长分化、分化速度快、单芽分化期短、全树分化持续时间长等特点,因此,红枣大小年不明显。红枣花为雌雄同花,属典型的虫媒花,花序为二歧聚伞花序或不完全聚伞花序,1个花序内有花15朵,开花量大,说明枣结实能力强,生产潜力很大。

(二)红枣对环境的要求

红枣的适生范围广,在无霜期160 d以上、年均气温8℃以上、极端最低温度−28℃、极端最高温47.6℃、空气相对湿度30%和有灌溉条件的地区,树木均能正常生长开花结实。红枣根深、抗旱、耐瘠薄,对土壤的适应性强,不论沙土、轻黏壤土或盐碱地均能栽培,在pH 8.5的土壤上仍能正常生长。红枣为喜光、喜温树种,其生长发育要求较高的温度。则比一般果树开始生长晚,落叶早。春季日均温度达13℃以上时才开始萌芽,18～19℃时抽梢和花芽分化,20℃以上开花,花期适温为23～25℃,秋季气温降至15℃以下时开始落叶,在休眠期可耐−28℃的低温。

(三)红枣的测产方法

测产时间与方法:测产时间为9月15日,采用单对角线取样法调查取样,在红枣集中栽植区,选取有代表性的样点3个,每个样点1 hm² 地,采摘下来后,称取单果重、株产、公顷产等(保存株数按每750棵计,其中受粉树占15%左右)。红枣平均单产=平均单穗重×平均每株果穗数×每公顷株数。

二、红枣栽培种植技术

(一)红枣栽培品种

新疆主要栽培品种哈密大枣、骏枣、赞皇大枣(又名长枣)、灰枣(又名大枣)、壶瓶枣、赞新大枣、圆脆枣、新疆小圆枣、新疆长圆枣等。不同品种、不同栽培方式、不同立地条件的枣树,树形的培养是不同的。

(二)红枣栽培种植方式

枣树具有发芽晚,落叶早,生长期短,枝条稀(结果枝为脱落性枝),叶片小,自然通风透光好,根系能生长高峰出现迟生长等特点,并且枣树与间作物生长期交错分布,两者肥、水和光照需求矛盾较小,这就决定了枣树是实行林粮间作最佳树种之一。目前,在新疆最常用的红枣栽培方式有:以农作物为主的经济片林式栽培模式、枣粮间作栽培模式、间作模式等(图10-4)。常见的有枣树+小麦、枣树+豆类、枣树+棉花、枣树+蔬菜、枣树+瓜等,株行距以3 m×4 m为宜。也有单纯种植红枣的种植方法,行距1.5～2 m,株数可达6 000株/hm²(图10-5)。

(三)具体栽培措施

1.种植时间

因为枣树发芽较晚,且气温要求较高,所以新疆主要以春季定植为主。根据南疆气候条件,和田、喀什以4月5～15日栽植为宜;阿克苏与巴州地区以4月5～25日为好,在北疆再推迟一周栽植。

图 10-4　滴灌枣树间作

图 10-5　滴灌枣树

2.栽植密度

为减少枣树对间作作物的不良影响,推荐采取缩小株距、加大行距的办法。单行定植枣树:行距 1.5 m,株距 0.4～0.5 m,栽植密度 1.3 万～1.6 万株/hm²(图 10-6)。双行栽植枣树时:宽行 2 m,窄行 0.75 m,株距 0.5 m,栽植密度 1.4 万株/hm²(图 10-7)。

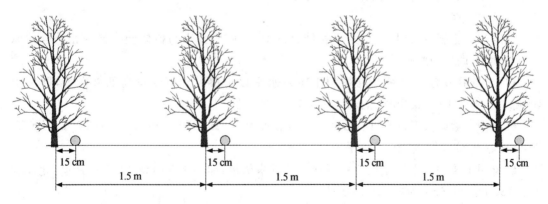

15 cm　　　　1.5 m　　　　15 cm　　　　1.5 m　　　　15 cm　　　　1.5 m　　　　15 cm

图 10-6　滴灌枣树单行种植

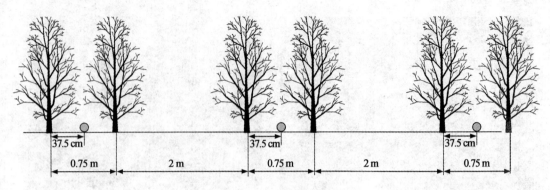

图 10-7　滴灌枣树双行种植

3.滴灌灌水

枣树虽是一种抗旱性、耐涝性都比较强的经济树种,但缺水会直接影响树体的生长和发育,落花落果严重,果实发育不良。反之,枣园内积水过多,会造成突然缺氧,根系窒息、叶片脱落,甚至全树死亡。因此合理地灌溉,能有效地保证枣树的生长发育,提高枣果产量和质量。

按照新疆地方标准成龄枣园枣树的灌溉定额 7 200~8 700 m³/hm²,灌水 30 次左右,灌溉定额随不同区域和产量有所增减。

萌芽期:灌水周期 8~10 d,萌动期灌一水,灌水要透,灌水定额 375~450 m³/hm²;其余灌水定额 225~300 m³/hm²。

展叶期:灌水周期 6~8 d,灌水定额 180~255 m³/hm²,轻质土宜少量勤灌。

花期:灌水周期 4~6 d,灌水 8~10 次,灌水定额 180~255 m³/hm²。

果实膨大期:灌水周期 4~5 d,灌水 7~8 次,灌水定额 180~255 m³/hm²,如遇干热天气可适当增加灌溉次数和灌溉水量。

成熟期:灌水周期 6~10 d,灌水 5~7 次,灌水定额 180~225 m³/hm²,一般情况下 9 月下旬停水。

红枣采收后 10~20 d 进行冬灌,灌水定额 1 200~1 500 m³/hm²。

4.施肥管理

成龄红枣施肥应采用有机、无机相结合的原则,施肥技术与树体调控技术相结合的原则,水肥联合调控的原则。

(1)土壤养分含量分级　红枣园土壤氮水平以土壤碱解氮含量高低来衡量,即小于40 mg/kg、40~100 mg/kg、大于 100 mg/kg 分别为低、中、高水平。

红枣园土壤磷水平以土壤有效磷含量高低来衡量,即小于 7 mg/kg、7 ~20 mg/kg、大于 20 mg/kg 分别为低、中、高水平。

红枣园土壤钾水平以土壤速效钾含量高低来衡量,即小于 90 mg/kg、90~180 mg/kg、大于 180 mg/kg 分别为低、中、高水平。

(2)施肥量的确定　在施用有机肥的基础上,滴灌条件下推荐施肥量见表 10-2。

肥力水平	氮(N)			磷(P_2O_5)			钾(K_2O)		
	高	中	低	高	中	低	高	中	低
施肥量	630~660	660~690	690~720	510~540	540~570	570~600	255~285	285~315	315~345

表 10-2　滴灌条件下推荐施肥总量　　　　　　　　　　kg/hm²

(3)微灌用肥要求　滴微灌用肥料必须水溶性好,含杂质及有害离子少,各元素间既不能相互作用沉淀,也不能与灌溉水中杂质相互作用沉淀,各营养元素间无拮抗现象,以防止灌水器堵塞造成肥水不均及肥效降低。微灌肥以酸性为宜。氮肥可用尿素(46% N)作基肥和追肥,磷肥可用三料磷肥(46% P_2O_5)和磷酸二铵(46% P_2O_5,18% N)作基肥,磷酸一铵(61% P_2O_5,12% N)可作追肥,钾肥用硝酸钾(12.5% N,42% K_2O)作基肥和追肥。

(4)基肥

施肥时间:每年施基肥一次,一般在果实采收后进行,如秋季未施用,第二年春季土壤解冻后立即施用。

基肥施用量:农家肥 45~60 t/hm²,25%的氮肥,35%的磷肥,15%的钾肥。

施肥方法:在树干距树冠 1/3~2/3 处挖深 30~50 cm 施肥沟或穴;已经封行的枣园也可将肥料混匀后撒施于地表,然后将撒施的基肥深翻。

(5)追肥　萌芽期第二水开始随水施肥,隔次灌水施肥,施肥量为:萌芽至初花期分 6 次施 50%的氮肥和 25%的磷肥;从盛花期至采收期分 9 次施 25%的氮肥、40%的磷肥和 85%的钾肥。

(6)微量元素

硼肥的施用:土壤有效硼小于 0.8 mg/kg 的果园,可用 7.5~15 kg/hm² 硼砂作基肥施用,在缺硼情况下,可在花期连续喷施 0.2%硼砂 3~4 次。

锌肥的施用:土壤有效锌小于 1 mg/kg 的果园,可用 15~30 kg/hm² 硫酸锌作基肥施用,在缺锌情况下,在花期连续追施 2 次硫酸锌,每次追施量为 7~15 kg/hm²,2 次追施间隔时间 7~10 d。

锰肥的施用:土壤有效锰小于 1.5 mg/kg 的果园,在初花期和末花期连续 2 次追施硫酸锰,每次追施量为 3.5~7.5 kg/hm²。

铁肥的施用:土壤有效铁小于 5 mg/kg 的果园,基施硫酸亚铁 75~120 kg/hm²。在缺铁的情况下,追施 2~3 次硫酸亚铁,每次追施量为 17.5~37.5 kg/hm²。

5.田间管理

枣树虽对土壤的适应性很强,但要早结、丰产优质,仍需有良好的肥水条件。"三荒"薄地尤其要及时中耕除草和松土保墒,并增施肥水。枣树栽植后,自 5 月中旬开始放叶,这时要保持土壤湿润。6 月中旬,幼树进入生长旺季,注意适时浇水和施肥,加速苗木生长。秋季枣果采收后至土地封冻前,行间要进行耕翻,深度 20 cm 左右,使土壤疏松和熟化,改善土壤吸水和保水能力,利于冬季积雪,减少土壤的越冬害虫。

(1)中耕除草　一般全年进行 4~5 次,保持土壤疏松、无杂草。中耕除草切断了土壤毛细管,使土壤疏松,有利于土壤透气、吸水和保墒,防止杂草与枣树争夺水分和营养。

(2)修剪

抹芽:4 月底 5 月初,枣树发芽后,对萌发出的新枣头,如不需做延长枝和结果枝组培养,都从基部抹掉。各类枝条上的萌芽,需要的保留,多余的抹除,以减少营养无效消耗。

疏枝:是将密挤枝、交叉枝、竞争枝、枯死枝、病虫枝、细弱枝及没有发展空间的各种枝条从基部剪除。要求剪口平滑,不留残桩,以利愈合。6月份,对膛内过密的多年生枝,以及骨干枝上萌生的小枝,凡位置不当,影响通风透光,又不计划做新枝利用的,从基部剪除。

摘心:萌芽展叶后到6月份,对枣头一次枝、二次枝、枣吊进行摘心,阻止其加长生长。这样有利于当年结果和培养健壮的结果枝组。枣头一次枝摘心程度依空间大小和长势而定,一般弱枝重摘心(留2~4个二次枝),壮枝轻摘心(留3~5个二次枝)。矮密枣园,可对二次枝和枣吊进行摘心。二次枝摘心一般在长出3~5节时进行,也叫摘边心。枣吊摘心一般在6~8月份进行。当枣吊坐果2~4个时,对枣吊适当摘心。

拉枝:6月下旬,对生长直立和摘心后的枣头,用绳子将其拉成水平状态,控制枝条生长,积累养分,促进花芽分化。如树体偏冠,缺枝或有空间,可在发芽前、盛花初期将内膛枝和新生枣头拉过来,填补空间,调整偏冠,扩大结果部位。

开甲(环状剥皮):开甲的目的是割断韧皮部,暂时切断树冠光合作用产生的营养物质向根部运输,使有机营养集中树冠部分,供应开花结果,从而提高坐果率。在盛花期(6月中下旬),大部分结果枝已开5~8朵花时开甲。开甲后花质好,坐果多,果实生长期长,品质好,可比对照增产30%~50%。幼树首次开甲部位选在距地面20~30 cm树皮光滑处进行。第二年在上一年甲口上部5 cm处进行。以后依此类推。开甲刀口要求"上刀下坡,下刀上坡"。甲口宽度可根据树干粗度而定,一般为0.2~0.5 cm,上下两刀要等距、水平,甲口平整光滑,不伤木质部,不出毛茬,不翘皮露缝,以利愈合。甲口用塑料带包扎或用泥封闭。

剪芽:冬剪时,剪去发育枝顶芽,能防止继续发育抽枝而消耗营养。

(3)嫁接 红枣一般种植2~3年之后,若发现品种不好,就需要采用嫁接的方法来改善果树品种结构,提高果品质量和生产效益。红枣嫁接改良宜选择适合当地气候条件,果品销路好的品种。接穗应选择健壮无病虫,芽饱满,直立向上生长的1年生枝。一般选择早春嫁接改良,利于幼枝生长和树冠的形成。

嫁接前要对需要嫁接改良的红枣树进行剪伐,去掉果树原有的大部分枝条,留下适合嫁接的树枝(也可称之为砧枝),并剪成适当长度的短橛。操作中需注意应尽量剪去上部或远端树枝,保留下部和近主干部的树枝做接砧,并要减少直接在主干和砧橛上造成的创口,同时防止砧橛揭皮和开裂。原有树冠大则应多留橛,原有树冠小则应少留橛。

嫁接时要根据接穗与砧枝大小进行匹配,按嫁接的先后顺序对砧木剪口及接枝上端剪口用塑料带包闭或涂上接蜡,在遇干旱时可用石灰水刷白主干和大枝,以保护树体水分,提高嫁接改良的成功率。

嫁接后要施足肥浇足水,加速接枝生长。红枣嫁接后视树体大小酌量埋施农家肥5~25 kg,磷酸二铵0.50~2.50 kg,并及时检查补接。嫁接后15~25 d检查,接穗或接芽变黑或变褐则表明嫁接不成功。若成活率过低,可及时进行补接。

为充分利用空间,第1年可间作棉花。间作棉花时,每膜1行酸枣、1行棉花,即每膜第1边行播种酸枣,第2、4行不播,第3行播种棉花。为保摘保肥,当年可不揭膜。播后7~10 d,及时检查放苗,防止膜内高温伤苗,酸枣苗长到10 cm左右,留单株间苗。8月初,苗高30~40 cm时,对酸枣苗摘心,以促其加粗生长。提高次年的嫁接率。

①嫁接时间和方法 从4月5日开始嫁接红枣,嫁接方法为改良劈接法。

②接穗品种的选择和采集　选择优良品种的成年大树(本地区的主栽品种为灰枣,授粉品种为鸡心枣),在其树冠外围结合冬季整形修剪,剪取一年生枣头,选用芽体饱满的中间几节留用,剔除枝条上的托刺,注意遮阴,防止失水,并当天封蜡贮藏,或沙藏于果窖中。也可在4月份嫁接时随采随用。

③嫁接苗的管理　红枣嫁接成活后,酸枣砧木大量萌蘗,要及时抹除,以免养分分散,影响嫁接苗木正常生长。如在生长过程中发现多头现象,应选优去劣留单头;有的枣树的二次枝只抽生枣吊,应尽早掐枣吊尖,以刺激主芽萌发枣头。并及时松土除草,结合灌水,追施2~3次化肥,每次150 kg/hm² 左右,以N、P肥为主。当新梢长至50 cm左右时,应及时进行解绑,可用小刀在枝接的背面将塑料薄膜切断,以免妨碍加粗生长。解绑后设立支柱并绑缚,以防枣苗从接口处劈裂折断,从而造成损失。8月份控水控肥,枣苗长到1 m左右时摘心,促进主干(枣头)、二次枝生长和木质化,以利越冬,冬季灌足冬水。

嫁接第2年,枣树即开始结果。为确保植株直立,稳定树干,防止风害、果实压力造成的断苗、歪苗,同时便于行间管理,可立柱拉铁丝固定。

树形为圆柱形,即多个二次枝自由分布在中央领导枝(枣头)的周围,树高控制在1.8~2 m。嫁接当年,新梢生长量达1 m左右,可不必进行修剪,第2年,根据树形培养需要,对中央领导枝枣头适当摘心(有些可根据生长扩冠需要适当长放枣头),为便于地面管理,主干40~50 cm以下的二次枝全部剪除,保留以上部分的二次枝,一般15个左右。二次枝不必短截,长到50 cm左右摘心,使行间保持50~80 cm的作业道,以利通风透光和生产管理。嫁接第2年即开始结果,每公顷产量4.5~6 t,第3年株产30.0~37.5 kg,每公顷产量12 t左右,以后各年每公顷产量15~22.5 t。

修剪时要冬季(休眠期)修剪与夏季(生长季)修剪相结合。

冬季修剪主要疏除徒长枝、竞争枝、交叉枝、病虫枝。并培养预备枝,对不理想的二次枝、老化枝利用频繁更新法进行更换。培养结果枝组时,要求保留二次枝、拐侧枝、下侧主芽萌发的枣头,不要枣股上主芽萌发的枣头。

夏季修剪主要采用除萌蘗、抹芽、摘心等手法,按枣树的发展空间控制其生长量。

土壤管理主要指深翻和中耕。深翻可在春秋两季进行,一般结合秋施基肥深翻改土;中耕是在生长季节多次浅耕,保持树盘土松无草。

施肥以基肥为主,基肥施用的最佳时期应在秋季。建园当年,播种前可结合整地施入,施腐熟基肥75~120 t/hm²,并视土壤肥沃程度施入少量化肥。建园第1、2年,视苗木长势每年追肥2~3次,以尿素、磷肥为主。除土壤施肥外,还可叶面喷肥。从枣树萌芽展叶后开始,到果实成熟止,每隔15~20 d进行1次。在萌芽至开花期喷0.4%尿素;果实膨大期至采收期喷0.3%尿素加0.3%磷酸二氢钾。在秋季果实采收后的树体营养回流期,叶面承受能力增强,可喷2%的磷酸二氢钾加3%的尿素。

应该注意的是,叶面喷肥一定要掌握好施用浓度,不同的肥料使用浓度不同。喷尿素的浓度一般为0.3%~0.5%,过磷酸钙浸出液0.5%~3%,氯化钾0.3%以下,硼砂、硫酸钾0.3%,硫酸铵0.2%~0.3%,硫酸亚铁0.1%~0.4%,若浓度太低效果差些,浓度过高会造成肥害。

灌水应根据枣园内土壤含水量的实际情况适期灌水,做到苗期不受旱。为保证嫁接成活率,嫁接前7 d灌足水,嫁接20 d左右必须及时灌第1水。结果树每年应保证浇水4次,即催芽水(萌芽前),以促进萌芽整齐;助花水(开花前),结合追肥进行,可保证花正常开放,提高坐果率;保果水(幼果膨大期),结合幼果追肥浇水,能加速果实膨大,提高枣果产量和质量;防裂水(8月上旬),保证水分均匀供应,预防裂果,亦可防止日灼。

(4)花果管理 要保证建园第3年开花坐果率,要求做到勤抹萌芽,对枣头摘心,充分利用枣股枣吊结果。枣头摘心应在花前完成。

为了提高坐果率,还应结合以下措施:花期放蜂;花期干旱喷清水,以增加空气湿度,使花粉易发芽;花期喷生长调节剂和微量元素:①盛花期喷10～15 mg/L赤霉素(920)1次,对增产有效,早晚喷均可,尤以傍晚为宜;②花期喷5～10 mg/L 2,4-D,幼果期喷30 mg/L 2,4-D或40～60 mg/L萘乙酸(NAA);③花期喷布0.2%～0.3%硼酸或硼砂,另加0.2%磷酸二氢钾＋0.2%尿素,效果均较好。

疏花疏果:幼果期每个枣吊保留两三个枣果,要有一定的间隔距离,其余幼果疏掉,要细致周到,宜早不宜晚。这样可避免后期落果,造成养分空耗,保证留果的生长发育,提高果实品质。

防止采前落果:枣果进入着色成熟期,常发生未熟先落的采前落果现象。由于落果早,果实成熟度差、果肉薄、含糖量低、风味差,商品价值率大为降低。我们主要采取喷施萘乙酸(NAA)防止采前落果。即采前30～40 d之间,连喷两次70 mg/L萘乙酸,能有效减轻落果。配制方法:1 g萘乙酸加10 mL酒精,振荡促使其完全溶解,再倒入15 kg清水中,搅拌数分钟,即得浓度约为70 mg/L的萘乙酸稀释液。

(5)枣果采收 根据枣果的不同用途可在不同的成熟期进行分期采摘:用于加工蜜枣时应在白熟期采收;用于鲜食和加工酒枣应在脆熟期采收;用于制干在完熟期采收。本地区红枣一般作鲜食和制干用,主要采用人工采摘的方法。若收获干枣,也可待红枣自然风干后,轻轻震动树枝,落果即达80%～90%。

(6)冻害产生的原因和防治措施 经田间调查数据显示,枣树冻害发生原因有:①气象因素,包括气温突变和低温持续。②栽培管理与枣树冻害关系:包括夏季修剪,技术措施落实不到位,1次枝长到30～50 cm没有及时摘心的;或只摘心1次,致使1次枝木质化程度不高。③冬灌,枣树在11月份浇冬灌水,枣树体内含水量高,造成冻害增高。④防御措施不完备,防护粗糙,树干包扎松散、不紧实,造成枣树受害;包扎长度低于25 cm,造成枣树受害。⑤品种与冻害关系,在相同条件下,抗逆性由强到弱依次为:灰枣＞赞皇大枣＞冬枣＞鸡心枣;冻害率由低到高依次为:灰枣2%、赞皇大枣9.2%、冬枣9.7%、鸡心枣50.3%。

冻害的防治措施:①树干刷石灰,冬季给树干刷石灰,除具有保持树干温度和水分的作用外,还有防寒、防病虫、防晒、防止树皮被动物咬伤等作用。灰浆的配制方法:用3.0 kg石灰、1.0 kg硫黄粉、1.0 kg食盐、0.2 kg食油、0.1 kg面粉、15 kg水倒入塑料桶搅匀即可,刷涂树干时要边搅动边刷灰。各种原料的作用:石灰和硫黄粉既能防冻又能防治病虫;食盐能渗入枣树皮层保持水分及防石灰的流失;面粉和食油能够增加灰浆的黏着性。②包裹树干,深秋或寒冬来临前包裹树干有效提高树体的抗寒力。可用稻草、干芦苇、草袋、麻袋等材料,把枣树树干40 cm以下包好,包裹时要特别包扎紧实,不能松散。③加强栽培管理,保证树体通风透光,促进器官和组织木质化。控水和控肥,在枣树萌动4月下旬滴1次水,5月中旬和6月下旬各滴1水,每次滴水525 m³/hm²(仅滴枣树行)。适时夏季修剪,枣头抽生1次枝有4～5个,2次枝为30～50 cm时进行摘心,且反复摘心控制长势,促进其木质化。冬灌

新疆主要农作物滴灌高效栽培实用技术

早结束,10月上旬结束冬灌水(漫灌),严禁10月中旬以后灌水和带冰碴子灌水,提高抗逆性。合理品种搭配,以灰枣为主栽品种,适当搭配一些抗逆性强的赞皇大枣和冬枣。

(7)病害原因及防治措施　冬枣中后期的主要病害主要是黑斑病、枣锈病、枣缩果病等。

锈病俗称枣雾,主要为害叶片,起初散生或聚生凸起的土黄色小疱,形状不规则,后期破裂,散出黄粉。在叶片对应的正面出现不规则的褪绿小斑点,后变成黄褐色角斑。最后干枯,早期脱落。发病严重时,引起早期落叶,使枣实皱缩,含糖量降低,进而削弱树势,影响产量和质量。该病每年7月中下旬发病,8~9月份达到高峰,并开始落叶。7~8月份高温多雨,发病重,干旱年份发病轻;地势低洼,栽植过密,树冠郁闭的枣林发病重,地势高,通风好的发病轻。防治方法:雨季及时排水,防止潮湿过度,引致发病。根据降雨多少,于7月上旬开始喷25%金力士乳油5 000~6 000倍+柔水通4 000倍混合液2~3次,8月份降雨频繁,还应再喷一次25%金力士乳油5 000~6 000倍+柔水通4 000倍混合液2~3次,都能很好地控制病害的发展。

枣缩果病以为害果实为主,其症状表现的先后顺序是:晕环、水渍、着色、萎缩、脱落等。果实受害后,多在腰部出现淡黄色水渍状斑块,边缘呈浸润状,清晰。随后病斑成为暗红色,无光泽。有的病果从果梗开始产生淡褐色条纹,排列整齐。果肉呈浅褐色,组织萎缩松软,呈海绵状坏死,并逐渐向果肉深层延伸,味苦。后期病部转为暗褐色,失去光泽。病果则逐渐干缩凹陷,果皮皱缩。直到最后脱落。目前国内外对冬枣的缩果病病原物认识还不统一,有人认为是真菌所致,又有人认为是细菌所致,多数人则认为是两种病菌混合发生。目前比较认可的是,由于害虫危害或生长环境不良等导致果实出现伤口,从而诱致病害的发生。所以防治缩果病应注意虫害的预防,以及抗御异常环境如对高温干旱天气可能对果实造成日烧等机械损伤等。在用药上应注意杀虫剂与杀菌剂的配合使用,同时杀菌剂应选择既杀真菌又杀细菌的混配杀菌剂,只有这样混配使用才能发挥兼治作用。从冬枣坐果后注意防治绿盲蝽等害虫的同时,每10~15 d全园喷布72%农用链霉素可湿性粉剂2 000~3 000倍+纳米欣可湿性粉剂1 000倍,必要时再加喷4 000倍柔水通,有良好的预防效果。近年来,一些对真菌和细菌兼治的杀菌剂开始上市,如进口80%金纳海水分散粒剂,应用800~1 000倍可以降低防治成本。发病初期,可间隔10 d左右,连喷2~3次,效果十分显著。另外合理留果,花期喷布盖利施或乳酸钙,枣园生草,减少虫伤和机械伤口也是必需的管理措施。

黑斑病主要为害果实。一般在枣果膨大着色时发病,受害果实先在肩部或胴部出现浅黄色不规则的变色斑,边缘较清晰,后扩大凹陷。随之变成红色褐色,后呈黑褐色,失去光泽。病部果肉为浅黄色小斑块,严重时果肉变为褐色,最后呈灰黑色或黑色。病组织松软呈海绵状坏死,味苦,不堪食用。后期害枣面出现褐色斑点,并扩大成长椭圆形病斑,果肉呈软腐状。在潮湿条件下,病部可长出许多黑色小粒点。防治方法:预防枣树衰弱和黄叶病对防治此病十分关键,生产中发现,枣树树势过于衰弱或者因缺铁等生理性病害混发时,黑斑病都普遍发生严重。因此,对黄叶病可采用进口叶面肥顶绿6 000倍,必要时还可选喷进口微量元素肥斯德考普6 000倍,配合果友氨基酸200~300倍混合液定期叶面喷施,以矫治黄叶病,提高树势,增强抗病能力。进入果实膨大期每15~20 d喷布65%普德金可湿性粉剂600~800倍+柔水通4 000倍混合液,对预防病害都有良好的预防效果。发病初期全园喷布50%鸽哈悬浮剂800~1 000倍,或70%纳米欣可湿性粉剂1 000倍,或70%剑力通可湿性粉剂 2 000～3 000 倍＋柔水通 4 000 倍混合液均可有效防治。

(8)虫害原因及防治措施　虫害主要有枣瘿蚊、红蜘蛛、蚧壳虫。

枣瘿蚊的防治的重点应是越冬代和第 1 代幼虫。①在秋末冬初或早春,深翻枣园,把老熟幼虫和茧蛹翻入深层,阻碍成虫正常羽化出土。地面喷施 5％敌百虫粉或 25％辛硫磷;②在枣树萌芽未展开时,第 1 代幼虫的预测期前 2～3 d(本地仅为 4 月 28 日左右),喷施石硫合剂或 80％敌敌畏乳油。

红蜘蛛一般在 6 月中下旬开始危害枣树,1 年发生多代。具体的防治方法:在枣树生长前期可刮树皮,翻刨树盘,也可用 3～5 波美度石硫合剂杀死越冬虫。6 月以后,当虫口密度平均达到 0.5/叶时,应及时使用杀螨药剂进行防治。可用 40％三氯杀螨醇 1 000 倍液,20％螨死净 800 倍液,20％哒螨灵 2 000 倍液,50％ 1605 乳剂 1 500 倍液或杀螨 1 号 3 000～4 000 倍液,均可达到防治目的。

蚧壳虫主要有梨圆蚧和大球蚧。①人工防治:在冬季和早春期间,刮除树干、枝及杈处的老粗皮并集中烧毁,冬季修剪时剪除虫枝;②化学防治:近发芽前,枝干喷石硫合剂,或 8～10 倍松脂合剂。梨圆蚧在雄虫羽化期及幼虫初产出时喷药防治,大球蚧在初孵若虫期,间隔 7～10 d 连续喷药 2 次,有较好的防治效果。可选用的药剂有:25％扑虱灵可湿性粉剂 1 500～2 000 倍液(提前 2 d 应用),80％敌敌畏乳油 1 000～1 500 倍液,20％速扑杀乳油 1 000 倍液,40％速蚧克乳油 1 500 倍液,40％的氧化乐果乳油 1 000 倍液等。

第三节　核桃滴灌栽培技术

核桃又称胡桃、羌桃,为胡桃科植物。核桃仁含有丰富的营养素,每 100 g 含蛋白质 15～20 g,脂肪较多,碳水化合物 10 g;并含有人体必需的钙、磷、铁等多种微量元素和矿物质,以及胡萝卜素、核黄素等多种维生素。对人体有益,可强健大脑。是深受老百姓喜爱的坚果类食品之一。被誉为"万岁子"、"长寿果"。

▶ 一、生物学基础

1. 核桃的树干

一般高达 3～5 m,树皮灰白色,浅纵裂,枝条髓部片状,幼枝先端具细柔毛(2 年生枝常无毛)。也有高达 20～25 m,树干较别的种类矮,树冠广阔。树皮幼时灰绿色,老时则灰白色而纵向浅裂。小枝无毛,具有光泽,被盾状着生的腺体,灰绿色,后来带褐色。

2. 核桃的叶

叶为奇数羽状复叶,长 25～30 cm,叶柄及叶轴幼时被有极短腺毛及腺体小叶通常 5～9 枚,稀 3 枚,椭圆状卵形至长椭圆形,长 6～15 cm,宽 3～6 cm,顶端钝圆或急尖、短渐尖,基部歪斜、近于圆形,边缘全缘或在幼树上者具稀疏细锯齿,上面深绿色,无毛,下面淡绿色,侧脉 11～15 对,腋内具簇短柔毛,侧生小叶具极短的小叶柄或近无柄,生于下端者较小,顶生小叶常具长 3～6 cm 的小叶柄。

新疆主要农作物滴灌高效栽培实用技术

3.核桃的花

核桃是绿色开花植物,一般为雌雄同株异花,靠风媒授粉(图10-8)。雌花着生在结果新梢的顶部,单生或2～3花簇生,形成雌性穗状花序。雌花的总苞被极短腺毛,柱头浅绿色。雄花的苞片、小苞片及花被片均被腺毛,雄蕊6～30枚,花药黄色,无毛。雄花聚集成下垂状的柔荑花序,长5～50 cm,偶有长达15 cm的。同一植株上雌、雄花花期常不一致,有雌、雄异熟现象。

图 10-8　核桃的花

4.核桃的果实

果实椭圆形,直径约5 cm,灰绿色。幼时具腺毛,老时无毛,内部坚果球形,黄褐色,表面有不规则槽纹。果序短,杞俯垂,具1～3果实;果实近于球状,直径4～6 cm,无毛。果核稍具皱曲,有2条纵棱,顶端具短尖头。隔膜较薄,内里无空隙,内果皮壁内具不规则的空隙或无空隙而仅具皱曲。核桃壳是内果皮,外果皮和内果皮在未成熟是为青色,成熟后脱落。新核桃种皮甚苦。

二、核桃对环境的要求

核桃,喜光,耐寒,抗旱、抗病能力强,适应多种土壤生长,喜肥沃湿润的沙质壤土,喜水、肥,喜阳,同时对水肥要求不严,适宜大部分土地生长。喜石灰性土壤,常见于山区河谷两旁土层深厚的地方。

1.温度

核桃属于喜温树种。普通核桃适宜生长的温度范围及有霜期为:年平均温度9～16℃,极端最低温度−2～−15℃。极端最高温度35～38℃,有霜期150 d以下。核桃在休眠期:幼树在−20℃条件下可出现冻害,成年树虽能耐−30℃低温,但低于−26～−28℃时,枝条、雄花芽及叶芽均易受冻害。在新疆的伊宁和乌鲁木齐,极端最低气温达到−34～−37℃时核桃不能结果,多呈小乔木或丛状生长。展叶后,如温度降到−2～−4℃新梢可被冻坏。花期和幼果期,气温下降到−1～−2℃时则受冻减产。在温度超过38～40℃时,果实易受日灼伤害,核仁难以发育,常形成空苞。

2.光照

核桃属于喜光树种。在年生长期内,日照时数与强度对核桃生长、花芽分化及开花结实有重要的影响。进入盛果期后更需要有充足的光照条件,全年日照时数要在2 000 h以上,才能保证核桃的正常生长发育,低于1 000 h,则核壳核仁均发育不良。特别是雌花开放期。若光照条件良好,坐果率明显提高。如遇阴雨,低温则易造成大量落花落果。例如,新疆早实型核桃产区阿克苏和库车地区光照充足,年日照量均在2 700 h以上。生长期(4～9月份)的日照时数在1 500 h以上,因而核桃产量高、品质好。同样凡核桃园边缘植株均表现生长良好,结果多;同一植株也是外围枝条比内膛枝条结果多、品质好,均为光照条件好所致。因此,生产中应注意栽植密度和适当修剪,不断改善树冠内的通风、透光条件。

3.土壤

核桃为深根性树种,根系需要有深厚的土层(大于1 m),以保证其良好的生长发育。土层过薄易形成"小老树",或连年枯梢,不能形成产量。核桃耐土壤质地的要求是结构疏松,保水透气性好,故适于在沙壤土和壤土上种植。黏重板结的土壤或过于瘠薄的沙地上均不利于核桃的生长发育。核桃对土壤氢离子浓度的适应范围是pH 6.5～7.5,即在中性或微碱性土壤上生长最佳。土壤含盐量宜在0.25%以下,稍微超过即对生长结实有影响。含盐量过高则导致死亡。氯酸盐比硫酸盐危害更大。核桃喜肥,据分析,每收获100 kg核桃要从土壤中吸收2.7 kg纯氮。氮肥可以增加出仁率。磷、钾除增加产量外,还能改善核仁的品质。但应注意氮肥稍有过量,就会延迟生长期,推迟果实成熟和新梢停长时间,不利于安全越冬。增施农家肥和压绿肥有利于核桃的生长发育。

▶ 三、核桃滴灌栽培技术(阿克苏地区)

(一)种子准备

1.采种

播种用的核桃应选择当地无冻害和病虫害、厚壳核桃实生树作为采种母树。当年采,次年春季用。秋季当果实青皮裂开一半时采收,剥去青果皮,在阳光下晾晒5～7 d,挑选饱满的核桃做种子,装入编织袋置通风冷凉处贮存。

2.春播前种子处理

在播前10 d进行浸种,用冷水浸泡种子8～10 d,每2～3 d换水一次,翻动一次。部分种子吸水膨胀裂口时,于晴天中午取出,阳光下晾晒2 h,种壳开口的即可播种。

3.用种计算

按照0.5 m×5 m株行距进行人工点播,每穴1粒种,每公顷用4 005个核桃种子,一般按照每千克70个核桃计算,理论上每公顷用种量57 kg。但在实际生产中,核桃发芽率一般在70%左右,因此,每公顷需准备核桃种子82.5 kg左右。

(二)园地准备

选择向阳、地势平坦、土层深厚、土壤肥沃、地下水位低(低于 1.5 m)、防护林完备、灌溉条件好的沙质土壤建园。于播种前 1 年秋季灌足冬水。春季每公顷施完全腐熟的农家肥 60 m³,然后进行深翻、整地,做到齐、平、松、碎、墒、净、直。

(三)播种

阿克苏地区播种核桃一般在 4 月上旬进行。播前每公顷施磷酸二铵 300~375 kg,进行耕翻、耙平,要求土壤细碎。间作园需留出 1.5 m 以上的保护带。按照 0.5 m×5 m 的株行距进行播种。采用膜下滴灌技术。播种后,利用机械按照 5 m 的行距,平地覆 80 cm 宽的膜,铺设滴灌带。人工按照株距 0.5 m 进行点播。每穴内放入 1 个裂壳的种子,播种时核桃种子的缝合线与地面垂直,种尖向外侧,播种后覆土 5~8 cm,播种 30 d 以后开始出苗。为保证间作的棉花不影响核桃幼苗的正常生长,需为核桃留出 1.2 m 的保护带。

(四)滴灌系统

总管直径 25 cm,干管直径 15 cm,支管直径 10 cm,地表毛管直径 2 cm。总管按地块短边地头铺设,埋深 1.5 m 以下,覆盖面积 20~26.7 hm²,每小时可供水 1 000~2 000 m³;干管与总管垂直设置,干管间距 80~100 m,埋深 1.2 m 以下;支管与干管垂直设置,支管间距 40~50 m,埋深 40~50 cm;地表毛管按地面作物实际种植行布设,滴水孔与核桃播种点吻合(图 10-9)。

图 10-9　滴灌栽培的核桃

(五)播后管理

核桃播种时覆土较厚,出苗期长,期间为确保膜下墒情,间隔期 15 d 左右需专为膜下核桃种子滴灌 2~3 次。5~7 月是苗木生长的关键时期,一般需滴水 4~5 次。土壤封冻前灌足冬水。5~6 月结合灌水,滴施氮肥 2 次,每次配施尿素 75~150 kg/hm²,7 月份追施复合肥 1 次 150 kg/hm²,结合滴灌进行滴施。幼苗生长期间还可进行根外追肥。6 月份至 7 月上旬用 0.3%~0.5%尿素喷洒 2~3 次,8 月份用 0.5%磷酸二氢钾喷洒叶面 2 次。7 月 15 日开始停止施氮,8 月底控制灌水,并及时抹除秋梢促进枝条成熟,保证幼树安全越冬。8 月下旬停水后,将地膜、滴管全部收掉。土壤封冻前进行埋土防寒,一般用干土埋,埋土厚度

30 cm 以上。第 2 年 3 月 10 日左右，土壤解冻后，去土扶正苗木，靶平土地。另外需注意的是，播后前 4 年以间作经济作物棉花为主，第 5 年以后间作小麦。在与棉花间作期间要加强红蜘蛛的防治，应于 6～7 月份喷施 50％螨死净胶悬剂 4 000 倍液。

（六）嫁接

1.嫁接前准备

播后第 2 年核桃萌芽前，在苗高 30 cm 饱满芽处截干。截干后萌发的新梢，留一个壮梢，为夏季芽接做好准备。

2.嫁接方法

播后第 2 年夏季，阿克苏地区最佳时间一般在 6 月 5～25 日之间进行嫁接。采用方块形芽接和嵌芽接，嫁接速度快、成活率高。品种可选择温 185 和新新 2，既为主栽品种，又互为授粉品种，按照（3～5）：1 的比例配置。即嫁接 4 行主栽品种，1 行授粉品种。

（七）移苗

根据栽培管理条件和立地条件，按照 3 m 株距或其他密度留苗，多余苗木移除，移除的苗木可用做新园定植或做为商品苗木出售，效益可观。

（八）水肥管理

1.灌溉制度

按照新疆地方标准成龄核桃树的灌溉定额 8 700～9 900 m^3/hm^2，灌水 13～17 次，灌溉定额针对不同树龄、不同区域、不同土质有所增减。

萌芽期—花期：灌水周期 12～15 d，树体萌动时灌一水，灌水要透，灌水定额 750～900 m^3/hm^2，其余灌水定额 450～600 m^3/hm^2，灌水次数 2～3 次。

果实膨大期：灌水周期 10～13 d，灌水定额 450～600 m^3/hm^2，灌水 3～4 次。

花芽分化—硬核前期：灌水周期 7～10 d，灌水定额 525～675 m^3/hm^2，灌水 4～5 次。

硬核后期：7 月底前，灌水周期 7～10 d，灌水定额 525～675 m^3/hm^2，灌水 2～3 次；8 月应控制灌水，灌水周期 15～20 d，灌水定额 450～600 m^3/hm^2，灌水 1 次。

成熟期：灌水周期 15～20 d，灌水定额 450～600 m^3/hm^2，灌水 1 次，一般情况下 9 月下旬停水。

冬灌水：在 10 月底 11 月初土壤上冻前结合施基肥，采用地面灌溉方式灌 1 次冬灌水，灌水定额 900～1 200 m^3/hm^2。

2.施肥管理

（1）施肥量 成龄核桃树施肥应采用有机、无机相结合的原则，施肥技术与树体调控技术相结合的原则，水肥联合调控的原则。施肥量的确定在施用有机肥的基础上，根据土壤肥力状况进行的推荐施肥量见表 10-3。

表 10-3　滴灌条件下推荐施肥总量　　　　　　　　　　　　　　　　kg/hm²

氮（N）			磷（P₂O₅）			钾（K₂O）		
高	中	低	高	中	低	高	中	低
1 000～1 200	1 300～1 500	1 600～1 800	700～800	900～1 000	1 100～1200	700～800	900～1 000	1 100～1 200

新疆主要农作物滴灌高效栽培实用技术

（2）基肥的施用　核桃每年施基肥 1 次，一般在果实采收后进行，如秋季未施用，第二年春季土壤解冻后立即施用。通常采用在树干距树冠 1/3～2/3 处挖深 30～50 cm、长 80～120 cm 沟或穴施肥。基肥施用量为农家肥 50～60 t/hm²，25% 的氮肥，35% 的磷肥，15% 的钾肥。

（3）追肥

花前追肥：在 4 月初进行，这次追肥主要以速效性氮肥为主，追肥量为全年追肥量的 50%。

果实膨大期追肥：在 5～6 月进行，这次追肥以氮肥为主，并追施磷钾肥，追肥量占全年追肥量的 30%。

油脂转化期追肥：在 7 月上旬进行，这次追肥以速效磷为主，并辅以少量的钾肥，追肥量占全年的 20%。

（3）叶面喷肥　喷肥时期为开花期、新梢速长期、花芽分化期及采收后，常用的喷肥种类为 0.1%～0.2% 硼酸、0.5%～1% 钼酸铵、0.3%～0.4% 硫酸铜等。

（九）病虫害防治

1. 腐烂病

防治时应采取预防为主、综合防治的方法。

（1）物理机械方法（刮皮切除病斑的方法）　在刮皮时轻度刮除，不损坏形成层内的愈伤组织，树体恢复迅速；当整个皮层坏死，在刮皮时全部清除病斑，并轻刮木质部上霉点，切除病斑时必须用力斜切病斑四周，带好皮 0.5～1.0 cm 重刮皮。

大面积刮除病斑。盛果期大树感病面积大，在刮皮时整个主干、大主枝全部刮除次生韧皮部以外的皮层，在大面积刮皮时应严格控制刮皮深度，最好不要损坏形成层，刮后及时涂药，可使用专治腐烂病的农药，如"843"康复剂、甲基托布津、菌毒清等。

（2）林业防治方法　选择土层厚、沙壤土、地下水位低的地块建园。合理灌溉，注意排除果园内积水；在核桃根基部打一防水圈，以阻止水对根部的浸泡。增施有机肥和磷钾肥，增强树势，合理修剪。结合冬、春季节修剪进行树干涂白，防冻、防止日灼伤、减少虫伤口等可减少病菌的初侵染途径。抬高嫁接部位，嫁接部位低冻害重。

（3）生物防治　用 5% 的农抗 120 水剂涂抹刮除后的病斑。

（4）化学防治　对修剪伤口及刮治的伤口注意消毒保护，刮后用 5～10 波美度石硫合剂涂抹，之后用塑料布包好。在病部用小刀纵向划线，深入木质部，然后涂 50% 甲基托布津可湿性粉剂 500～800 倍液，每隔 10 d 涂 1 次，连涂 2～3 次，有很好效果。

核桃腐烂病病斑刮到木质部后先用菌毒清涂抹，然后用 843 康复剂原液涂抹，之后用塑料布包好。此法具有病斑愈合快、不复发的特点。

2. 杨梦尼夜蛾、春尺蠖

（1）翻地灭蛹　从当年 2 种害虫幼虫入土化蛹到土地封冻前，从 6 月份到 10 月份均可进行。翻土深度 20 cm 左右，如果是开沟造林，只翻沟内土壤即可。

（2）黑光灯诱杀　杨梦尼夜蛾两性成虫及春尺蠖雄性成虫。从 2 月下旬到 4 月上旬，除大风及降雪外，每晚均应开灯，大约要持续 1 个多月时间。每 0.67～1.33 hm² 设 20 W 黑光灯 1 盏，采用等距离设置的方法布点。

（3）阻隔法　阻止春尺蠖雌虫上树产卵，在春尺蠖成虫羽化前（2 月中旬）完成。要求在实施阻隔防治区域内,将树干基部萌生枝清除干净,并要求做到每株都围膜或涂胶。将农用塑料薄膜裁成宽 10 cm 左右长条,围在树木干基,拉紧、拉平后用订书机在接口处订牢,使薄膜紧贴树干,成为一平整、光滑的闭合环。如树干木栓层粗糙,要先用刀刮平,以防虫体由膜下空隙爬上树。也可在树干基部用不干性黏虫胶涂一宽 10 cm 左右的闭合黏虫胶环,如树干粗糙也要先刮平。

(4)树干涂药环　毒杀上树产卵的春尺蠖雌虫,用药配方:柴油 50 份、双效菊酯 5% 乳油 1 份混合。把配好的药剂用刷子涂在树干基部,形成一宽 10 cm 左右的闭合药环。药环应当在春尺蠖成虫羽化前设置完毕。在树干涂药区域内,要清除干基部萌生枝。

(5)糖浆诱杀杨梦尼夜蛾成虫　糖浆配方:白糖(或红糖)6 份、醋 3 份、酒 1 份、水 10 份,再加总量 0.1% 的 DDVP 乳油。糖浆盘设置:选粗细适中、长 25 cm 左右的木棍 4 根,插入土中,使它们位于一个边长 30 cm 左右的正方形的 4 个顶点上,地面上留 10～15 cm,再用细绳将裁成 40 cm×40 cm 塑料薄膜四角系在 4 根木棍上,使成浅盘状,将杀虫糖浆倒入,每盘倒 150～250 g。设置数量以 15～30 个/hm² 为好。应在杨梦尼夜蛾成虫羽化前,即 2 月底以前完成,糖浆诱杀要持续到成虫全部羽化,要到 3 月底左右结束。

实施上述防治方案后,如果杨梦尼夜蛾或春尺蠖幼虫发生数量还在防治指标以上,对于某些可能猖獗成灾的地段可用生物农药,如灭幼脲 3 号 25% 胶悬剂 2 000～3 000 倍液,或 16 000 U 的 Bt 乳剂 1 500 g/hm² 喷雾防治。

第四节　林果类滴灌栽培经济效益分析

(以葡萄为例)

葡萄滴灌与传统的漫灌相比水的利用率高,可节水达 60%～70%,灌溉效果好,可节省劳动力 60% 以上,提高葡萄品质,是一种值得推广的好方法。

灌溉水利用系数达到 0.9 以上,实现了水资源高效利用。

在增产上,对比更加突出,沟灌产 30 t/hm²,使用滴灌后,一般可达到 37.5～45 t/hm²,增产至少 7.5 t/hm²;而且使用滴灌后的葡萄又大又圆,口感也非常好(表 10-4)。

表 10-4　葡萄滴灌栽培成本/收益表

种植作物	葡萄
一、投入情况	
(一)初期投资	73 500
苗木投资(含损失)/(元/hm²)	18 000
架材(铁丝、立柱、挖塘人工)/(元/hm²)	45 000
基础设施设备(水利、基地、员工生活区、滴灌设施等)/(元/hm²)	10 500
(二)年固定投资	127 500
用工费用 3 500/(元/hm²)	52 500
肥料、农药等 5 000/(元/hm²)	75 000
总合计/(元/hm²)	201 000

种植作物	葡萄
二、产出情况	
产品数量/(kg/hm²)	37 500
收入合计/(元/hm²)	225 000
三、利润/(元/hm²)	24 000

对数据分析表明:葡萄滴灌的产量均按 37.5 t/hm² 计算,收购价为 6 000 元/t。

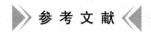

参 考 文 献

[1] 饶贵昌,杨险峰.滴灌在新疆特色林果业发展中的应用情况[J].中国水运,2013 (10):233-234.

[2] 袁火霞,谢方生.红枣直播建园技术探讨[J].新疆农垦科技,2007(1):21-23.

[3] 王敏峰,陈卫萍.衰老枣树的更新复壮技术[J].落叶果树,2005,37(2):27-27.

[4] 谢香文,许咏梅,马英杰,等.成龄枣树微灌水肥管理技术规程[S]新疆维吾尔自治区地方标准 DB65/T 3202—2011.

[5] 刘淑玉,宋卫,杨俊杰.核桃膜下滴灌直播建园技术[J].山西果树,2013(4):26-27.

[6] 马英杰,赵经华,洪明,等.成龄核桃微灌水肥管理技术规程[S].新疆维吾尔自治区地方标准 DB65/T 3201—2011.

第十章 林果类滴灌栽培技术

第十一章　瓜类滴灌栽培技术

新疆素有"瓜果之乡"的美称。特有的光热条件使新疆地产的西、甜瓜在含糖量、口感、外观及色泽等方面均远远好于内地的。新疆每年的西、甜瓜种植面积可达 6 万 hm² 左右,其种子均为自己培育。从地方品种提纯到杂交育种,再到通过航天、生物技术和物理诱种技术培育出来的优质西、甜瓜种子,不仅满足了新疆的需求,还推广应用到内地。特别是 20 世纪 90 年代末至今,西、甜瓜种植面积剧增。育种工作也有了快速的发展,育种工作者为"三农"做出了一定贡献,为新疆瓜果产业的发展提供技术支持。新疆早瓜面积主要集中在吐鲁番和都善,都善县哈密瓜产量占全疆早中熟哈密瓜总产量的 80% 以上,绝大部分远销内地。晚瓜主要在南疆的伽师县和北疆的阿勒泰等地,中熟瓜全疆各地均有栽培。

滴灌是近 30 年发展起来的一种新型灌水技术。膜下滴灌在瓜类上的应用,解决了常规沟灌浇水、施肥不统一,作物高矮成熟不统一的问题,成品瓜类大小均匀,品质优良;另外膜下滴灌根据瓜类的需水特点适时适量灌溉,既能保证有充足的水分、养分供植株生长发育所需,还减少了后期常规沟灌泡瓜、烂瓜的现象,提高了瓜类的产量。

第一节　西瓜滴灌栽培技术

▶ 一、生物学基础

(一)西瓜一生

西瓜属于被子植物亚门双子叶植物纲葫芦目葫芦科西瓜属。起源于非洲撒哈拉荒漠地区。据推测,约四五千年前尼罗河下游,西瓜栽培技艺已经相当成熟。约公元十世纪中叶以后,五代时期,由古代"丝绸之路"通过陆运经过西亚、波斯(伊朗)、西域,超越帕米尔高原等地传入新疆,再从新疆传入辽、金等北部少数民族地区,由河北传入中原地区。

西瓜是世界十大水果之一,是夏季水果之王。在我国栽培的历史悠久,已有 2 000 多年栽培历史。目前,我国西瓜在露地栽培基础上逐渐发展起来各种栽培形式,品种类型也日趋丰富多彩。

1. 根系

西瓜根系发达,分布深且广,可以吸收利用较大容积土壤中营养和水分,比较耐旱。西瓜主根入土深达 80 cm 以上,在主根近土表 20 cm 处形成 4~5 条一级根,与主根成 40°,在半径约 1.5 m 范围内水平生长,其后再形成二三级根,形成主要根群,分布在 30~40 cm 耕作层内,茎节上形成不定根。

2. 茎

西瓜的茎包括下胚轴和子叶节以上瓜蔓,革质、蔓性,前期呈现直立状,子叶着生方向较宽,具有6束维管束。蔓横断面近圆形,具有棱角,约10束维管束。茎上有节,节上着生的叶片,叶腋间着生的苞片、雄花或雌花、卷须和根原始体,根原始体接触土面时发生不定根。

3. 叶子

西瓜子叶为椭圆形。假如出苗时温度高,水分充足,则子叶肥厚。衡量幼苗素质的重要标志是子叶生育状况与维持时间长短。真叶是单叶,互生,由叶柄、叶身等组成。有较深缺刻,成掌状的裂叶。

4. 花

西瓜花为单性花,雌雄同株。部分雌花小蕊发育成雄蕊,叫作雌型两性花。花单生,着生在叶腋间。雄花发生早于雌花,雄花是在主蔓第3节叶腋间开始发生,而雌花着生位置是在主蔓5~6节出现第1雌花,雄花的萼片5片,黄色花瓣5枚,基部联合,呈扭曲状花药3个。雌花的柱头宽4~5 mm,先端3裂,雌花的柱头和雄花花药均具蜜腺,靠昆虫传粉。

5. 果实

西瓜果实由子房发育而成。瓠果是由果皮、内果皮、带种子的胎座3部分组成。果皮紧实,是由子房壁发育而成,细胞的排列紧密,有比较复杂的结构。最外面是角质层和排列紧密表皮细胞,下面为配置8~10层细胞叶绿素带或无色细胞(外果皮),其内由几层厚壁木质化细胞组成的机械组织。往里为中果皮,即果皮,由肉质薄壁细胞组成,较为紧实,通常为无色,含糖量较低,一般不可以食用。中果皮的厚度与栽培的条件有关,它与贮运性能密切相关。食用的部分为带种子胎座,主要由大薄壁细胞组成,细胞间隙较大,其间充满汁液,是三心皮、一室的侧膜胎座,着生多数种子。

6. 种子

西瓜的种子扁平,长卵圆形,种皮的色泽黑色,表面很平滑,千粒重仅为28 g左右。种子主要成分是脂肪、蛋白质等。据测定,种仁脂肪含量为42.6%,蛋白质含量为37.9%,糖含量为5.33%,灰分含量为3.3%。种子的吸水率不高,但吸水的进程较快,新收获的种子含水量为47%,在30℃温度以下干燥2~3 h,会降至15%以下;干燥的种子吸水2~3 h含水量15%以上,24 h达饱和状态。种子发芽最适合温度为25~30℃,最高为35℃,最低温度15℃。新收获种子发芽适温范围较小,必须在30℃以下才能发芽。种子寿命为3年。

(二)生长发育周期

西瓜生长发育周期可以划分为发芽期、幼苗期、伸蔓期、结果期4个时期,各时期具不同生长发育特点。

1. 发芽期

从播种到第一真叶显露,在25~30℃温度条件需10 d左右。这一阶段主要利用种子内部贮存养分供胚芽的萌动生长和胚根伸长。此期要求有适宜的水分、温度和通气条件(图11-1)。

图 11-1　西瓜发芽期

2. 幼苗期

由第一片真叶显露至"团棵"（5～6 片真叶）为止,在适宜温度条件下需 25～30 d。此期间茎蔓的节间短缩,植株直立,叶片小,虽然地上的部分生长量不大,但根系的伸展很快,可以初步形成分布广、深的根系。苗端也分化大量的叶芽、侧枝、花原基（图 11-2）。

图 11-2　西瓜幼苗期

3. 伸蔓期

由"团棵"到主蔓留果节位雌花开放,在 20～25℃温度条件下需 18～20 d。此期间以雄花的开花为界限可分为伸蔓前期和伸蔓后期。在伸蔓前期根系会继续旺盛生长,茎叶的生长开始加快,至伸蔓后期根系已经基本建成,植株的生长逐渐转变成为以茎叶生长为中心。同时,还包含着雄花、雌花陆续分化,孕蕾和开放过程。所以,在伸蔓前期应以促为主,建成强大的营养体系,伸蔓后期应以控为主,可促进开花坐果（图 11-3）。

4. 结果期

从结果部位雌花开放到果实成熟,在适宜条件下需 28～40 d,一般早熟品种为 30 d 左右,中熟品种为 35 d 左右,晚熟品种为 40 d 及以上。此期又可分为坐果期、膨瓜期和成熟期（图 11-4）。

（1）坐果期　自雌花开放至果实退毛（幼果的表面茸毛退净,果实开始发亮）,需要 4～6 d,仍然以茎叶生长为主,以营养生长为主向生殖生长为主过渡阶段,长秧和结果矛盾突出,是决定坐果与化瓜关键时期。

(2)膨瓜期 从果实退毛至定个,在适宜条件下需要18~26 d,此期以果实生长为中心,是决定产量高低的关键时期。

(3)成熟期 从定个到果实成熟,需要5~10 d。此时期果实膨大已趋平缓,以果实内物质转化和种子发育为主,是决定西瓜品质关键时期(图11-4)。

西瓜的生长发育过程示意图见图11-5。

图 11-3 西瓜伸蔓期

图 11-4 西瓜结果期

(三)环境对作物的影响

1.温度

西瓜是喜温耐热,适应温度范围为10~40℃。西瓜的种子根毛发生的最低温度10℃,最高为38C,发芽适温为28~30℃,发芽最低温度15℃。幼苗期生长适温22~25℃,伸蔓期25~28℃,开花坐果期为25~30℃,果实膨大期生长适温30~35℃。西瓜果实发育要求有较大的昼夜温差。

2.光照

西瓜喜光,要求较长的日照时数和较强的光照强度。每天的日照时数10~12 h有利于西瓜的生长发育;14~15 h有利于侧蔓形成,8 h的短日照可促进雌花的形成,但不利于光合产物的积果。西瓜为蔬菜中需光最强作物,光饱和点8万 lx。光补偿点4 000 lx。弱光下易

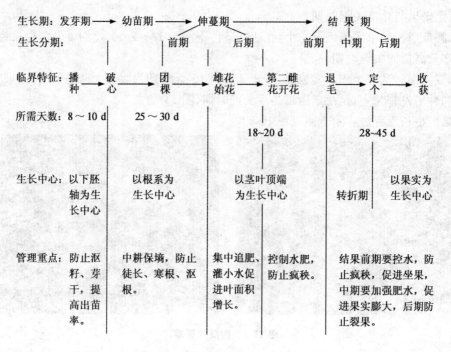

生长期:	发芽期 →	幼苗期 →	伸蔓期		结 果 期		
生长分期:			前期	后期	前期	中期	后期
临界特征:	播种 → 破心	→ 团棵	→ 雄花始花	第二雌花开花	退毛	→ 定个	→ 收获
所需天数:	8～10 d	25～30 d		18~20 d		28~45 d	
生长中心:	以下胚轴为生长中心	以根系为生长中心	以茎叶顶端为生长中心		转折期	以果实为生长中心	
管理重点:	防止沤籽、芽干，提高出苗率。	中耕保墒，防止徒长、寒根、沤根。	集中追肥、灌小水促进叶面积增长。	控制水肥，防止疯秧。	结果前期要控水，防止疯秧，促进坐果，中期要加强肥水，促进果实膨大，后期防止裂果。		

图 11-5　西瓜生长发育过程示意图

徒长，开花结果不良。冬季生产需要补光。

3. 湿度

西瓜是喜湿耐旱不耐涝，适宜土壤湿度 60%～80%。空气的相对湿度 50%～60%。开花坐果期要求较高的空气湿度，利于花粉的发芽和授粉受精。

4. 土壤及矿质营养

西瓜的根系好气，所以最好为土层深厚、排灌良好的沙壤土栽培。对酸碱的适应性强，适应 pH 5～8。西瓜的吸肥量以钾最多，其次是氮、钙和磷。偏施氮肥会不利于糖分运输和累积，使西瓜的风味品质下降。增施磷钾肥可以提高西瓜品质。

5. 二氧化碳

西瓜的二氧化碳饱和点在 1 000 μL/L 以上，在保护地内栽培，补充二氧化碳可以提高叶片的光合能力，提高西瓜的产量和品质。

二、西瓜膜下滴灌栽培技术

(一)播前准备

1. 土地选择

沙漠土、壤土、轻黏土均适种甜瓜，选择土层深厚有机质含量在 1% 以上，土壤 pH 7.5～8.5 的壤土地为佳。实行 3～5 年轮作制，切忌与葫芦科植物重茬，选杂草较少的麦茬地、休闲地、绿肥地等较好。

2. 播前整地

黏土地及时破雪和带雪平地，实现适时早播。播前整地要勘察墒情，严格掌握适宜整地

新疆主要农作物滴灌高效栽培实用技术

期,采用复式作业,减少作业层次,整地质量要达到碎、平、净、松、墒和上虚下实质量标准,整地深度 5～6 cm。结合整地必须用搂扒和人工清田,务必把残膜、残秆收净。

3.种子处理、催芽播种

(1)选种　选定种子后,对种子进行挑选,要求籽粒大小要均匀,纯正而饱满,没有霉变、无残破种子。生产中可选择的早熟品种有新优 32 号、京欣 1 号;中晚熟品种新优无杈、新优 6 号、西农 8 号等。

(2)晒种　在浸种前,暴晒 1～2 d,每天晒 3～4 h,从而提高发芽率。

(3)种子消毒　常用物理消毒、化学消毒两种方法,可以预防一些病害发生。

常用 55～60℃ 恒温水进行烫种,15～20 min。药剂的处理常用 50% 福尔马林 100 倍液浸种 30 min;或用 50% 多菌灵 500 倍液浸种 60 min,或用 50% 代森铵 500 倍液浸种 30～60 min,可预防苗期病害发生。

(4)浸种　西瓜的种子一般用温汤浸种需约 2 h,冷水浸种需 4～6 h。

(二)播种与施肥

1.种植株行距及整枝压蔓方法

(1)种植株行距　西瓜采用铺管、覆膜、膜上点播,一膜双行,一条龙作业。每公顷保苗 15 000 株,播种时保持株距 45～50 cm,膜内行距 40 cm,膜外行距 220 cm。在距滴灌带 20 cm 处开孔保墒点播,播深 2～3 cm,要求下籽要均匀,播深要一致,覆土要良好,整压确实,播行端直,播量 3 kg/hm²(图 11-6)。

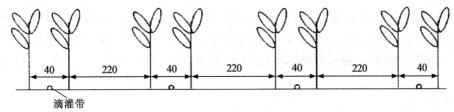

图 11-6　西瓜膜下滴灌模式示意图(单位:cm)

(2)整枝压蔓　西瓜采用双蔓或三蔓整枝,幼瓜长至鸡蛋大小时即可停止,并进行选瓜,选留果形好的,保证一株一果。结合整枝进行压蔓,压蔓时要近头重压,先将压蔓处的土划一条小槽,将瓜蔓顺放在小槽内,再用土压好。

2.施肥

(1)施基肥　前茬作物应在秋季翻耕灭茬,平整好土地。秋天犁地前进行开沟施基肥,一般可按照毛管的距离开好追肥沟,2.6～2.8 m 沟距,30 cm 沟深,50 cm 沟宽,然后将肥料均匀地放入沟内,切记肥料与土壤搅拌均匀。一般每公顷施腐熟有机肥 150 t、磷酸二铵 3 t。施肥带一定要在犁地时做好标记,以备明年播种铺膜位置的确定。

(2)滴肥　施肥一般采用西瓜滴灌专用肥,其成分和养分含量(%)为:营养生长滴灌肥 $N:P_2O_5:K_2O:$ 微量元素 $=28:8:12:0.2$,生殖生长滴灌肥 $N:P_2O_5:K_2O$ 微量元素 $=20:6:22:0.2$。全生育期共施肥 7 次,施肥量为 525 kg/hm²。伸蔓期随水滴灌西瓜营养生长滴灌肥,结果期滴灌施生殖生长滴灌肥。

利用滴灌系统施肥时,可以使用专用的施肥装置,也可自制。把出液管与支管连接,将溶解好的西瓜滴灌专用肥不断加入施肥装置,即可完成施肥。施肥一般在灌溉开始后和结束前半小时进行。导入肥料的孔在不使用时应封闭。

3.滴水

播种后要及时滴灌,利于干播湿出,苗期4～5片真叶前一般不滴水,以利扎根育壮苗。具体灌溉量见表11-1。

表 11-1　西瓜生育期滴水次数及滴水量参考值

时　期	滴水次数	滴水量/(m^3/hm^2)	间隔时间/d	备注
出苗水	1	300		据墒情选择
伸蔓期	2～3	450～525	8～10	追肥2～3次
结果期	5～6	375～525	6～7	追肥4～5次
全生育期	8～9	4 200～5 100		

(三)田间管理

1.定苗

撤棚后要进行定苗,由于地膜的覆盖,精量播种的幼苗之间不会因为拥挤影响生长,为了安全保苗可以延迟到倒秧再进行定苗。定苗的时候要剪除多余苗株,不要拔除以免伤及定苗之根。

2.追肥提苗

定苗以后要促苗早发、稳发,但是不同土壤基肥的质量和数量对瓜苗的生长差异很大。因此,必须根据上述的条件合理施用。土壤的肥力高,通透性能好、基肥足量,此期可以不必追肥,否则可以随滴灌水施入苗肥 150 kg/hm² 尿素,但在滴灌前须进行一次用机械连接旋耕机进行瓜行间灭草。

3.稀土喷施

为提高产量,促进西瓜植株生长发育,增强抗逆性,提高坐瓜率,用稀土在苗期、始花期和幼瓜膨大期各喷一次,喷施浓度:苗期 100～300 mg/kg,花期幼果期 300～400 mg/kg。

4.整株

采用良种良法在主蔓长出 40 cm 时,在 5 cm 处剪去主蔓,任其自然生长。

5.中期管理

从团棵伸蔓开始至结果部位的雌花开放至为伸蔓期,这个时期的主要任务仍然是促进叶蔓健壮生长,使其形成大量具有较强同化能力的叶面积,以积累更多的同化物质,为下一阶段果实发育提供物质基础,同时又要防止叶蔓徒长现象。在正常情况下伸蔓初期要促,末期要控,整个生育期要实行"二促一控"措施。二促:一是促瓜苗稳发稳长,打下增产基础;二是结果后狠促,加速果实的充分发育。一控是伸蔓末至开花坐果时期要适当控制追肥,以利坐瓜和防止徒长。因此,团棵期前后追肥应施有机复合肥,适当滴灌促进生长,伸蔓后期为了调节茎叶生长及开花坐果之关系,控制瓜蔓的继续生长,为养分顺利地由长茎蔓而转向开花坐瓜打好基础。

6.化调

使用缩节胺化控,抑制徒长和营养生长与生殖生长的平衡,当施用肥水不当而出现蔓叶等营养器官生长过旺、生殖与营养生长失调导致难以坐瓜时,使用缩节胺叶面喷洒能有效地

控制植株徒长,促进坐瓜。方法是:在雌花大量开放后,滴灌膨瓜水前喷洒用缩节胺300~
45 g/hm²,兑水450~600 kg喷洒,24 h遇雨应重喷,使用化调能稳花稳瓜,提高坐果率,坐
瓜集中,大小均匀,瓜蔓健壮不徒长。

(四)采收

西瓜必须适时采收,提高西瓜品质,不出现生瓜及空心瓜。一般地讲,早熟品种从开花
到果实成熟28 d左右,中、晚熟品种需30~35 d。滴灌西瓜正常情况下,中晚熟品种单瓜重
可达6~10 kg,产量7 000 kg/hm²左右,含糖量11%~12%。

(五)病虫害防治

1.蚜虫

对瓜田附近杂草喷药防治,尽量把蚜虫消灭在迁飞之前。瓜田内如点片发生蚜虫,一般
可用50%g蚜宁乳油1 500倍液、2%阿维菌素4 000倍液、吡虫啉1 500倍液、2.5功夫乳油
3 000倍液交替喷雾防治。

2.细菌性角斑病

可采用农用链霉素或可杀得2 000及其他铜制剂防治。

3.霜霉病

可用杜邦克露、霜疫必克、雷多米尔、克抗灵、普力克等药剂叶面喷药防治。

4.白粉病

7月中旬对条田四周杂草喷硫黄粉防治,点片发生点片防治,大面积发生采用硫黄粉、
世高及粉锈宁、特富灵等药剂防治。

5.枯萎病

前期种子处理,苗期随水施入甲基托布津或敌克松1 kg/hm²,后期发生采用甲霜灵锰
锌500倍液或普力克600~700倍液灌根,并扒土晒根。此外,高锰酸钾500~800倍液于播
种时、幼苗期、伸蔓期喷垄面、灌根也可起到一定效果。

第二节 甜瓜滴溉栽培技术

一、生物学基础

甜瓜是葫芦科黄瓜属一年生蔓性草本植物,古今中外人们喜爱的重要水果。特别是品
质优良的厚皮甜瓜,现在已是国内外市场的高档果品,各国竞相发展。甜瓜的营养丰富,主
要鲜食为主,还可以制作成瓜汁、瓜脯、瓜干、瓜条罐头等。在医学上对治疗贫血、肾病、便秘
等都有一定疗效。

我国甜瓜品种的资源丰富,栽培方式多种多样。在栽培的甜瓜中,由于起源地的不同,
有厚皮甜瓜、薄皮甜瓜两大生态类型。厚皮甜瓜诸如哈密瓜、白兰瓜、网纹甜瓜等,它们起源
于非洲、中亚等大陆性气候地区,生长发育要温暖、干燥、昼夜温差大、日照充足等条件。因
此,历来只在我国西北新疆、甘肃等地种植。厚皮甜瓜的果实大,产量高,一般单瓜重1~
3 kg,最大可10 kg以上,品质优良,折光糖含量10%~15%,甚至高达20%以上,果皮较韧,

耐贮运。薄皮甜瓜起源印度和我国的温暖湿润地区,又称为香瓜。喜温暖,较耐湿抗病,适应性强,在我国除无霜期短、3 000 m 以上高寒地区外,南北各地广泛种植。薄皮甜瓜果实小,一般单瓜重 0.3～1 kg,折光糖含量 8%～12%,果肉脆而多汁或者面而少汁,皮薄,可连皮瓤一起食用,不耐贮藏运输,宜就近销售,我国东北、华北是主要的产区。

(一)甜瓜一生

1.根

甜瓜根属直根系,由主根、侧根和根毛等组成。根系发达,分布较深广。在各种西瓜植物中,仅次于南瓜和西瓜,主根入土的深度达 1.5 m,侧根横展半径达 2 m 以上,绝大部分的侧根和根毛集中分布在土壤表层 0～30 cm 耕层中。甜瓜的根系生长快,伤根后再生能力较弱,发新根很困难,因此,育苗移栽不易过晚,而且应采用保护根系措施。甜瓜的根系要求土壤的通气性良好,在低洼潮湿处,积水板结土壤中,易烂根。

厚皮甜瓜根系较薄皮甜瓜根系粗壮发达,耐旱,耐瘠薄、适应性强。

2.茎

甜瓜茎属草本蔓生,可攀缘生长、地爬生长。甜瓜植株的茎蔓横切面圆形,中空有棱,茎蔓表面有短刚毛。甜瓜节间除着生的叶柄外,还在叶腋着生幼芽、卷须、雌花(雄花)3 种器官。甜瓜的分枝力强,主蔓上每一叶腋都可以分生出子蔓,子蔓上又可以分生出孙蔓。甜瓜雌花大多着生在子蔓、孙蔓上,有少数薄皮甜瓜品种主蔓上也会着生雌花。

在自然生长状态下放任生长,甜瓜主茎(蔓)生长弱,通常长不过 1 m。但侧蔓长势却十分旺盛,长度经常超过了主蔓。为调节甜瓜茎蔓生长,在人工栽培的条件下,常采用摘心、整枝、打杈等技术,以控制茎蔓营养生长,促使其早结瓜,早成熟。整枝方式因品种开花结果习性、栽培的方式、栽培条件而异。第一侧枝由于生长势弱,多不选留。

一般薄皮甜瓜(香瓜、梨瓜)茎蔓较细弱,而厚皮甜瓜茎蔓较粗壮。

3.叶

甜瓜的叶片有子叶、真叶两种。子叶两片对生,长椭圆形,对苗期的生长发育有很大的作用。甜瓜的真叶为单叶互生。叶柄较短,柄上有短刚毛。甜瓜叶片大多是近圆形或肾形,少数是心脏形、掌形。叶片全缘或有浅裂,叶片正反面均长有茸毛。叶背面的叶脉上长有短刚毛,这些茸毛、刚毛,有保护叶片、减少叶面蒸发作用,使甜瓜具有旱生的特性。

甜瓜叶片大小和绿色深浅随品种、类型而异,通常叶片直径 8～15 cm。一般厚皮甜瓜的叶片较大,新疆哈密瓜的叶型最大,薄皮甜瓜的叶片较小,厚皮甜瓜的叶色浅绿色,薄皮甜瓜的叶色为深绿色。

4.花

甜瓜是雌雄同株异花植物,雄花是单性花,雌花大多为具雄蕊两性花,尤其是栽培品种雌花几乎都是两性花。

甜瓜的雌花常单生在叶腋内,雄花常数朵(3～5 朵)簇生,同一叶腋雄花可不同日开放。甜瓜雌花为两性花,即在柱头外围,低于柱头处着生 3 个雄蕊,具有正常花粉功能。虫媒花,自花授粉、异花授粉都能结实,甜瓜花粉沉重而黏滞,必须依靠昆虫才能传粉,是典型的虫媒花,花冠内有蜜腺,如果无昆虫传播花粉,不能自花结实。

甜瓜花开放时间主要受温度影响,一天中当田间温度 20℃左右开始开放,开花以后 3～4 h 内授粉为最好。开花前一天雌蕊已经具有完成受精能力,进行蕾期授粉。空气的温度过高、湿度过低或者阴雨高湿环境不利于授粉受精和坐果,需要人工辅助授粉,使用生长调节剂促进其坐果。

5.果实

甜瓜果实为瓠果,侧膜胎座,是由花托、子房发育而成。甜瓜果实可分为果皮、种腔两部分,甜瓜的果皮由外果皮、中果皮、内果皮构成。果皮有不同程度木质化,随着果实生长、膨大,木质化多表皮细胞会撕裂而形成网纹,甜瓜的中内果皮并无明显界限,由富含水分和可溶性糖大型薄皮细胞组成。甜瓜种腔形状分为圆形、三角形、星形等。3心皮1室。种腔中充满瓤籽,胎座组织较疏松,相对比较干燥。可食的部分,厚皮甜瓜为中、内果皮,薄皮甜瓜为整个果皮、胎座。

甜瓜果实大小、形状、果皮的颜色、果实的质地、甜度、风味等因品种不同多种多样,是鉴定品种的主要依据。通常,薄皮甜瓜较小,单果重约0.5 kg以下,厚皮甜瓜较大,单瓜重约1 kg以上。新疆厚皮甜瓜有单瓜重10 kg以上的。果实形状分为扁圆、圆、卵形、纺锤形、椭圆形、长棒状等。果皮的颜色有绿、白、黄绿、黄、橙红色等。果皮则有光滑、条带、花纹等类型。甜瓜果柄短,早熟类型的甜瓜果柄成熟后容易脱落。甜瓜的果实成熟后常挥发出香气。目前设施栽培较多的是果重1~2 kg,含糖量较高、质地较松脆、香味较浓郁厚皮甜瓜的品种。

6.种子

甜瓜的果实是一果多胚,通常一个瓜中300~500粒种子。种子是由种皮、子叶、胚3部分组成,不包含胚乳。种子呈扁平,有披针形、卵圆形、芝麻粒形等,甜瓜种子大小差别大,薄皮甜瓜种子较小,千粒重9~20 g,厚皮甜瓜种子较大,千粒重达30~80 g。甜瓜种子寿命在平常条件下4~5年,干燥冷凉条件下达15年以上。

(二)生长生育周期

1.发芽期

从播种到子叶平展真叶显露止,约需10 d,主要依靠种子本身贮藏养分生长,生长量小。甜瓜种子发芽温度为25~35℃,最适宜温度30℃,15℃(有些品种为12℃)以下不能发芽。幼苗出土以后,在高温高湿情况下,容易使下胚轴伸长而形成徒长苗,所以,当幼苗出土后,必须严格控制温度和湿度,以防止幼芽的徒长(图11-7)。

图11-7 甜瓜发芽期

2.幼苗期

从子叶平展、真叶显露至第5片真叶出现止,需20~25 d,这一时期以叶片和根系生长为主,虽然生长量小,但这一阶段是花芽分化、幼苗形态建成的关键时期。第一片真叶展开后开始花芽分化,2~4片真叶时期是花芽分化旺盛时期,到第5片真叶初显时主蔓分化20多节。一棵植株分化幼叶约138片、侧蔓原基27条,花原基100多个。与栽培有关的花、叶、侧枝已分化,苗体结构初步建成。因此此期管理好坏对以后开花坐果的早晚,花及果实发育质量都有很大影响。在白天约30℃,夜间15~18℃,日照12 h的条件下花芽分化较早,雌花节位较低,质量较高(图11-8)。

图11-8　甜瓜幼苗期

3.伸蔓期

从第5片真叶出现到第1雌花的开放,20~25 d。此时期根系迅速向纵深的方向扩展,吸收能力增强;茎叶生长量迅速增加,侧蔓不断发生并迅速伸长;叶片也不断增加,并且叶面积迅速扩大、光合能力增强。根、茎、叶这些营养器官旺盛生长,吸收功能、光合能力增强,促使植株进入旺盛生长阶段。

在伸蔓期幼花不断进行细胞分裂,是田间管理重要时期。为了防止营养生长过于旺盛影响开花坐果,应及时地进行植株调整,对茎、叶的生长进行适度调控,要促进子孙蔓健壮生长,又不能导致茎、叶的徒长,还应适当对肥、水控制(图11-9)。

图11-9　甜瓜伸蔓期

4.结瓜期

从结瓜部位雌花开花至果实成熟,一般早熟品种需20～40 d,中晚熟品种50～60 d。根据果实发育不同阶段的生育特点,结瓜时期又可分成3个阶段。

坐果期从雌花开花至幼果到鸡蛋大小时,需8～10 d。是植株由营养生长为主开始向生殖生长为主过渡的时期,果实的生长优势逐渐形成。此时花冠脱落,果面上的茸毛开始退失(即退毛),果实因重量增加而下垂,果柄弯曲(即扭把子),这标志着幼果已经基本坐稳而不再容易脱落了(即化瓜),甜瓜雌花开放前后子房细胞急剧分裂,花后5～7 d进入细胞膨大阶段。这时幼果的体积和重量虽然增加不多,但管理的好坏不仅关系到能否及时坐果,避免落花落果,而且对果实的发育影响都很大。

膨瓜期果实迅速膨大到停止膨大。这一时期的长短因品种而异,薄皮甜瓜只需10 d左右,厚皮甜瓜需要20～40 d及以上。这时植株总生长量达到最大,日生长量达到最高值。植株生长量以果实的生长为主,是果实生长最快的时期,每天增重50～150 g。根、茎、叶的生长量显著减少。这一时期果肉细胞迅速膨大,营养物质源源不断地向果实运输。所以,结果中期是决定果实产量的关键时期。栽培上需加强肥水管理,以防植株早衰。

成熟期果实停止膨大到成熟。早熟品种10～14 d。这时植株根茎时的生长趋于停止,果实体积虽然停止增大,但果实重量仍有增加。此期内果实体积增长甚少,而主要是果肉内的大量物质转化,果皮充分显示成熟色泽,果肉变甜发香,肉质由紧密转松脆,种子充实而完全着色。为了提高果实品质,生产上常采取控制浇水、加强排水以及翻瓜垫瓜、防治病虫害等措施。

早熟品种,果实后期的生长与成熟同时进行;晚熟品种的果实先生长,然后才开始成熟过程的物质转化,并有后熟现象,所以果实发育的时间长。大果型品种结果期要求更大的昼夜温差;温差小时,即便能够成熟,果实含糖量也会显著降低。

果实体积的增加先是纵向生长为主,一定阶段后转向横向生长为主。因此。如果由于环境因素或留瓜节位、营养面积等影响了果实后期膨大,则外形总是偏长。结果期以日温27～30℃、夜温15～18℃、温差13℃以上为好;同时要求日照充足。整枝合理,水肥管理恰当,温差较小也能获得品质良好的果实。

一株结多果的品种,从第一果成熟到收获结束拉秧止为延续收获期,需10～25 d(图11-10)。

图 11-10　甜瓜结瓜期

(三)环境对作物的影响

1. 温度

甜瓜是喜温、耐热作物,极不耐寒,遇霜即死。生长发育的适宜温度为日温 25～30℃,夜温 16～18℃,长期 13℃ 以下、40℃ 以上会使生长发育不良。甜瓜根系生长的适温为 25～35℃,最高可忍耐 40℃,最低 15℃,超过此极限,根系便停止生长。种子萌发适温为 30～35℃,幼苗期生长最适温度为 20～25℃,果实发育最适温度为 30～35℃。生长温度的最低限为 15℃,13℃ 时生长停滞,10℃ 以下即停止生长,7.4℃ 时发生冷害,出现叶肉失绿现象,而最高生长温度可达 45～50℃。厚皮甜瓜较耐高温而不耐低温,薄皮甜瓜耐低温的性能较厚皮甜瓜强。

按甜瓜对温度的要求,通常将 15℃ 以上的温度作为甜瓜生长发育的有效温度。根据不同品种整个生育期间所需的有效积温,可将甜瓜分为早熟品种、中熟品种和晚熟品种。早熟品种生育期 95 d 以下,有效积温 1 800～2 000℃;中熟品种生育期 100～115 d,有效积温 2 200～2 500℃;晚熟品种生育期 115 d 以上,有效积温 2 500℃ 以上。

甜瓜要求较大的昼夜温差,茎叶生长期为 10～13℃,果实发育期为 12～15℃。温差大,果实品质好,产量也较高。昼夜温差较大的地方,白天气温高,十分有利于植物的光合作用旺盛进行,制造的干物质就多。夜间温度低,呼吸作用等代谢活动缓慢,有利于糖分等贮藏物质的积累;同时,夜间低温也有利于叶片光合作用产物向茎、果、根等器官运转。

我国西北、内蒙古、新疆等内陆干旱地区,由于大陆性气候、盆地地形及戈壁下垫面的影响,全年日较差大多在 10℃ 以上,新疆的年日较差在 13～16℃ 之间,最大日较差在 20℃ 以上,十分有利于甜瓜糖分的积累。我国著名特产"哈密瓜"、"白兰瓜"、"河套蜜瓜"均产在这一地区。

新疆平原大都可种甜瓜,有产自吐鲁番和哈密盆地的"红心脆""香梨黄""网纹香"以及产于塔里木盆地的"伽师铁皮瓜"等各种熟型的品牌。哈密瓜因得益于当地干旱、日照充足、热量丰富、气温日较差大等气候因素,瓜肉含糖量平均可达 12%～18%,肉质细嫩,芳香浓郁,富含钙、磷、铁、维生素等营养成分,被视为瓜中的精品。

新疆甜瓜最适宜种植区是:吐鲁番盆地、哈密盆地和塔里木盆地东部的库尔勒、若羌、且末、民丰等地。其中吐鲁番盆地是早、中、晚熟甜瓜的最佳种植区,哈密盆地和塔里木盆地东部的库尔勒、若羌一带以种植中、晚熟品种为宜。

新疆甜瓜适宜种植区是:塔里木盆地西部、南部以及准噶尔盆地南部的广大地区。其中塔里木盆地西部和南部适宜种植中、晚熟品种,尤其适合种植以伽师瓜等为主的晚熟、优质、耐储运的冬甜瓜。准噶尔盆地南部的炮台、莫索湾和乌苏一带适宜种植中熟品种。

2. 光照

厚皮甜瓜是需要光照最强的作物之一,喜好充足而强烈的光照。光饱和点 5.5 万～6 万 lx(勒克斯),光补偿点 0.4 万 lx。每天要求 10～12 h 以上的日照。甜瓜植株生育期内对日照总时数的要求因品种的不同而异,通常早熟甜瓜品种需 1 100～1 300 h 光照,中熟品种需 1 300～1 500 h 光照,晚熟品种需 1 500 h 以上的光照。甜瓜植株在晴天多、光照充足的地区,表现生长健壮,茎粗,叶片肥厚,节间短,叶色深,病害少,果实品质好,着色佳;相反,在阴天多的寡照地区,甜瓜植株表现生育不良,开花坐果延迟,果实产量降低,品质低劣。我国原产的薄皮甜瓜对光照的要求不像厚皮甜瓜那样严格,在阴天多、光照不足的情况下,仍能维持生长发育和结实。

新疆是中国气候最干旱的省区,光资源丰富,年日照时长可达 2 500～3 500 h,生长季 (4—9 月)日照 1 500～1 950 h。年总照度(90～100)×10⁸ lx。这一独特的自然条件正好适合甜瓜喜光热、怕湿的特性。

在光照充足的地区,应注意保护甜瓜果实,避免长期暴晒后发生瓜面日灼。

3. 水分

甜瓜生长发育要求较低的空气湿度和较高的土壤湿度。厚皮甜瓜要求空气干燥,适宜的空气相对湿度为 50%～60%,只要土壤水分充足,还可忍耐更低的空气湿度,空气相对湿度长期高于 70% 容易诱发各种病害,甚至死亡,尤其高温加高湿危害更为严重。新疆春夏生长期内干旱少雨,空气相对湿度多在 60% 以下,厚皮甜瓜生长发育良好,同时空气湿度低也使昼夜温差增大,有利于果实发育。

甜瓜要求较高的土壤湿度,在我国大多数地区种甜瓜,特别是新疆必须进行灌溉,以保证甜瓜生长发育对水分的需要。但不同生育时期对土壤湿度要求差别很大,播种、定植时要求高湿,坐瓜之前的营养生长阶段要求土壤最大持水量 60%～70%;果实迅速膨大至果实停止膨大期要求土壤最大持水量 80%～85%,果实停止膨大至采收成熟期要求低湿(土壤最大持水量 55%)。由于厚皮甜瓜根系发达,入土深广,有一定抗旱耐旱性,加上新疆多采用地膜覆盖保墒,因此可适当减少灌溉次数。

降雨会影响甜瓜的产量和质量。一是,降雨会为甜瓜霜霉病、细菌性叶斑病等病害的发生流行提供条件,加重病害发生。二是,在甜瓜生长中后期雨多会造成大量烂瓜、裂果,一般烂果率达 20% 以上。三是,在甜瓜生长后期雨水多,会导致甜瓜含水量高不宜贮藏。大棚内栽培甜瓜低产劣质者,其主要原因是温度低和土壤、空气湿度大。新疆降雨少,大多地区年降水量不足 200 mm,甜瓜主产区新疆吐鲁番盆地、哈密盆地和塔里木盆地干旱区,年均降水量在 60 mm 以下,有利于甜瓜生长。

4. 土壤

甜瓜对土壤物理性状的要求与西瓜基本相同,最适宜甜瓜生长发育的土壤是土层深厚、有机质丰富、肥沃而通气良好的壤土或沙质壤土,以固相、气相、液相各占 1/3 的土壤为宜。在沙质壤土上生长的甜瓜,由于土壤增温快,促使发苗快,故有利于早熟、品质好,但植株容易早衰,且发病早;而在黏性土壤上种植的甜瓜,幼苗生长慢,植株生长旺盛,不早衰,成熟晚,产量较高,但品质低于沙质壤土上生长的瓜。厚皮甜瓜根系强壮,吸收力强,耐瘠薄,在瘠薄的土壤上,只要有机肥充足,肥料比例合理,均可以高产优质。

适于甜瓜根系生长的土壤 pH 为 6～6.8。甜瓜也能忍受一定程度的盐碱,当 pH 在 7～8 的碱性条件下,甜瓜仍能生长发育。土壤过酸,会影响钙离子等的吸收而使茎叶发黄,有利于枯萎病等病原物的生存和繁殖而易发枯萎病。因此,须用施石灰或其他方法改良。

在生产上,甜瓜的耐盐极限是土壤总盐量为 1.52%,通常土壤总盐量在 1.14% 以下,甜瓜能正常生长,甜瓜成株的根系较幼苗耐盐能力强。不同的土壤盐碱成分对甜瓜植株的危害程度也不一样,一般氯盐危害最大,碳酸盐次之,硫酸盐危害最轻。在轻度含盐土壤上种甜瓜,会增加甜瓜果实的蔗糖含量,有利于提高品质。但在氯离子含量高的土壤上生长较差。

5.矿质营养

有关试验结果说明,每生产 1 000 kg 厚皮甜瓜,适宜的施肥配比可以提高甜瓜的产量;当 N、P、K 配比为 2.03∶1∶3.36,即氮(N)、磷(P_2O_5)、钾(K_2O)用量分别为 157.5 kg/hm²、77.4 kg/hm²、260.38 kg/hm² 时,甜瓜的产量最高。除需氮、磷、钾三要素外,对钙、镁、硼等元素较敏感。为了满足甜瓜植株对营养元素的需要,我国各甜瓜产区普遍施入农家肥和各种化肥。猪、牛、羊等家畜厩肥,在生产上大多在播种前以基肥形式施入,以供应甜瓜全生育期持续不断的营养要求。饼肥常用作基肥或追肥,化肥多作追肥,但应注意不要单纯施用尿素、硝铵等氮素化肥,而应尽量施用氮、磷、钾复合肥和磷二铵等。使用化肥时还应注意避免在果实膨大期后施用速效氮,以免降低含糖量。甜瓜属忌氯作物,含氯化肥,如氯化铵、氯化钾等,不宜施用。

二、甜瓜膜下滴灌栽培技术

(一)播前准备

(1)选地　选择有机质含量高、土壤疏松通透性好的沙壤土、壤土、轻黏土均可,前茬为小麦地番茄地,切忌连作重茬,实行 3～5 年轮作制。

(2)耕地及整地　翻地要深、平、透、细、净,整地要达到齐、平、松、碎、净。

(3)施足底肥　开沟穴,施腐熟厩肥 1.5 万～2.25 万 kg/hm²,施入播种带下 30 cm 深处。

(二)播种

1.铺膜覆管

采用"一膜一管双行"种植,膜宽 90 cm,机力铺膜,人工点播。膜内距离为 60 cm,膜间距为 260 cm。膜内行距 40 cm,膜外行距 220 cm。铺膜时开 5～10 cm 的小沟,将滴灌带放入(图 11-11)。

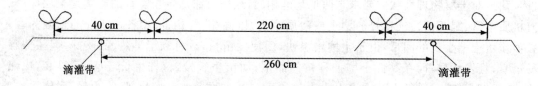

图 11-11　甜瓜膜下滴灌模式示意图

2.播量及播法

在距滴灌带 20 cm 开孔保墒点播,播量随千粒重而定,播量 0.9～1.2 kg/hm²,每穴 2 粒深度 2～3 cm,再覆干细土 1～2 cm。

(三)田间管理

(1)查苗补种　当田间出苗率达 95% 时,对缺苗处及时催芽补种,实现一播全苗。

(2)苗期治虫　在子叶期,要注意防止种蝇为害,若有幼虫为害,用 1 000 倍的敌敌畏(80% 乳油)灌穴,若发现地面有蝼蛄打的隧道,用麸皮或鲜草毒饵诱杀。

(3)定苗　1～2 片真叶期间苗、定苗,每穴留苗 1 株,去弱留壮,定苗时不要拔苗,从子叶节下掐断即可。

（4）蹲苗　蹲黑不蹲黄，蹲壮不蹲弱，时间 40～50 d。

（5）整枝　采用单蔓式整枝方法，在 5～6 片真叶时，基部 1～5 节子蔓留 1 片叶摘心，并抹去侧芽；在 6～7 节的子蔓留 1 叶摘心，使坐瓜部位集中在 8～10 节子蔓上，留 1～2 片叶摘心，坐瓜后打群尖。为预防病害，阴雨天不整枝。

（6）搬窝压蔓　蔓长到 20～30 cm 时进行搬窝压蔓，压蔓时先疏松根茎四周的土，再慢慢转动植株（若发现田间有病毒植株，可拔除深埋或烧毁）。为防止传毒，不在阴雨天、不在刚浇完水的地块搬窝压蔓。

（7）翻瓜、垫瓜　瓜皮开始转色时，顺时针方向翻瓜 2～3 次，间隔 10 d 后再翻，并结合垫瓜，雨后要勤翻瓜和垫瓜。

（四）水肥管理

甜瓜膜下滴灌，苗期应适度蹲苗。滴水原则为"两头控、中间丰"，花前及膨瓜期要保证水分的及时供给，全生育期滴水 7～8 次，采瓜前 10 d 停止灌水。追肥结合滴水进行，原则上是全程轻、勤施肥，伸蔓期滴施高氮的氮磷钾复合肥，每次 75 kg/hm²；坐果后每次追施氮、磷、钾比为 1∶1∶1 复合肥 75～105 kg/hm²；果实成熟期为提高品质，滴施高钾的氮磷钾复合肥 45～75 kg/hm²（表 11-2）。

表 11-2　甜瓜全生育期灌水量参考值

时期	滴水次数	滴水量/(m³/hm²)	间隔时间/d	备注
出苗水	1	300～450		
伸蔓开花	2	450～600	8～10	追肥 2 次
膨瓜期	2	450～600	6～8	追肥 2 次
成熟期	3～4	300～450	6～8	追肥 2 次
全生育期	7～8	3 750～5 100		

（五）采收

（1）适时采收　销售到内地的瓜，在甜瓜九成熟时采收。在本地区销售的瓜十成熟时采收，单瓜重 2.5～3.0 kg，含糖量 14% 以上，采摘时用剪子在果柄三叉处剪断，长度为 3～5 cm，要求轻放、轻运、轻装。

（2）分级采收、包装　采收时根据品种特点、瓜体大小、瓜的成熟度分级采收和包装。外运甜瓜一律套袋装箱。

（六）病虫害防治

病害主要有白粉病、细菌性青枯病、软腐病等。虫害在生长前期发生较少，后期主要是蚜虫。

（1）病害　甜瓜青枯病于发病初期或蔓延开始期，喷洒质量分数 50% 甲霜铜可湿性粉剂 600 倍液防治，连防 3、4 次。也可选用硫酸链霉素，或 72% 农用链霉素可湿性粉剂 400 倍液喷雾防治；细菌性软腐病防治，要加强放风，防止棚内温度过高。在浇水前或雨前雨后及时喷洒 72% 农用硫酸链霉素可溶性粉剂 4 000 倍液，每隔 7～10 d 喷 1 次，连续防治 2、3 次；白粉病用质量分数为 50% 的甲基托布津可湿剂 500 倍液，或 12.5% 烯唑醇可湿性粉剂 1 000 倍液喷雾防治。

（2）蚜虫　蚜虫用 40 cm×25 cm 的黄板，涂上黄色漆，同时涂一层机黄油或悬挂黄色黏虫胶纸，挂在行间或株间，并高出植株顶部，每公顷挂 450～600 块来防治；或用质量分数 10％的吡虫啉可湿性粉剂 1 000～1 500 倍液喷雾防治。

第三节　瓜类膜下滴灌栽培经济效益分析

膜下滴灌统一灌溉，解决了常规沟灌浇水、施肥不统一，作物高矮成熟不统一的问题，最后收获的瓜类大小均匀，品质优良；另外膜下滴灌根据瓜类的需水特点适时适量灌溉，既能保证有充足的水分、养分供植株生长发育所需，还减少了后期常规沟灌泡瓜、烂瓜的现象，提高了瓜类的产量。

通过实施膜下滴灌技术，水资源利用率提高 58％以上，肥料利用率提高 10％，膜下滴灌技术的实施，有效地解决了大水漫灌造成的土壤板结，改善土壤结构，对于合理利用农业资源，改善农业生态环境，均产生明显效益。同时通过提高水分利用率，提高肥料利用率，减少了肥料施用不合理造成资源浪费和农田环境污染；明显减少了农药用量，改善农产品质量，提高农产品竞争力，对发展绿色生态农业和可持续发展农业，具有十分重要的意义。

膜下滴灌一方面促进了水肥资源合理利用，避免农业用水、用肥及生产管理的盲目性和不合理性，提高了农田综合生产能力，对保证粮食生产安全、增加农业效益、增加农民收入、减轻农民生产负担，起到了积极作用；二是农业节水设施和农田节水技术的改善，提高了耕地生产能力，调整种植业结构，增加了农民收入，使农民群众生产生活水平得到明显改善。

膜下滴灌技术是干旱缺水地区实施旱作农业有效的技术之一，它将滴灌技术与覆膜种植技术有机结合，通过配置施肥罐，形成灌溉施肥系统，将肥料溶入灌溉水施入农田，实现水肥一体化，使农业用水由大水漫灌转向浸润式渗灌，由单一浇水变成浇营养液，从根上改变了我国传统农业用水方式，大大提高了水肥资源利用率和劳动生产率。

▶ 一、瓜类的产量因素及测产方法

（一）产量因素
构成瓜类产量的主要因素为：

$$瓜类的经济产量=每公顷瓜的个数×单瓜平均重量×公顷数$$
$$瓜类的生物产量=光合产量-消耗部分$$
$$瓜类的经济系数=经济产量/生物产量$$

只有准确地把瓜类经济系数控制在适宜范围内，才能真正地提高瓜类产量。因此，要提高瓜类产量，必须增加每公顷商品瓜数量和提高单瓜重量，并适当控制生物产量，具体措施有：①保证每公顷的有效种植株数；②提高坐果率；③提高商品瓜重量；④合理整枝引蔓，防止枝叶过密过多，以免影响光合效率和引起过多的养分消耗。

（二）测产方法
（1）五点取样法　每个点采收 4～5 株，采收，分级，称重，求单个重量，评估外观品质。

(2)全园采收分级评估　大面积采收同样面积的西瓜（350 m² 以上），分级，评估外观品质，算每个级别西瓜的个数，不称重。

(3)选取同样面积的西瓜田采收测产　每个处理约采收 20 个西瓜，并分级、称重，求单个重量，评估外观品质。

二、膜下滴灌哈密瓜效益分析

(一)经济效益(表 11-3)

1. 开沟效益

机械开沟 150 元/hm²，每台机每天可开沟 2.7～3.3 hm²。人工开沟 900 元/hm²，每人每天可开沟 0.5 hm²。则机械开沟比人工开沟每公顷可节省费用 750 元/hm²。

表 11-3　哈密瓜膜下滴灌与常规灌收益分析表(2013 年新疆哈密伊吾县)

内容	滴灌/(元/hm²)	常规灌/(元/hm²)	节约成本/(元/hm²)
机械开沟	150	900	750
铺管压膜作业	150	450	300
水费	885.3	1 600.95	715.65
肥料	337.5	1 125	787.5
农膜	351	614.25	263.25
灌溉投资	1 635	0	−1 635
管理费	225	0	−225
投入合计			956.4
增产	45 900	37 800	8 100
合计			10 012.8

2. 铺管压膜作业效益

机械化铺管压膜 150 元/hm²，每台机每天作业 40 hm²，人工铺管压膜 450 元/hm²，每人每天铺管压膜 1 hm²。则机械化铺管压膜比人工铺管压膜节省费用 300 元/hm²。

3. 节水

膜下滴灌用水量 367 m³/hm²，普通沟灌用水量 821 m³/hm²，节水 454 m³/hm²。按农用水价 0.13 元/m³ 计算，膜下滴灌比普通沟灌可节水费 715.65 元/hm²。

4. 节肥

普通沟灌哈密瓜种植用肥在 450 kg/hm² 以上，而滴灌瓜用肥 135 kg/hm²，节省肥料 315 kg/hm²。肥料价格平均按 2.5 元/kg 计算，节省费用 787.5 元/hm²。

5. 节省农膜

机械化铺膜每公顷用膜 30 kg，而人工铺膜每公顷用膜 425 kg，每公顷节省农膜 22.5 kg。农膜单价 11.7 元/kg，则节省农膜费用 263.25 元/hm²。

6. 增产

普通沟灌瓜株距为 50～80 cm，沟距为 3.5 m，公顷株数最多为 700～800 株。膜下滴灌哈密瓜株距为 35～40 cm,沟距为 3～3.3 m,公顷株数最少为 1 000 株左右。膜下滴灌哈密瓜比普通沟灌瓜公顷株数至少增加 200 株,产量增加 600 kg/hm²。按商品率 75%、单价 1.2 元/ kg 计算,每公顷可增收 8 100 元。

7. 增加成本

膜下滴灌工程投资的 66% 由农民分期还贷,还本资金 707.25 元/hm²,还息资金 205.05 元/hm²,毛管费 722.70 元/hm²,管理费 225 元/hm²,共计增加成本 1 860 元/hm²。

8. 综合经济效益

膜下滴灌机械化作业与人工作业比较可节省费用 10 012.8 元/hm²。滴灌瓜类省工、省力,无须人工修瓜沟、修渠,提高管理定额,每人可管 1.3～1.7 hm²;滴灌种植可提高水的利用率,地膜保墒,苗期机械中耕,而常规种植无法做到。苗期中耕对提高地温、增加土壤透气性、减少甜瓜早疫病、枯萎病的发病率有重要的作用。

(二)社会效益

滴灌技术提高了设施农业综合生产能力,农田基本条件得到改善,耕地生产能力提高,生产资料投入更加合理,生产管理更加科学,技术投入得到加强,同时提高了农产品的安全质量和产品品质,提高了瓜类商品率和市场竞争力,增加了农民的收入。通过滴灌化技术的示范,广大农民的科技素质得到明显提高,减少了农业用水、用肥及生产管理的盲目性和不合理性,减轻了农民的生产负担,促进了农民增收、农业增效和农村经济发展,获得了良好的社会效益。

(三)生态效益

通过设施农业滴灌技术的实施,实现节水灌溉施肥,使灌溉水和肥料利用率提高,减少了水向深层的渗漏及移动性强的营养元素(如氮素)的淋洗流失,减轻了对地下水的污染和土壤盐渍化程度,延长了农业设施使用年限,减轻了农药对环境的污染,对改善农产品质量,提高农产品竞争力,发展生态绿色农业和可持续农业具有十分重要的意义。

▶▶▶ **参 考 文 献** ◀◀◀

[1] 郑梅锋. 打瓜膜下滴灌高产栽培技术[J]. 现代农业,2008(35):8-9.

[2] 赵亮,刘伟,孙丽莉,等. 西瓜滴灌高产栽培技术[J]. 新疆农业科技,2008(5):44.

[3] 王新中. 一八三团打瓜加压滴灌技术的应用[J]. 新疆农垦科技,2006(6):45-46.

[4] 安建辉,江阿力克,阿依丁古丽. 打瓜 667 m² 产 200 kg 膜下滴灌栽培技术[J]. 农村科技,2007(9):51-52.

[5] 海波. 膜下西瓜滴灌高产栽培技术. 中国园艺文摘,2011(8):165-185.

[6] 王江明. 西瓜滴灌栽培技术. 园艺特产,2013(3):37-38.

[7] 许敏杰. 西瓜滴灌系统的使用方法及栽培技术要点[J]. 长江蔬菜,2010(7):30-31.

[8] 王洪源,李光永. 滴灌模式和灌水下限对甜瓜耗水量和产量的影响[J]. 农业机械学报,2010,41(5):47-51.

[9] 陈年来,屈星,陶永红,等. 甜瓜标准化生产技术[M]. 北京:金盾出版社,2001:173.

[10] 李静. 膜下滴灌甜瓜栽培技术. 种子世界,2009(10):50-51.

第十二章　蔬菜滴灌栽培技术

第一节　蔬菜滴灌生产概况

一、蔬菜的发展状况

我国是世界上最大的蔬菜、瓜果生产国和消费国，随着蔬菜产业全国规划布局的完成，全国蔬菜种植面积和产量也在不断提升。近年来，中国蔬菜生产持续稳定发展，种植面积由2007年的2.62亿亩增加到2014年的3.19亿亩，产量由2007年的5.47亿t增加到2014年的7.71亿t，人均占有量500多kg，其中2012年全国蔬菜播种面积约占农作物总面积11.9%，对全国农民人均纯收入贡献830多元，占农民人均收入的14%，已经超过粮食产量，成为我国第一大农产品，产销量占全球市场的比重均在50%以上，成为农民收入的主要来源之一（图12-1）。

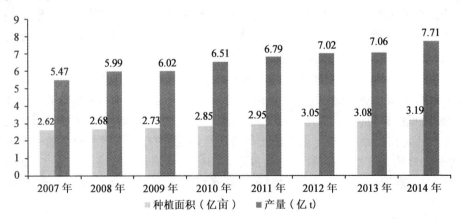

图 12-1　2007—2014 年全国蔬菜播种面积情况

蔬菜膜下滴灌技术，是将水加压、过滤，通过低压管道送达滴头，以点滴方式滴入蔬菜作物根部进行局部灌溉的一种灌溉方式，是蔬菜生产过程中一项重要的农艺措施，是目前蔬菜最经济有效的一种节水灌溉方式，是解决水资源短缺最直接、最有效的途径，也是实现节本增效、提质增收的有效举措。同时也是建设节水型农业、促进农业可持续发展、推进现代农业的重要内容。

但在实际生产过程中，蔬菜生产者往往对灌溉没有足够的重视，水分管理比较粗放，仅凭经验对蔬菜进行灌溉,不仅造成水分浪费,而且由于灌水过大,引起土壤和空气湿度加大,蔬菜的生长发育受到影响,诱发病害的发生,一方面可造成减产,另一方面由于为了防治病虫害,加大了农药的使用量而导致蔬菜产品的质量级别下降。

近年来,在我国推广以肥水一体化运用为主体,将现代灌溉技术与农艺技术进行有机结合,开发了适宜在蔬菜产区大面积推广的膜下滴灌等多项蔬菜节水技术,初步实现了节水、节肥、省工、省力、高产高效的目标。

▶ 二、蔬菜膜下滴灌的优点

1. 节水、省肥、省工、省事

蔬菜使用膜下滴灌后,水资源利用率可达到 80% 以上,比大水漫灌节水 50%~60%,浇水时基本不耽误其他农事操作,显著降低农民的劳动强度,节约劳动时间,同时肥料利用率可提高 1 倍以上。

2. 灌水均匀

膜下滴灌可有效控制每个滴头的出水量,灌水速度均匀,受坡度影响较小,一般灌水均匀度可达到 90% 以上,尤其是在地面不够平整的蔬菜大棚效果更加明显。

3. 节能

采用膜下滴灌技术提高了水资源利用率,滴水时只需把蔬菜根部的土壤润透即可,既减少了浇水量,又缩短了浇水时间,与喷灌比,要求压力低,灌水量少,抽水量少和抽水扬程低,减少了能量消耗。

4. 有利于根系发育和根系对水分、养分的吸收

采用滴灌可大幅降低土壤的板结程度,提高土壤透气性,从而更有利于根系的生长发育。与大水漫灌相比,蔬菜根系的吸收面积可增加 30% 以上,植株吸收肥水的能力明显增强。

5. 冬春不降低地温,夏季可防止地温偏高

早春或冬季栽培蔬菜时,由于地温偏低导致蔬菜根系发育不良,此时如果进行大水漫灌,将会使地温降得更低,土壤透气性变差,从而严重影响根系的生长发育和吸收能力。若使用滴灌则不会降低地温,更不会影响土壤透气性,从而更有利于蔬菜根系的生长发育和对水分、养分的吸收。夏季地温偏高,此时根系会因呼吸作用过度旺盛而出现老化,利用滴灌设施在地温较高的情况下进行滴水灌溉可有效降低地温,预防或延缓根的老化,提高根系的吸收能力。

6. 降低空气湿度,减少病害发生,方便田间作业

使用膜下滴灌后,由于水是慢慢滴入土壤中去的,地表水分含量很少,因此可显著减少地面的水分蒸发量,使株间空气湿度降低,蔬菜病害明显减轻,各种农事活动更加方便。

7. 提高产量,改善品质,增产增效

使用膜下滴灌后,土壤理化环境得到改善,蔬菜根系更加发达,肥料吸收利用率大大提高,而且由于滴灌更有利于配方施肥的应用,可使蔬菜获得更加全面的营养元素,因此可显著提高蔬菜的产量和品质,达到节肥、增产、优质、增收的目的。

因此,发展蔬菜的节水灌溉要从各地的实际出发,在充分考虑当地自然条件和农村社会经济水平的基础上,因地制宜地选取各种适宜的节水灌溉技术和模式。通过发展蔬菜的节水技术促进农业结构的调整、促进各种先进适用技术的应用、促进农业质量和效益的提高,推进农业现代化和产业化进程,实现蔬菜的增产、增收,使农民得到更多实惠,用显著的经济效益引导广大农民群众发展蔬菜的节水灌溉。

三、蔬菜产量形成的机制及影响因素

(一)产量的含义

一般所谓的产量,是指田里所收获的产品的鲜物重量。从生理角度看,蔬菜作物的产量(以干物重量来计算)中有90%～95%是通过光合作用形成的,而另外的5%～10%是由根吸收的矿物质营养所形成的。因此,产量形成的最基本的生理活动是光合作用。要提高产量,一方面是提高光合作用效率,形成更多的光合作用产物即碳水化合物,另一方面使得更多的光合作用产物朝着我们需要的产品器官分配。

每一种蔬菜作物在它一生中由光合作用所形成的全部干物产量叫作"生物产量"(包括可食用的及不可食用的部分),一般把可食用部分的产量叫作"经济产量"。在大多数情况下,生物产量与经济产量之间,有一定的相关或比例。

影响鲜物重量的因素,比影响干物重量的因素多,主要有:作物生长期的长短;品种的遗传特性;产品器官含水量的多少;产品化学成分的不同(表12-1)。

表 12-1　几种蔬菜的经济产量与干物产量的比较

种类经济	鲜物产量/(t/hm²)	含水量/%	干物产量/(t/hm²)
大白菜	75.0～112.53	95	3.75～5.62
番茄	60.0～90.0	94	3.60～5.40
黄瓜	82.5～112.5	96	3.30～3.90
洋葱	45.0～52.5	92	3.60～4.20
菜豆	22.5～30.0	90	2.25～3.00
马铃薯	22.5～30.0	79	2.50～3.30

(二)产量的形成特性

蔬菜作物产量计算的方法可以用单株或单果重来计算,或单体鳞茎、块茎或叶球重表示,但是最普遍的(包括生产上)是以单位面积来计算的。在形成产量的过程中,构成这些产量的每一因素都是一个动态的变化过程,也就是说蔬菜作物的产量不是在播种时或栽植时就固定了的。如果株数增多,单株结果数可能会减少,而如果果数增多,单果重就会减少。因此,在生产上要有一个合理群体、合理的坐果数,才能获得较高的产量。许多用直播,尤其是用撒播的蔬菜,如胡萝卜、小白菜、菠菜、苋菜、茼蒿等,播种量虽然相差很大,但到收获时,单位面积有经济价值的产量都比较接近,因为作物群体在其形成过程中有自然稀疏现象。

许多果菜在同一时期同一株中可以着生许多的花,结很多幼果,但能够膨大成为产品食用的,只有其中的一部分。在生产上,尤其对于采收幼果食用的种类,要等到把食用成熟的果实采收以后,其他的小果才膨大。采收生物学成熟的番茄的结果周期性,往往比采收嫩果的茄子更为明显。因此,及时采收是减少结果周期性的一个重要环节。

在蔬菜生产中,最大限度地利用太阳辐射进行光合作用的同时,如何更有效地促进光合作用产物向产品器官运输与分配也显得特别重要。蔬菜植物的干物质产量有90%～95%是通过光合作用来形成的。从生物学角度看,产量形成的最基本的生理活动是光合作用。植物的所有的绿色部分,包括叶子、果实、茎等都可以进行光合作用,大多数蔬菜植物的茎及幼果都有叶绿素。白菜种株的结荚期,荚果的绿色面积是这一段时期的主要光合作用器官。但就大多数的情况下,叶片是最主要的。叶面积大,表示接受阳光的容量大;叶面积小,则表示物质的生产容量小。

此外,还要决定于单位叶面积干物质重的增加率(亦称净光合生产率)。净同化率表示干物生产的"效率"。因此,叶面积与净同化率是蔬菜作物产量构成的两个最主要的生理因素。

1. 光能利用率

所谓光能利用率是指单位面积上,植物的光合作用积累的有机物占照射在同一地面上的日光能量的百分比。在实际大田条件下,并不是所有的太阳光均可被植物的叶片所吸收用于光合作用,据测定,到达地面的辐射能即使在夏日晴天中午也不会超过 $1\ kJ/(m^2\cdot s)$,并且只有其中的可见光部分的 $400\sim700\ nm$ 能被植物用于光合作用。途中经过若干损失之后,最终转变为贮存在碳水化合物中的光能最多只有5%。但目前一般高产田的光能利用率不超过光合有效辐射能的2%～3%,一般的田块只有1%左右。

造成实际光能利用率远比理论光能利用率要低的主要原因有:一是漏光损失,作物生长初期植株小,叶面积不足,日光的大部分直射地面而损失;二是叶片的反射和透射损失;三是受植物本身的碳同化等途径的限制。事实上,被植物吸收的光能中还有许多光能是通过热能、荧光散耗等途径散发的,且在生长期间,经常会遇到不适于作物生长与进行光合的逆境。在逆境条件下,作物的光合生产率要比顺境条件下低得多,这会使光能利用率大为降低。

增加蔬菜作物的产量,最根本的因素是提高光能利用率。

2. 提高光能利用率的途径和方法

为使植物将更多光能转化成可储藏的化学能,生产上常用的主要方法有:

(1)增加光合作用面积,提高叶面积指数。所谓叶面积指数是指单位面积上的叶面积。在一定范围内,叶面积指数越大,光合作用产物也越多,产量也随之升高,但超过某一阈值时,则会因相互遮阴等而导致光能利用率的下降。

要增加叶面积指数,可通过以下途径:

①合理密植。例如,一般的果菜类在叶面积指数0～4,其产量大多随栽培密度的提高而提高,超过这个范围则反而会下降。

②改变株型。一些爬地生长的瓜类如西瓜可以改成搭架式栽培,从而使叶面积指数从原来的1.5左右提高到4～5。

③合理的间套作。在蔬菜植株尚小时,可以采用间套作的方式来提高叶面积指数。通过轮作、间作和套种等提高复种指数的措施,就能在一年中巧妙地搭配作物,从时间和空间上更好地利用光能。

(2)延长光合作用时间。在不影响耕作制度的前提下,适当延长生育期能提高产量。在设施栽培的覆盖物管理中,只要温度条件允许,尽量早揭保温被等覆盖材料,而在傍晚则尽量晚覆盖,从而增加光合作用时间,在经济条件允许的范围内,也可以采用人工补光的方式,以延长照光时间。

(3)提高光合作用的效率。首先必须了解影响光合作用的因素。影响光合作用的因素有内因和外因,内因有:叶龄(寿命)、叶的受光角度、叶的生长方向、植株的吸水能力和物质转运的库源关系;而外部因素有光照的强弱、温度的高低、CO_2浓度、水分和养分的供应水平等。

第二节　洋葱膜下滴灌栽培技术

洋葱(*Allium cepa*),又称圆葱、玉葱、胡葱或葱头,新疆以及河南、甘肃部分地区称其为皮牙子,百合科葱属二年生草本植物,以肥大的肉质鳞茎为产品(图12-2)。洋葱营养丰富,富含的多种硫化物和糖类是其独特风味的主要成分,具有杀菌、降脂、降压、抗哮喘等多种保健功能,可广泛应用于食品、医药和保健领域,深受国内外消费者的喜爱,是理想的保健、调味型蔬菜。

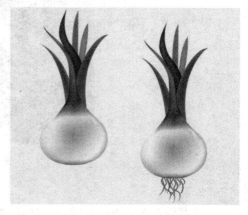

图12-2　洋葱(左)和植株形态(右)

洋葱原产亚洲西部,20世纪初传入中国,在我国栽培仅有100多年的历史。由于适应性强,又耐贮藏和运输,洋葱在我国的种植历史虽然短但发展速度很快。目前,洋葱在国内南北各地均有栽培,其主产区主要分布在甘肃、内蒙古、黑龙江、吉林、山东、江苏、河南、河北、福建、云南、四川、新疆等省区,已形成规模化种植。近年来,随着国内洋葱品种的改良以及栽培技术的提高,面积呈逐年扩大之势。目前,我国已成为世界上洋葱产量较大的4个国家(中国、印度、美国、日本)之一,洋葱产业取得了突飞猛进的发展。

▷ 一、生物学基础

洋葱为百合科葱属二年生草本植物。根弦线状,浓绿色圆筒形中空叶子,表面有蜡质;叶鞘肥厚呈鳞片状,密集于短缩茎的周围,形成鳞茎(俗称葱头);伞状花序,白色小花;蒴果。根茎外边包着一层薄薄的皮(白、黄或红色),里面是一层一层的肉,一般是白色或淡黄色。洋葱的根是弦状浅根系,根毛极少。茎短缩成盘状茎,其上环生叶。叶片的横切面为半月形,中空,由叶鞘和管状叶片两部分组成,叶鞘套合成假茎,基部膨大形成肥厚的鳞茎。当它通过春化后能发生花薹,花薹顶端着生伞形花序,花小、白色,异花授粉。果实为蒴果,具有3个心室。种子盾形,黑色,千粒重3~4 g。种子使用年限为1年。

(一)植株组成

1. 根

洋葱的胚根入土后不久便会萎缩,因而没有主根,其根为弦状须根,着生于短缩茎盘的基部,根系较弱,无根毛,根系主要密集分布在 20 cm 的表土层中,故耐旱性较弱,吸收肥水能力较弱。根系生长温度较地上低,地温达到5℃时,根系即开始生长,10~15℃最适,24~25℃时生长缓慢(图12-3)。

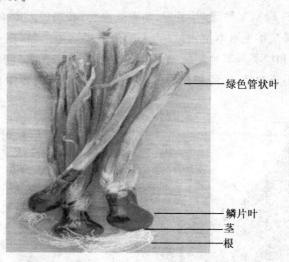

绿色管状叶

鳞片叶
茎
根

图 12-3 洋葱的根

2. 茎

洋葱的茎在营养生长时期,茎短缩形成扁圆锥形的茎盘,茎盘下部为盘踵,茎盘上部环生圆圈筒形的叶鞘和枝芽,下面生长须根。成熟鳞茎的盘踵组织干缩硬化,能阻止水分进入鳞茎。因此,盘踵可以控制根的过早生长或鳞茎过早萌发,生殖生长时期,植株经受低温和长日照条件,生长锥开始花芽分化,抽生花薹,花薹筒状,中空,中部膨大,有蜡粉,顶端形成花序,能开花结实。顶球洋葱由于花期退化,在花苞中形成气生鳞茎。

3. 叶

洋葱的叶由叶身和叶鞘两部分组成,由叶鞘部分形成假茎和鳞茎,叶身暗绿色,呈圆筒状,中空,腹部有凹沟(是幼苗期区别于大葱的形态标志之一)。洋葱的管状叶直立生长,具有较小的叶面积,叶表面被有较厚的蜡粉,是一种抗旱的生态特征(图12-4)。

4. 花

花葶粗壮,高可达 1 m,中空的圆筒状,在中部以下膨大,向上渐狭,下部被叶鞘;总苞2~3裂;伞形花序球状,具多而密集的花;小花梗长约 2.5 cm。花粉白色;花被片具绿色中脉,矩圆状卵形,长 4~5 mm,宽约 2 mm;花丝等长,稍长于花被片,约在基部1/5处合生,合生部分下部的1/2与花被片贴生,内轮花丝的基部极为扩大,扩大部分每侧各具1齿,外轮的锥形(图12-5)。

鳞片叶
内表皮
白色

鳞片叶
外表皮
紫色

图 12-4 洋葱的叶

图 12-5 洋葱的花

5.子房

近球状,腹缝线基部具有帘的凹陷蜜穴;花柱长约 4 mm。花果期 5～7 月份。

(二)生育周期

洋葱生育周期的长短因栽培地区及育苗方式的不同而不同。一般可将洋葱的生育周期分为营养生长期、休眠期和生殖生长期。洋葱从种子萌发到开花结籽的各个时期,在形态上有明显的变化,同时,在不同的时期,对环境条件的要求也不相同。

1.营养生长期

从播种到鳞茎收获,为洋葱的营养生长期。营养生长期又可以细分为发芽期、幼苗期、鳞茎膨大期。

(1)发芽期 从种子萌动出土到第 1 片真叶出现为发芽期,约需 15 d。洋葱种皮坚硬,发芽缓慢,在栽培上要注意播种不宜过深,覆土不宜过厚,幼苗出土前保持土壤湿润,防止土壤板结。

(2)幼苗期 从第 1 片真叶出现到定植大田为幼苗期。如果为冬前定植,则幼苗的越冬期也属于幼苗期。幼苗出土后,生长迅速。要保持适宜的温、湿度条件。此期根系的生长比地上部分的生长更为重要。采用多种形式育苗的洋葱,当幼苗长到一定大小时,要及时定植到大田中,适宜的苗龄为 50～60 d,此时幼苗 1 单株重 5～6 g,茎粗 0.6～0.8 cm,株高 20 cm 左右,具有 3～4 片真叶。幼苗过大,易发生先期抽薹。在定植以后的越冬期间,植株的生长量很小,冬前要控制水肥,防止由于徒长和植株生长过快致使干物质积累少,降低植株的越冬能力,同时也要防止因植株过大而感受低温,通过春化阶段,第2年出现先期抽薹现象。另外,有些洋葱幼苗是在苗床越冬,第2年春季再定植。

(3)鳞茎膨大期　从定植到收获鳞茎为鳞茎膨大期。定植后,经过缓苗,陆续发根长叶,秋栽洋葱,幼苗在越冬前长出3~4条新根才能安全越冬。

翌春返青(春栽缓苗)后,前期生长缓慢,随着气温升高,根条迅速生长,进入发根盛期。在根系迅速发育的基础上,地上部也迅速生长,株高、茎粗、叶片数、叶面积显著增加,进入发叶盛期。继而叶鞘基部逐渐增厚,进入鳞茎膨大初期。此期仍以叶部生长占优势,鳞茎缓慢生长,并以纵向生长为主,形成椭圆形或卵圆形的小鳞茎。

随着气温升高,日照时数加长,叶部生长受到限制,叶身中的营养物质向叶鞘基部和侧芽中转移,使之迅速肥厚,进入鳞茎膨大盛期,鳞茎以横向膨大为主。此期,叶身和根系由缓慢生长而趋于停滞。叶身开始枯黄,假茎松软,最外1~3层鳞片干缩成膜状时进入收获期。

2.休眠期

收获后,洋葱进入生理休眠期,这是洋葱长期适应原产地夏季高温干旱条件的结果。收获后的产品器官,为了便于贮藏,应立即促使其进入生理休眠期。进入休眠期以后,呼吸作用微弱,鳞茎不发芽,这种状态将一直保持到生理休眠期结束。洋葱生理休眠期的长短因品种特性、贮藏条件以及休眠程度等因素的不同而不同,一般为60~90 d。

3.生殖生长期

生殖生长期分为抽薹开花期和种子形成期2个时期。

(1)抽薹开花期　洋葱鳞茎在贮藏期间感受了低温条件,通过春化阶段,于休眠期结束以后,将鳞茎定植于大田中,在高温和长日照条件下,就可以形成花芽,每个鳞茎可抽生2~5个花薹,形成种子,完成整个生育周期。每个花序的开花时间为10~15 d。

(2)种子形成期　这一段时期是从开花到种子成熟。开花结束后到种子成熟约25 d。温度高时,种子成熟快,但饱满度差;温度低时,种子成熟缓慢。

(三)生长环境

1.温度

洋葱对温度的适应性较强。种子和鳞茎在3~5℃下可缓慢发芽,12℃开始加速,生长适温幼苗为12~20℃,叶片为18~20℃,鳞茎为20~26℃,健壮幼苗可耐−6~7℃的低温。鳞茎膨大需较高的温度,鳞茎在15℃以下不能膨大,21~27℃生长最好。温度过高就会生长衰退,进入休眠。

2.光照

洋葱属长日照作物,在鳞茎膨大期和抽薹开花期需要14 h以上的长日照条件。在高温短日照条件下只长叶,不能形成葱头。洋葱适宜的光照强度为2万~4万 lx。

3.水分

洋葱在发芽期、幼苗生长盛期和鳞茎膨大期应供给充足的水分。但在幼苗期和越冬前要控制水分,防止幼苗徒长,遭受冻害。收获前12周要控制灌水,使鳞茎组织充实,加速成熟,防止鳞茎开裂。洋葱叶身耐旱,适于60%~70%的湿度,空气湿度过高易发生病害。

4.土壤和营养

洋葱对土壤的适应性较强,以肥沃疏松、通气性好的中性壤土为宜,沙质壤土易获高产,但黏壤土鳞茎充实,色泽好,耐贮藏。洋葱根系的吸肥能力较弱,要高产需要充足的营养条件。每 1 000 kg 葱头需从土壤中吸收氮 2 kg、磷 0.8 kg、钾 2.2 kg。施用铜、硼、硫等微量元素有显著增产作用。

二、栽培技术措施

(一)播前准备

1.品种选择

选择高产、稳产、优质、抗病虫害、耐贮运、抗逆性强、皮薄、色亮、形好、不易掉皮、鳞茎收口紧、综合性状优良的长日型洋葱品种。洋葱按鳞茎皮色可分黄皮洋葱、红皮洋葱和白皮洋葱 3 个类型,新疆主要种植品种为白皮洋葱。

(1)红皮洋葱 鳞茎圆球形或扁圆球形,一般纵径 8～10 cm,横径 9～10 cm,外皮紫红色或暗粉红色,肉质微红或白里带红,多为中、晚熟品种。产量高,一般单株葱头重 140～250 g,最大 400 g 以上,产量达 60 000 kg/hm² 左右。该品种辛辣味浓,品质中等,休眠期短,萌芽较早,由于鳞茎含水量较多,耐贮性较差。

(2)黄皮洋葱 鳞茎扁圆形或圆球形至高桩圆球形,一般纵径 4.5～5.7 cm,横径 7～9 cm,外皮铜黄色至淡黄色,肉质微黄色或白里带黄,多为早、中熟品种。其中扁圆种,假茎紧细,鳞茎耐贮藏,不易发芽,但产量较低。圆球种又称高桩种,假茎粗大,鳞茎贮藏性略差,产量较高。黄皮洋葱鳞茎肉质致密细嫩,味甜而辛辣,品质好,与红皮种比较,产量略低,耐贮藏,含水量较少,可作为脱水蔬菜的原料。

(3)白皮洋葱 葱头白色,鳞片肉质,白色,扁圆球形,有的则为高圆形和纺锤形,直径 5～6 cm。品质优良,适于作脱水加工的原料或罐头食品的配料。但产量较低,抗病较弱。在长江流域秋播过早,容易先期抽薹。代表品种有哈密白皮等。

2.选地

洋葱根系吸水吸肥能力较弱,故以选择土壤地力中等以上的壤性土或轻壤土栽培为好。

3.整地

播种前采用机械平地,整地质量要达到"齐、平、碎、净"标准,要求土地平整度好,最好是秋、冬灌过的地。

4.施肥

犁地前每公顷施腐熟的有机肥 1.0～1.5 t 或油渣 300 kg,磷酸二铵 10～15 kg,撒施后深翻。

(二)播种

1.播期及播量

一般当 15 d 平均气温 5℃或 5 cm 地温大于 8℃时即可播种。播种采用人工膜上点播,穴株距为 15 cm×16 cm,每公顷穴数 4 万穴左右,由于洋葱种子小,顶土能力弱,要求每穴播 3 粒,播深 1.5 cm 左右,播种量为 300～500 g/hm²。

2.种植模式

新疆洋葱一般采用"一膜二管 8 行"种植模式,采用 140 cm 幅宽的地膜,每膜下面铺 2 条毛管,毛管间距 70 cm,两管之间种 4 行洋葱,两管外侧各种 2 行,共种 8 行洋葱,膜间距 30 cm。株距 15 cm,保苗 42 万株/hm²。具体布置模式(图 12-6)。

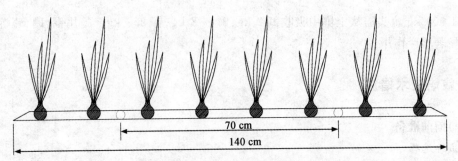

70 cm
140 cm

图 12-6　膜下滴灌洋葱种植模式图

(三)田间管理

1. 灌水与施肥

依据洋葱生长发育的需水规律科学灌溉,全生育期共灌溉 10 次,总滴灌量 3 375～4 050 m³/hm²。幼苗期至叶丛生长期共滴水 4 次,滴水间隔期 10 d,每次滴水 300～375 m³/hm²,并随水滴施尿素或氨基酸液肥 60～75 kg/hm²,鳞茎膨大期要保证足额灌溉,共滴水 5 次,滴水间隔期 7～8 d,每次滴水量 375～450 m³/hm²,并随水滴施劲霸滴灌专用肥或智利硝酸钾 60～75 kg/hm²。鳞茎成熟期滴水 1 次,滴水量 300 m³/hm²。施肥分别于第三至第七次滴水时随水滴施尿素 45～60 kg/hm² 磷酸二氢钾 15～30 kg/hm²。

2. 定苗

3～4 片真叶时,开始定苗,间去小苗、病苗、弱苗,留壮苗。每穴 1 株,保苗 3.5 万～4 万株/hm²。

3. 除草

地膜洋葱杂草比普通种植的洋葱田间杂草减少 80%,是由于地膜覆盖,80%杂草被压住不能生长。第 1 次人工除草时,将穴中的杂草拔掉,全生育期除 2～3 遍即可。

4. 病虫害防治

洋葱的病害主要有葱类霜霉病、紫斑病、锈病、黑斑病和洋葱软腐病等,虫害主要有葱地种蝇、葱白潜叶蝇、葱蓟马、蝼蛄、蛴螬等。

对病害的防治主要选用抗性品种和无病地块留种,提倡轮作,播种前进行种子消毒,增施磷、钾肥料,药物防治可选用瑞毒霉、代森锌和百菌清等对症喷洒予以防治,起苗后将洋葱分级打捆,去土并置于辛硫磷及多菌灵各 600 倍液的药槽内灭虫、灭菌;发病期每隔 7～10 d 喷 1 次,连喷 2～3 次。对虫害可选用 50%辛硫磷 1 000 倍液或 90%敌百虫 800 倍液或 40%毒死蜱 600 倍液喷洒或浇根防治,连喷 2～3 次。

▶ 三、收获与贮藏

1. 成熟

洋葱成熟时的标志是基部叶开始枯黄,约有 2/3 的植株假茎松软,地上部倒伏,下部 1～2 片叶枯黄,第 3～4 片叶稍带绿色,鳞茎外层鳞片变干,便是采收的时期。一般洋葱主茎叶片不死亡,它的成熟周期越长,产量越高,反之产量较低,所以如果主茎叶不死亡,10 月中上旬收获最佳。

2.收获

适时收获对洋葱贮藏很重要,采收前 7～10 d 应停水,造成干燥环境,促使洋葱鳞茎加速成熟,进入休眠。收获过早,鳞茎尚未长成,未成熟或未进入休眠的洋葱,其鳞茎中可利用的养分含量高,容易发芽和引起病菌繁殖,造成腐烂。收获过晚,易裂球,迟收遇雨,不易晾晒,鳞茎难于干燥,容易腐烂。收获时应选晴天进行,最好用小铲挖起,尽量减少折断叶片和损伤鳞茎,便于以后编辫和减轻贮藏期间因伤口感染而腐烂。收获后要就地干燥处晾晒 3～4 d,晒时不要曝晒,用叶子遮住葱头,只晒叶不晒头,可以促进鳞茎后熟,外皮干燥,以利贮藏。

3.贮藏

洋葱食用部分是肥大的鳞茎,有明显的休眠期。收获后外层鳞片干缩成膜质,能阻止水分进入内部,有耐湿耐干的特性。洋葱在夏季收获后,即进入休眠期,生理活动减弱,遇到适宜的环境条件,鳞茎也不发芽。洋葱的休眠期一般为 1.5～2.5 个月,因品种不同而异。休眠期过后,遇适宜条件便萌芽生长,鳞茎中的养分向生长点转移,致使鳞茎发软中空,品质下降,失去食用价值。因此,使洋葱长期处于休眠状态、抑制发芽,是贮藏洋葱的关键问题。休眠期后的洋葱适应冷凉干燥的环境。温度维持在 $-1～0℃$,相对湿度低于 80% 才能减少贮藏中的损耗。如收获后遇雨,或未经充分晾晒,以及贮藏环境湿度过高,都易造成腐烂损失。

此外,为了使洋葱延长贮期并在贮藏期间不致发芽而影响质量,可在收获前 1～3 周,用 0.25% 的青鲜素水溶液喷洒叶面,以破坏植株生长点,使葱头顶芽永不萌发,但不能作种用。

第三节　白菜膜下滴灌栽培技术

白菜属十字花科芸薹属,是一种原产于中国的蔬菜,又称"结球白菜"、"包心白菜"、"黄芽白"、"胶菜"等,在粤语里叫"绍菜"。

白菜原产于我国北方,是十字花科芸薹属叶用蔬菜,通常指大白菜。引种南方,南北各地均有栽培。19 世纪传入日本、欧美各国。大白菜种类很多,北方的大白菜有山东胶州大白菜、北京青白、天津青麻叶大白菜、东北大矮白菜、山西阳城的大毛边。

白菜原产中国,在西安新石器时代半坡遗址中出土的一个陶罐里有白菜籽,有 6 000 多年的历史;比其他原产中国的粮食作物要古远。白菜古时称"菘",春秋战国时期已有栽培,最早得名于汉代。南北朝时是中国南方最常食用的蔬菜之一。唐代出现了白菘、紫菘和牛肚菘等不同的品种。宋代陆佃的《埤雅》中说:"菘性凌冬不凋,四时常见,有松之操,故其字会意,而本草以为耐霜雪也。"元朝时民间开始称其为"白菜"。明朝中医学家李时珍在《本草纲目》中记载:"菘性凌冬晚凋,四时常见,有松之操,故曰菘。今俗之白菜,其色清白。"《本草纲目》记载了一些白菜的药用价值。

20 世纪初,日俄战争期间,有些日本士兵在中国东北尝到这种菜觉得味道不错,于是把它带到了日本。在日本市场上出售的食品工厂生产的饺子,基本都是猪肉白菜馅的。今天,世界各地许多国家都引种了白菜。大白菜,在西方又称"北京品种白菜",即结球白菜,在粤语里叫绍菜。大白菜有宽大的绿色菜叶和白色菜帮。多重菜叶紧紧包裹在一起形成圆柱体,多数会形成一个密实的头部。被包在里面的菜叶由于见不到阳光绿色较淡以至呈淡黄色。

大白菜耐储存,所以中国的老百姓特别是中国北方老百姓对白菜有特殊的感情。在经济困难的时期,大白菜是他们整个冬季唯一可吃的蔬菜,一户人家往往需要储存数百斤白菜以应付过冬,因此白菜在中国演变出了炖、炒、腌、拌各种烧法。冬季在最低气温为-5℃左右时,大白菜完全可以在室外堆储安全过冬,外部叶子干燥后可以为内部保温。如果温度再低,则需要窖藏。不过在过于寒冷的北方还有另外几种冬季储存白菜的方法,如在朝鲜北方和中国东北东部腌制朝鲜冬菜,在中国东北西部、内蒙古东部和河北北部寒冷以前又缺乏食盐的地区习惯用渍酸菜的方法等储存白菜。由于大白菜是在秋季玉米收获后播种,初冬收获,产量大,管理容易,但储存需要占地,所以收获期间同时上市价格非常便宜,一些商家在促销商品时常用"某某商品白菜价"的口号形容其廉价。

一、生物学基础

大白菜又称结球白菜、黄芽菜,古称菘菜,属十字花科。起源于我国,是我国特产之一,当代以山东、京津、河北等地的产品最著名。大白菜为高产蔬菜,一般产量 10.5 万～22.5 万 kg/hm²,因此能以低廉的价格大量供应。大白菜营养丰富,柔嫩适口,品质佳,耐储存,我国南北方都有大白菜栽培,特别是北方栽培量很大。大白菜是秋季生产、冬季上市最主要的蔬菜种类,因此大白菜有"菜中之王"的美称。

随着科技的不断发展,彩色"大白菜"已在陕西培育成功,并正在着手大面积推广生产。这种呈鲜黄色或橙黄色的大白菜不仅外观漂亮,而且质地脆嫩,口感极佳,营养价值远远高出传统大白菜。其胡萝卜素含量比普通大白菜要高出约 5 倍,维生素 C 含量也要较普通大白菜高出约 60%。在人们对食品要求越来越高的今天,它必将比传统的大白菜更受老百姓的青睐。

(一)植株组成

1. 根

大白菜为浅根直根系,主根上着生两列侧根,主、侧根上分根很多,形成很密的吸收网。大白菜根系虽较发达,但多为水平生长,主要根群分布在距地表 30～35 cm 的根层中(图 12-7)。

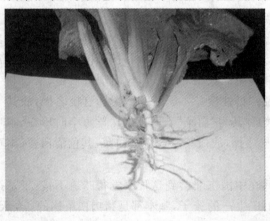

图 12-7　白菜的根

2. 茎

营养生长时间,茎部缩短,节间段,每节发生根出叶一枚,腋芽不发达。进入生殖生长时期抽生花茎,高 60～100 cm,其上可以发生多次分枝(图 12-8)。

图 12-8　白菜的茎

3.叶

大白菜全株先后发生的枝叶,有以下异态异型:子叶双枚,对生,肾形,基生叶两枚,对生,与子叶垂直呈十字形,叶片为长椭圆形,又称初生叶;中生叶着生于短缩茎中部,包括幼苗叶和莲花座叶,叶互生,叶片宽大,有明显的叶翅,无明显的叶柄;顶生叶互生,着生在短缩茎顶端,构成顶芽(图 12-9)。

图 12-9　白菜的叶

4.花、果实及种子

总状花序,完全花,花萼、花瓣均 4 枚,十字形排列,如图 12-10 所示。花瓣黄色或浅黄色。花丝基部生有蜜腺,属异花授粉作物。果实为长角果,见图 12-11,成熟时纵裂。

图 12-10　白菜的花

图 12-11　白菜的种子

(二)生长周期

在正常的栽培条件下,大白菜为二年生蔬菜,有着完整的生活周期。每一世代的生长过程,可以依器官发生过程分为营养生长时期和生殖生长时期。从播种到叶球收获是第一生长时期,称为营养生长时期,从抽薹开花到种子成熟为第二生长时期,称为生殖生长时期。

1.营养生长时期

这一生长时期主要是营养器官的生长,又可分为发芽期、幼苗期、莲座期、结球期和休眠期。在这一时期的末尾还孕育着生殖器官的雏体。

(1)发芽期　大白菜从播种到基生叶展平为发芽期,这一时期是种子中的胚生长成幼芽的过程。在适宜的温度、水分和空气条件下,种子吸水膨胀至子叶露出土面,一般需 3～7 d。当子叶展平后,长出一对基生叶并与子叶互相垂直交叉而排列成十字形,在生产上称为"拉十字",这是发芽期结束的临界特征。为了促使种子如期发芽,正常生长,播种后要创造适宜的土壤温度与土壤水分条件,是夺取大白菜丰收的关键。

(2)幼苗期　从第一片真叶到第一个叶环形成为幼苗期,生出 5～8 片叶。一般早熟品种 5～6 片叶,需要 12～15 d;中、晚熟品种 7～8 片叶,需要 16～20 d。这些叶子按一定的开展角度规则地排列而成圆盘状。农民称这一长相为"开小盘"或"团棵"。团棵是幼苗期结束的临界特征。幼苗期主要栽培目标是苗全、苗齐、苗匀和苗壮。

(3)莲座期　植株从团棵开始,陆续生长出第二和第三环叶片,直至心叶出现包心现象,整个植株叶片形成莲座状态,称之为莲座期。莲座期间,早熟品种一般生出 16～20 片叶,需要 18～20 d;中、晚熟品种一般生出 20～24 片叶,需要 20～25 d。到莲座叶长成时,植株中心发生的幼小心叶开始抱合,即为莲座期结束的特征。莲座叶很发达,是在结球期大量制造光合产物的器官。栽培上要注意肥水充足,防病抗虫,搭好丰产架子。

(4)结球期　叶球是由大白菜顶生叶生长形成的。从开始卷心到形成紧实的叶球称为结球期。结球期因品种和生长时期而有差别。一般早熟品种需要 20～30 d;中、晚熟品种需要 40～50 d;耐热大白菜品种需要 15～25 d。一般生出 25～50 片球叶。这一时期新根很快密布土壤表层,大量吸收水分和养分,促进球叶迅速生长和形成紧实的叶球。结球期所生长的重量,占大白菜总重量的 60%～70%。结球期可以分为前期、中期和后期。

结球前期:叶球外层叶先迅速生长而构成叶球的轮廓,一般需 10～15 d,这时叶球的外貌已经形成,农民称这长相为抽桶、站桶或长框。

结球中期:叶球内的叶子迅速生长而充实内部,这一现象农民称为灌心。这一时期一般需要 20～25 d。

结球后期:叶球的体积不再增大,只是继续充实内部,生长量增加缓慢,生理活动减弱,植株外部莲座叶开始衰老,叶缘发黄。

整个结球期是大白菜养分累积的时期,也是产品形成的时期。结球期主要栽培目标是防病、防早衰,获取紧实的肥大叶球。

(5)休眠期 在冬季贮藏过程中植株停止生长,处于休眠的状态,依靠叶球贮存的养分和水分生活。白菜在结球期已分化花原基和一些幼小的花芽。在休眠期内继续形成花芽,有些花芽还长成了花器完备的幼小花蕾。因此,在休眠期内已为转入生殖生长进行准备。

2.生殖生长时期

这一时期生长花茎、花枝、花、果实和种子,繁殖后代,又分为抽薹期、开花期、结荚期。

(1)抽薹期 经过休眠的种株,次年初春再开始生长,花薹开始伸长而进入抽薹期。抽薹期前期,花薹伸长缓慢,产生叶绿素使花薹和花蕾变为绿色,农民称这一现象为"返青"。返青后花薹伸长迅速,同时花薹上生长茎生叶,由叶腋中发生花枝,花茎和花枝顶端的花蕾也同时长大。当主花茎上的花蕾长大,即将开花时,抽薹期结束。大白菜的抽薹期约需20 d。

(2)开花期 植株自开始开花进入开花期,全株的花先后开放。同时花枝生长迅速,在第一次分枝上的茎生叶的叶腋里发生第二次分枝,在生活条件良好时还可发生第三、四分枝,扩大开花结实的株体。开花期一般需 20 d 左右。

(3)结荚期 谢花后进入结荚期。这一时期花薹花枝停止生长,果荚和种子旺盛生长,到果荚枯黄、种子成熟为止。

(三)生长环境

大白菜生长要求光照、水分、CO_2 充足,在肥沃疏松、通透性强的微酸性土壤上生长,土壤的 pH 在 6.5～7.0 之间。

1.温度

大白菜属半耐寒性的蔬菜,怕酷热不耐严寒,通常喜欢冷凉的气候。大白菜的生育期比较长,不同时期对温度的要求也不一样,一般是在 5～25℃之间,过低或者过高都不利于大白菜生长。在华北地区种植大白菜季节的平均温度在 16℃(±10℃)的范围。而最适宜大白菜生长的平均温度是 17℃(±5℃),平均温度高于 25℃以上时会出现生长不良的现象,而平均温度低于 10℃则会导致生长缓慢,当平均温度在 5℃以下时则会停止生长。在大白菜生长期间遭遇短期的低温冻害(0～2℃),生长还能恢复,但是长期处在−2℃低温或者更低的温度时无法恢复。所以,大白菜能耐轻霜但不耐严霜。

大白菜在不同生长时期对温度有不同的要求。种子萌发时的适宜温度是 20～25℃。在最适宜温度下,并保持土壤湿润,播种 3 d 后幼苗就能出齐。如果温度过高,气候干旱,会引起苗期病毒病。大白菜莲座期的适宜温度是 17～22℃。温度过高,易导致叶片徒长并容易发生病害;温度过低,会造成生长缓慢,从而延迟结球时间。大白菜结球期要求温和、冷凉的气候条件,平均适宜的温度是 12～18℃,10～20℃也能生长良好。在适宜的温度范围内,气候表现为白天日照充足,光合作用强,有利于养分的制造;夜间冷凉,昼夜温差大,有利于养分的贮存和积累。

2.光照

在营养生长阶段大白菜需要充足的阳光。大白菜生长期需要充足的水分供应。从播种到收获,一般要浇12～15次水。只有保证大白菜充足的水分供应,光合作用才能顺利进行。栽培大白菜的地块要有良好的灌溉条件和排水系统,这样既能及时充足地保证大白菜对水分的需求,又能在雨后迅速排出田间过多的积水。

3.水分

大白菜在不同的生长时期对水分的需求也不一样。幼苗期的需水量不大,但当土壤低于10%的含水量时,发芽和出苗都会受到影响;过湿土壤的透气性比较差,也不利于种子发芽和幼苗出土。莲座期的需水量比较多,苗期、莲座期在浇水以后都要注意及时中耕,使田间表土保持疏松干燥,下层土壤要保持良好的持水状态。一般以20 cm深处土壤含水量为17%～19%较为适宜。结球期是需水量最多的时期,要保持地面湿润,20 cm深处土壤含水量应不低于20%。

4.土壤

大白菜适宜在土层深厚,保水、排水良好,土壤肥沃、松软,有机质含量高的沙壤土、壤土或黏壤土上生长。土壤酸碱度以中性或弱酸性为好,碱性过大的土壤不适合大白菜的生长。

二、栽培技术措施

(一)播前准备

1.品种选择

选择适宜的品种是结球白菜获得高产稳产的关键,一是因地制宜,选择适合当地气候条件、栽培季节、地力情况、灌溉条件的品种;二是选择品质好、产量高,抗病、抗虫、抗逆性强的品种,减少灾害损失;三是选择莲座叶和开张度较小的品种,利于密植增产;四是选择净菜率(即叶球质量占全株质量的百分比)高的品种。

2.整地施肥

白菜根系主要分布于浅土层,有很发达的平行侧根和网状分根,而深土层根系不发达。为了促进浅土层根系更加发达,尽可能增加深土层根系的分布,土壤应进行翻耕。凡准备种大白菜的地块,最好在前一年秋作收获后进行深翻,并大量施用农家肥,利用冬季冻垡改善土壤物理性状,并进行养分分解,以培养地力。

结球白菜生长期养分需求量大,对土壤养分消耗大,所以应重施基肥。基肥以腐熟的有机肥为主,并配施速效性肥料。每公顷施腐熟优质有机肥75 000 kg、磷钾复合肥300 kg、磷酸二铵150 kg。翻地20 cm深,精耕细作。

(二)播种

1.种植处理

进行种子消毒可有效防治软腐病、黑腐病。软腐病:播前用3%高锰酸钾浸种。先将种子在冷水中浸1 h取出,放入药液中浸30 min,清水冲净,催芽播种或用丰灵750 g/hm² 拌种。黑腐病:可用50℃温水浸种20～30 min或农用链霉素1 000倍液浸2 h,晾干后播种。

2.播种

种大白菜的播种期非常重要,播种过早,外界气温过低,不利于发芽出苗和幼苗生长,使幼苗长时间处在低温下,反而有利于抽薹。播种过晚,后期温度过高,对结球不利。因此,应根据当时的气候条件,严格掌握播种期。原则是在日平均气温达到13℃的日期前15 d,即为适宜的播种期,也就是说,播种后,大白菜在日平均气温13℃以下生长的时间不超过15 d,就不容易发生未结球先抽薹现象。

3.种植模式

应根据地域、无霜期的长短、品种熟性等综合确定当地白菜的适宜播期。播期过早白菜病害严重耐贮性能下降,播期过晚会影响白菜结球及紧密度,产量也低。白菜行距采用(70+40) cm配置,株距45 cm,然后选用130 cm宽的地膜进行覆盖。

4.定植

苗龄30 d左右、叶片数6~7片,选晴天及时定植。每公顷栽525万~675万株,每公顷用种量450 g。整成畦宽1 m,每畦种2行,株距40 cm左右。栽前覆盖地膜,要求地膜平贴地面,栽后浇稀人粪尿作定根水,促成活,膜孔用泥土封实。直播的一般每穴播两粒,播种后覆盖地膜,另用营养钵育少量秧苗供缺苗株补苗用,播种5 d左右后出苗,出苗后及时破膜引苗,地膜破口处用土压牢,出苗10 d左右及时间苗定苗。

(三)田间管理

1.间苗、定苗、蹲苗

间苗进行2次。第1次在幼苗拉小十字时(两片真叶)进行,株距3~5 cm;第2次4~5片真叶时进行,株距8~10 cm。间苗时注意留壮苗,淘汰病、弱、杂苗,播种后1个月内需中耕3次,第一、二次中耕分别在第一、二次间苗后,定苗后进行第三次中耕。每次中耕结合锄草,做到深锄沟、浅锄背,切忌伤根。白菜长到10片叶时,按株距定苗。晚熟品种保苗3.6万株/hm²(行株距65 cm×40 cm);中熟品种保苗3.75万~3.9万株/hm²(60 cm×40 cm);早熟品种保苗4.5万株/hm²(55 cm×35 cm)。定苗后进入蹲苗期,蹲苗时间要根据天气、土质、菜苗生长情况灵活掌握,当白菜外叶变为浓绿色,叶片早晚挺立,中午出现萎蔫时结束蹲苗。一般沙壤土7~10 d,黏壤土10~15 d。

2.随水施肥

浇水是决定大白菜能否高产的关键措施。白菜播种后滴水,以浸透播种位为宜。头水后2~5 d浇第2水,4~5片叶时滴第3水,以后可根据天气情况再浇3~4次水。蹲苗期一般不浇水,使根深扎,促根群发达。收获前15 d停止浇水。追肥用化肥和有机液肥等速效肥料。第2次间苗后(真叶4~5片)追提苗肥,滴施尿素75 kg/hm²;蹲苗结束追莲座肥1~2次,共滴施尿素225 kg/hm²,进入包心期2~3次,白菜包心期是生长最快的时候,要保持地面潮湿。视天气和土壤干湿情况,7 d左右浇1次水,共滴施尿素225 kg/hm²。大白菜封垄后每公顷随水追施有机液肥7 500 kg或尿素75 kg。为了增加产量和抗病性,可在莲座期、包心期各喷1次0.3%的磷酸二氢钾和2%的硫酸锌溶液。

3.中耕除草

掌握"早"和"浅"两个字。一般中耕2~3次。第一次在苗出齐后结合第一次间苗时进行,中耕深度为1~2 cm,要求锄净小草。第二次在定苗后进行,为了促进根系生长,要求细、深中耕,在行间或沟底要深中耕达5~6 cm,植株附近稍浅,要把地锄松拉透,要做到上不伤叶,下不伤根,草要拔干净。在生长期中见杂草都要随时拔出。中耕的同时还应注意培土,以免大白菜根部外露,也为了便于浇水。

4.病虫害防治

(1)病毒病 又称孤丁病、抽风病。主要是在苗期高温干旱易发病。防治方法:降低土温,及时防治蚜虫。用植病灵1 000倍液或病毒灵600倍液和抗蚜威2 000倍液或蚜虫净2 000倍液进行喷雾2~3次进行防治。

(2)软腐病 从莲座期到包心期发生。防治措施:尽可能选择前茬小麦、水稻、豆科作物的田块种植白菜,避免与茄科、瓜类及其他十字花科蔬菜连作;及早腾地翻地,促进病残体分解;采用深沟高厢种植;选用抗病品种;适期播种;种子药剂处理;于发病前或发病初期使用下列药剂防治:①25%增效农用链霉素(唯它灵)可溶性粉剂2 000~3 000倍液喷雾或灌根;②72%农用链霉素可溶性粉剂2 000~3 000倍液喷雾;③77%氢氧化铁(可杀得)600倍液喷雾;④50%氯溴异氰尿酸(灭菌成、消菌灵)1 000~1 500倍喷雾。

(3)黑斑病 选用抗病品种,种子消毒,消除病株残体、杂草,施足基肥,增施磷钾肥,提高菜株抗病力。发现病株及时喷施75%百菌清或58%甲霜灵锰锌或10%苯醚甲环唑900~1 300倍液或43%戊唑醇悬浮剂2 000~2 500倍液。

(4)蚜虫 10%烟碱(康禾林)800~1 000倍液、25%阿克泰750~1 500倍液、3%啶虫脒(莫比朗)2 000~3 000倍液防治。

(5)菜青虫、黄条跳甲及地下害虫 用溴氰菊酯(敌杀死)2 000倍液,15%氯氰菊酯1 000倍液防治。

(6)小菜蛾 用5%锐劲特悬浮剂每750~1 500 mL/hm^{2}兑水9 000 kg防治;5%抑太保乳油2 000倍液或3%甲维盐微乳剂4 000~6 000倍液或2%阿维菌素3 000~5 000倍液等生物农药。另外可选用生物防治技术——性诱剂诱杀成虫,在小菜蛾发生初期,田间虫口密度低进行诱杀也可起到很好的防治效果。

5.收获

当大白菜叶球长成以后,连续几天气温降至-3~-4℃时,就停止生长了,即到了收获期,不能收获过早或过晚,收获过早影响产量,过晚受冻害,同样也影响品质不耐贮存,可根据市场需求随时收获。

第四节　蔬菜滴灌栽培经济效益分析

蔬菜生产技术水平对其经济效益具有重要的影响,这是通过技术对蔬菜产量和质量的提高,通过减少生产成本实现的。在增加农民收入、发展现代蔬菜产业经济、实现经济社会和谐发展的时代背景下,系统分析蔬菜生产技术对蔬菜生产成本和收益的影响规律,揭示技术与效益的内在关系以及蔬菜产业技术的运行机理,具有很大价值。

膜下滴灌技术是将覆膜种植技术与滴灌技术相结合的一种新的节水灌溉技术,可根据需要将水与水溶性肥料、农药等充分融合形成水溶液滴入作物根系,具有显著的节水、节肥、增产增效的优点,洋葱膜下滴灌栽培保苗率在90%以上,较传统灌溉节水30%左右,平均单产为112.5 t/hm^{2}左右,按市场收购价格0.8元/kg计算,毛收入为9万元/hm^{2}左右,扣除成本 3.75 万元/hm²,纯收入为 5.25 万元/hm² 左右。

一、节水、节肥、省工

滴灌属全管道输水和局部微量灌溉,使水分的渗漏和损失降低到最低限度。同时,又由于能做到适时地供应作物根区所需水分,不存在外围水的损失问题,又使水的利用效率大大提高。灌溉可方便地结合施肥,即把化肥溶解后灌注入灌溉系统,由于化肥同灌溉水结合在一起,肥料养分直接均匀地施到作物根系层,真正实现了水肥同步,大大提高了肥料的有效利用率,同时又因是小范围局部控制,微量灌溉,水肥渗漏较少,故可节省化肥施用量。运用灌溉施肥技术,为作物及时补充价格昂贵的微量元素提供了方便,并可避免浪费。滴灌系统仅通过阀门人工或自动控制,又结合了施肥,故又可明显节省劳力投入,降低了生产成本,提高了资源利用率,保证了全覆盖灌溉。

二、控制温度和湿度

传统沟灌的大棚,一次灌水量大,地表长时间保持湿润,不但棚温、地温降低太快,回升较慢,且蒸发量加大,室内湿度太高,易导致蔬菜或花卉病虫害发生。因滴灌属于局部微灌,大部分土壤表面保持干燥,且滴头均匀缓慢地向根系土壤层供水,对地温的保持、回升,减少水分蒸发,降低室内湿度等均具有明显的效果。采用膜下滴灌,即把滴灌管(带)布置在膜下,效果更佳。另外滴灌由于操作方便,可实行高频灌溉,且出流孔很小,流速缓慢,每次灌水时间比较长,土壤水分变化幅度小,故可控制根区内土壤能够长时间保持在接近于最适合蔬菜、花卉等生长的湿度。由于控制了室内空气湿度和土壤湿度,可明显减少病虫害的发生,进而又可减少农药的用量。

三、保持土壤结构

在传统沟畦灌较大灌水量作用下,使设施土壤受到较多的冲刷、压实和侵蚀,若不及时中耕松土,会导致严重板结,通气性下降,土壤结构遭到一定程度破坏。而滴灌属微量灌溉,水分缓慢均匀地渗入土壤,对土壤结构能起到保持作用,并形成适宜的土壤水、肥、热环境。

四、改善品质、增产增效

由于应用滴灌减少了水肥、农药的施用量以及病虫害的发生,可明显改善产品的品质。总之,较之传统灌溉方式,温室或大棚等设施园艺采用滴灌后,可大大提高产品产量,提早上市时间,并减少了水肥、农药的施用量和劳力等的成本投入,因此经济效益和社会效益显著。设施园艺滴灌技术适应了高产、高效、优质的现代农业的要求,这也是其能得以存在和大力推广使用的根本原因。

[1] 陈学耕,李频道.秋菠菜—洋葱—夏白菜高产栽培模式[J].吉林蔬菜,2003(1):19.

[2] 张惠梅,孙治强,胡喜来,等.播期对夏白菜抗病性及产量性状的影响[J].河南农业大学学报,1998(2):54-56.

[3] 付晓丽,丁玮,倪丽彤.秋白菜栽培及病虫害防治技术探究[J].中国农业信息,2013,1(9):8-9.

[4] 蒋兴祥,耿莲美.保护地蔬菜栽培及病虫害防治技术[J].园艺学报,2013,2(2):1-5.

[5] 王艳霞.秋白菜栽培及病虫害防治技术探究[J].农民致富之友,2011,1(12):30-31.

[6] 杨红梅.秋白菜栽培技术.现代化农业,2015(4):30-31.

[7] 韩万海.西北旱区膜下滴灌洋葱需水规律及优化灌溉制度试验研究[J].节水灌溉,2010,(6):31-33.

[8] 申孝军,张寄阳,孙景生,等.膜下滴灌技术的研究现状与展望[J].人民黄河,2009,31(9):64-66.

[9] 钱卫鹏,邹志荣,孟长军.大棚内膜下根系分区交替滴灌不同灌溉下限对甜瓜生长及水分利用效率的影响[J].干旱地区农业研究 2007,25(3):139-141.

[10] 郑建华,黄冠华,黄权中,等.干旱区膜下滴灌条件下洋葱水分生产函数与优化灌溉制度[J].农业工程学报,2011(8):25-30.

新疆主要农作物滴灌高效栽培实用技术

附录一　滴灌农机具的使用

一、确定施播方案

(1)基肥　确定施肥量、深度。

(2)施播工艺　确定垄作或非垄作。

(3)施播方法　确定种子播量、播深。

(4)株行距　确定行距、株距。

(5)覆膜　确定覆膜方式。

(6)滴灌系统　确定滴灌系统包括滴灌首部,管网系统及灌水器类型。

(7)播种　确定播种方式,分两种方式,一种是膜上播种,另一种是膜下播种。

二、播前准备

1.选地

要选择适宜机械化作业的地块进行。

2.犁地

犁地按照农艺要求执行,作业后应达到深、平、直、齐。

深:耕深均匀一致,机采番茄耕深一般为 30～35 cm,禁止飘犁,不留犁墙。

平:地表平整,扣垡均匀一致、没有明显的犁沟、犁墙。

直:耕地走向要直。较干的耕后待播地要带镇压器或耙复式作业以利保墒。

齐:不重耕、不漏耕,不留死角,耕到边,不丢地,耕幅一致。

3.整地

整地应在适宜的情况下进行,合理使用耙地方法及耙地次数。先重耙,破碎垡片,后轻耙平地。根据实际情况进行选择,重耙耙深 16～20 cm,轻耙耙深 10～12 cm。耙地时相邻两行间应有 10～20 cm 的重叠量,避免漏耙。整地方向和犁地作业方向尽量不要一致,最好是成 45°～90°夹角为佳。

播前整地要求应达到"齐、平、松、碎、净、墒"六字标准,耙地深度满足农艺要求。

齐:地头地角耙整齐,不漏耙,行走路线要直。

平:作业后土壤地表平整,无垄沟,无土堆、土条,无碾压痕迹和明显的凹坑。

松:作业后土壤表层疏松,达到上松下实,表层有 5～6 cm 的松土层,并保持适宜的紧密度。

碎:土块要细碎,不得有大于 10 cm 以上的土块和泥条,必要时进行平、耙、压联合整地作业。

净:地表干净,无残茬、杂草和残膜。

墒:犁地完成后及时整地,作业适时,墒情适宜。

4.生产资料的准备

作业前应将所需的种子、化肥、地膜、滴灌带等物料进行准备,并按种植地块的需要量运至作业地点。

5.作业机具的准备

作业前机具应进行调试准备工作,按施播方案的要求进行准备和调试。

(1)将地膜及滴灌带放在支架上,按照标准进行操作。

(2)调整地膜两侧及两沟上方压土的土量分配。

(3)调整种子播量及播种深度。

(4)进行覆土、镇压、开沟器等工作装置的调整。

(5)进行播宽的调整。

(6)进行零部件的检查,重点检查运转部件,对链条进行松紧度调整,输种管是否安装牢靠,地轮等部件是否运转正常,必要时进行调整。

(7)对各润滑部位加注润滑油。

(8)需要进行化学灭草的,安装加挂喷雾器。

6.机具与拖拉机的连接

应使机具中心对正拖拉机中心,挂接好后将开沟抛土轮变速箱的花键轴与拖拉机动力输出轴相连接进行锁定。挂接后应通过调整中央拉杆使机具左右前后保持水平,试运行后方可进行播种作业。

三、试播及检查

各项调整工作完成后,在进入正式播种作业之前,必须进行试播全面检查。

(1)检查各部件连接是否紧固。

(2)检查各传动部件是否灵活。

(3)用手转动地轮,检查排肥和排种轮是否转动正常。

(4)检查刮种刷与排种轮的间隙调整是否合适,刮种刷是否有过紧而弯曲或漏种现象。

四、机具作业

1.机具作业步骤

(1)将挂接好的机具开到作业地头,进行装种、装膜、灌水器(滴灌带等)等操作。

(2)机具入地后,驾驶员在开始时要选好前方地头的参照物,准备作业。

(3)所需装备完成后车停地头,从膜卷上抽出地膜端头绕过覆膜辊等工作装置,膜两侧边压在压膜轮下,膜端头用土封埋好,同时抽出滴灌带并按照铺设标准(如迷宫式滴灌带迷宫面朝上)固定好后放下液压开始作业。

(4)作业开始,作业速度要慢而平稳,保持直线行驶,注意观察后面机具的工作情况和作业质量,发现问题要及时停车进行检查调整,防止出现断条缺苗,一般滴灌带在田间地块的两头各留出1 m余量。

2.机具作业注意事项

(1)机具必须由有经验的驾驶员进行操作。

(2)机具运行中不准进行部位检查,避免发生事故或损坏机具。

(3)机具没有升起时不准倒退或急转弯。

(4)工作部件粘土或缠草时,必须停车清理。

五、播种过程中应注意事项

(1)开沟器入土后不准倒退和急转弯。

(2)播种机作业时机械上不准站人。

(3)播种过程中,要经常检查排种器、排肥器、开沟器及覆土器的工作情况,如有故障及时排除。

(4)播种时必须将分配器手柄放到"浮动"位置,不能放到"中立"位置上,否则将会损坏机件和满足不了播种质量。

(5)化肥在装箱前应进行筛选,块大的要挑出,以免工作中堵塞。

(6)更换种子时,应将种箱内的剩余种子清理干净。

(7)悬挂装置的限位链不可调得过紧,保证播种机有稍许的移动量、如果拖拉机与播种机呈刚性连接,易出甩弯。

(8)机具高速作业时播种量应调到稍大一些。

(9)播种时最好边走边落机具。地头转弯时留心障碍物,以防损坏播种机。

六、播后管理

(1)要经常检查地膜是否严实,发现有破损或土压不实的,要及时用土压严,防止被风吹开,做到保墒保温。并及时除去垄沟杂草,按照玉米作物需水、肥规律及时滴灌。

(2)做好病虫害的防治工作。

(3)做好机具使用后的清理、保养和保管工作,包括清除各部件泥土;检查各紧固件是否松动;检查工作部件是否损坏,变形情况,如发现应及时修理;润滑部位应及时注油,以防生锈等。

附录二　滴灌施肥技术

　　根据作物生长各个阶段对养分的需要和土壤养分供给状况,将肥料溶入施肥容器中,并随同灌溉水顺管道进入作物根区的过程叫作滴灌随水施肥,随水施肥是滴灌系统的一大功能,通过滴灌系统施肥比其他任何方法效率都高,不但可提高农作物产量,改善质量,还可以起到环保作用,特别适合于干旱地区。

一、滴灌施肥特性

(一)滴灌施肥的优点
与常规施肥方法比较,滴灌施肥的优点是:

(1)机械化程度高,特别适应高度集约化的劳动生产,因而省工并可提高劳动生产率。

(2)适时适量地直接把肥料施于作物根系集中层,肥料利用率最高。

(3)使用滴灌系统大面积施肥,施肥速度快。

(4)以小流量、频繁的方式向作物输送养分,可以在作物整个生长期内保持均匀的营养水平。

(5)数量和浓度可按照作物的需要和气候条件实时地进行调节,准确控制施用量,满足作物实际营养需求。

(6)水肥同步,水肥被直接输送到根区,缩短了养分向根部运动的距离,保证了根系的快速吸收。

(7)有利于实现标准化栽培。

(8)显著地增加产量和提高品质,增强作物抵御不良天气的能力。

(9)改善土壤环境状况。通过控制灌水深度,可避免将肥料淋洗到深层土壤造成土壤和地下水的污染。

(10)可避免其他施肥方法产生的对作物根及地上部分的伤害,比如,机械施肥对作物造成的机械损伤等。

(11)可以减少病害的传播,特别是随水传播的病害。

(12)只湿润根层,行间没有水肥供应,杂草生长也会显著减少。

(13)特别有利于在边际土壤如沙漠、戈壁,以及在限根栽培中应用。

(二)滴灌施肥的局限性

(1)滴灌施肥对肥料有限制。不能施用不溶于水或难溶于水的肥;磷酸盐类肥料在适宜的 pH 条件下易在滴灌系统内产生沉淀。

(2)对所施肥料特性必须有充分了解,若使用不当可能会产生滴头堵塞和管网腐蚀问题。

(3)有可能污染灌溉水源。对于灌溉水与人畜饮用水共用的水源,在设计和使用时必须采取严密的安全措施。

二、适用肥料的类型

通过滴灌施用的肥料必须是可溶性的。可通过滴灌系统追施硫铵、硝铵、尿素和钾肥。微量元素以螯合物的形式存在于有机酸中并保持它的溶解度,防止在溶液中沉淀,可以使用,但不能利用滴灌系统追施人粪尿、磷肥和氨水。灌溉水中施用任何形式的磷肥都会产生过磷酸钙沉淀,且溶解磷和土壤中的钙接触立即变成不溶解的磷酸二钙固定在土壤表面,当茬作物不能利用。氨易挥发,且注入水中将使水中的 pH 升高,使溶解于水中的钙、镁沉淀。故滴灌田块应在作物播种或定植前施足有机肥和磷肥(含磷复合肥)做基肥(附表 1)。

附表 1　肥料溶解度及主要元素含量

肥料	溶解度 /(g/L)	营养成分/%		
		氮	磷	钾
氨(酸性反应)				
硫酸铵	700	20	0	0
硝酸铵	1 185	33.5	0	0
尿素	1 190	42～46	0	0
甲醛尿素		38	0	0
氨(碱性反应)				
硝酸钠		16	0	0
硝酸钙	2 670	17	0	0
硝酸钾	135	12～14	0	44～46
磷				
一铵磷酸盐	225	11	48	0
二铵磷酸盐	413	21	54	0
钾				
氯化钾	340	0	0	50～60
硫酸钾	110	0	0	48
硝酸钾	135	12～14	0	44～46

三、滴灌施肥的合理选择与施用

(一)滴灌随水施肥对肥料的选择要求

(1)肥料养分浓度要高,水溶性要好。

(2)肥料的不溶物要少,品质要好,流动性要强。

(3)选择的肥料能相互混合,不发生沉淀。

(4)选择的肥料腐蚀性要小,肥料要偏酸性。

(5)施肥尽量减少其他添加物。

(二)滴灌施肥

1.滴施氮肥(N)

常用滴灌氮肥品种有:硝酸铵、硝酸钾、尿素、氯化铵、硫酸铵以及各种含氮溶液。铵态氮在通气良好的土壤中容易被硝化为硝态氮。施氮量超过作物吸收量时,多施些含 NH_4^+ 的氮肥,可减少土壤氮的淋溶损失。尿素容易随水移动,在土壤中分布与硝态氮类似。当 pH 在 $6\sim6.5$ 时,N 可以得到最佳利用。

2.滴施磷肥(P)

使用磷肥要避免产生沉淀。降低溶液 pH 就不会产生 Ca-P、Ma-P、Fe-P 的沉淀。P 在土壤中的运移非常缓慢而有限,它被土壤的氧化物和黏土金属矿物所保持,但滴灌施肥应用于磷肥已被证明是优于传统的磷肥做基肥的。但磷肥通过灌溉水施肥时,必须注意防止肥料之间及肥料和灌溉水中成分发生化学反应,以免因在管网中形成沉淀(如磷酸钙、碳酸钙、硫酸钙)而造成滴灌系统堵塞。因此,磷酸、磷酸一铵等是较好的磷肥。由于磷和微量元素与其他肥料易形成沉淀,应单独通过灌溉水施用或将全部磷肥和微肥用作基肥集中沟施或条施。

3.滴施钾肥(K)

钾肥包括氯化钾、硫酸钾以及含钾的复合肥。氯化钾是最便宜的钾肥,但不可使用红色的氯化钾,它含有大量的氧化铁成分,滴灌施肥时会堵塞滴头;只有白色的才可以使用,而且白色氯化钾肥的溶解度高,溶解时间短。硫酸钾是无氯肥,用于对氯敏感的作物。硝酸钾是双料肥,对温室作物来说是非常好的肥料。而对其使用的唯一限制就是作物生长末期,对钾需求量多而对氮素的需求量少甚至不需要时,如果施硝酸钾将产生 NO_3^- 过的不利影响。K^+ 是作为阳离子交换在土壤中被作物吸收的。

4.滴施微量元素

滴灌施肥离子形态的微量元素易被土壤固定,因此不能被作物有效利用。铁、锌、铜和锰的离子还具有与水和沉淀物中的盐产生反应的可能性。滴灌施用微肥应用螯合物形式的微量元素。螯合物是一种有机物质,它环绕着元素,由于不与土壤颗粒进行置换,因此可随水在土壤中移动。大部分常见的螯合物肥料是铁或锌的螯合物,螯合物在酸环境下会分解,因此不宜与酸性肥料混合使用。

四、滴灌施肥系统

滴灌施肥系统包括:水源工程、首部枢纽、施肥装置、输配水管网、滴头组成,其中施肥装置是滴灌施肥的核心部分。

向滴灌系统注入可溶性肥料溶液的装置称为施肥装置。混肥装置设计必须保证肥料原液、pH调节液与水的有效混合,并有利于自动控制的实现。常用的有利用水池、水箱直接施肥,自压式施肥罐,压差式施肥罐,文丘里注入器,注射泵等。

1.利用水池、水箱直接施肥

凡首部有蓄水池或高位水池(箱)的小型滴灌系统,可采取直接向水池、水箱加施肥料的方法。此法不增加任何投资,稀释度的范围很宽并完全可以控制,易于掌握且施肥均匀。

施肥时，一般是将称好的肥料装入一个容器内加水溶解，然后将肥料溶液倒入水池（箱），过一定时间，待肥料液扩散均匀后再开启滴灌系统，随水施肥。水池（箱）内肥料液的浓度视水池（箱）的容积大小而定。为了施水均匀，应采取低浓度、少施勤施的方法，最大浓度不要超过 500 mg/kg。

2. 自压式施肥罐

自压式施肥罐是应用于自压灌溉系统中，使用储液箱（池）可以很方便地对作物进行施肥。把储液箱（池）置于自压灌溉水源正常水位下部适当的位置上，再将储液箱供水管（及阀门）与水源相连接，将输液管及阀门与主管道连接，打开储液箱供水阀，水进入储液箱将肥料溶解。关闭供水管阀门，打开储液罐输液阀，储液箱中的肥料就自动地随水流输送到灌溉管道和灌水器中对作物施肥。

3. 其他施肥装置

其他施肥装置如压差式肥料罐、注射泵和射流泵等。

施肥装置的选择决定于设备的使用年限，注入肥料的准确度，注入肥料速率及化学物质如酸对滴灌系统的腐蚀性大小等。其效率取决于肥料罐的容量，用水稀释肥料的稀释度，稀释度的精确程度，装置的可移动性以及设备的成本及其控制面积等。

五、滴灌施肥注意事项

滴灌施肥要防止滴头堵塞，必须严格遵守肥料的正确使用，使进入滴灌系统的水质优于可能使滴灌系统堵塞的临界指标水质（附表2、附表3）。

附表2　常用肥料的相容性

表中：○——可以混合　△——可混但不宜久存　×——不可混

		1 尿素	2 硫酸铵	3 硝酸铵	4 氯化铵	5 碳铵	6 普钙	7 钙镁磷	8 硫酸钾	9 氯化钾	10 磷铵	11 硝酸磷肥	12 硼砂	13 硫酸锰	14 硫酸镁	15 饼肥
尿素	1															
硫酸铵	2	○														
硝酸铵	3	×	○													
氯化铵	4	○	○	○												
碳铵	5	×	△	×	△											
普钙	6	○	○	△	○	△										
钙镁磷	7	△	×	×	×	×	○									
硫酸钾	8	○	○	○	○	○	○	○								
氯化钾	9	△	○	○	○	○	○	○	○							
磷铵	10	○	○	○	○	△	○	△	○	○						
硝酸磷肥	11	○	○	○	○	○	○	○	○	○	○					
硼砂	12	○	○	○	○	△	○	○	○	○	○	○				
硫酸锰	13	○	○	○	○	△	○	×	○	○	○	○	○			
硫酸镁	14	△	○	○	○	△	○	△	○	○	○	○	○	○		
饼肥	15	○	○	×	○	○	○	○	○	○	×	○	○	○	○	

因素	项目	指标范围		
		轻	中	重
物理因素	可过滤的悬浮物/‰	<5.0	5.0~7.5	>7.5
化学因素	pH	<7.0	7.0~7.5	>7.5
	可溶性固体/(mg/L)	<500	500~2 000	>2 000
	镁离子/(mg/L)	<0.1	0.1~1.5	>1.5
	铁离子/(mg/L)	<0.1	0.1~1.5	>1.5
	硫化氢/(mg/L)	<0.5	0.5~2.0	>2.0
	硬度($CaCO_3$)/(mg/kg)	<150	150~300	>300
生物因素	细菌总数/(个/L)	10 000	10 000~50 000	>50 000

滴灌施肥注意事项：

(1)注意硫酸盐的特殊效应,含过量的硫酸根浓度时会对植物有一种特殊的毒害作用；

(2)肥料间应不发生化学反应,也不与水发生化学反应,混合肥料时只是以物理过程为主；

(3)进行灌溉施肥时要充分考虑肥料的溶解度要求及肥料间的互容性；

(4)混合肥料时避免在硬度高的水中(含大量的钙镁离子等)使用含硫酸根、磷酸根的肥料,特别是在 pH≥7.0 时极易使滴头堵塞。因为钙、镁的硫酸、磷酸盐都是不溶物沉淀；

(5)当灌溉水的电导率(简称 EC 值)超过 1.44 dS/m 和 2.88 dS/m 时,将会引起中度的或严重的盐害。尤其是灌溉水中 EC>1 dS/m 时,应降低因施氮、钾所带入的陪伴离子如氯离子、硫酸根离子等的数量。用 KNO_3 或 $KHPO_4$ 来代替；

(6)要使灌水量和施肥协调一致,一般不要在灌溉一开始就施肥,而应在灌溉中期将肥料加入；

(7)少量多次,符合植物根系不间断吸收养分的特点,减少一次性大量施肥造成的淋溶损失。

(8)雨后不宜进行灌溉施肥,以免肥料随水流失。

▶ 参 考 文 献 ◀

[1] 张志新,等.滴灌工程规划设计原理与应用[M].中国水利水电出版社,2007.
[2] 姜利民,冯承武.滴灌施肥技术要点及注意事项[J].饲料与种植,2010(3):54.
[3] 曾胜和.滴灌施肥技术推广与应用[R].2012.
[4] 李涛.水溶肥滴灌技术微灌施肥技术[R].2013.

新疆主要农作物滴灌高效栽培实用技术